普通高等学校"十四五"规划机械类专业精品教材

顾问 杨叔子 李培根

数控技术

（第四版）

主 编 何雪明 吴晓光 刘有余

副主编 何国旗 王 珺 常 兴

陈水胜 徐 晗

主 审 唐小琦

华中科技大学出版社

中国·武汉

内 容 简 介

本书介绍了数控机床的基本概念、原理、计算和设计方法,结合机械工程及自动化专业的需要,着重阐述了计算机数控系统的硬件和软件结构、进给伺服系统、检测装置、数控机床机械结构、数控加工程序的手工编程和使用 Mastercam 与 UG NX 软件自动编程等内容。本书还以二维码形式提供了许多相关数字资源,读者可通过微信 App 扫码获取。二维码资源使用说明见书末。

本书不仅可用作高等工科院校机械工程及自动化专业、机械电子工程专业"数控技术"课程的教材,也可用作夜大、函授和高等职业技术学院的同类专业教材,还可供从事数控技术研究和数控机床设计的工程技术人员参考。

图书在版编目(CIP)数据

数控技术/何雪明,吴晓光,刘有余主编. —4 版. —武汉:华中科技大学出版社,2021.6(2023.1 重印)
ISBN 978-7-5680-7138-3

Ⅰ. ①数⋯ Ⅱ. ①何⋯ ②吴⋯ ③刘⋯ Ⅲ. ①数控技术 Ⅳ. ①TP273

中国版本图书馆 CIP 数据核字(2021)第 096223 号

数控技术(第四版)　　　　　　　　　　　　何雪明　　吴晓光　　刘有余　主编
Shukong Jishu(Di-si Ban)

策划编辑:俞道凯
责任编辑:姚同梅
责任监印:周治超
出版发行:华中科技大学出版社(中国·武汉)　　电话:(027)81321913
　　　　　武汉市东湖新技术开发区华工科技园　　邮编:430223
录　　排:华中科技大学惠友文印中心
印　　刷:武汉科源印刷设计有限公司
开　　本:787mm×1092mm　1/16
印　　张:20.25
字　　数:493千字
版　　次:2023 年 1 月第 4 版第 2 次印刷
定　　价:49.80 元

  "爆竹一声除旧,桃符万户更新。"在新年伊始,春节伊始,"十一五"规划伊始,来为"普通高等院校机械类精品教材"这套丛书写这个"序",我感到很有意义。

  近十年来,我国高等教育取得了历史性的突破,实现了跨越式的发展,毛入学率由低于10％达到了高于20％,高等教育由精英教育而跨入了大众化教育。显然,教育观念必须与时俱进而更新,教育质量观也必须与时俱进而改变,从而教育模式也必须与时俱进而多样化。

  以国家需求与社会发展为导向,走多样化人才培养之路是今后高等教育教学改革的一项重要任务。在前几年,教育部高等学校机械学科教学指导委员会对全国高校机械专业提出了机械专业人才培养模式的多样化原则,各有关高校的机械专业都在积极探索适应国家需求与社会发展的办学途径,有的已制定了新的人才培养计划,有的正在考虑深刻变革的培养方案,人才培养模式已呈现百花齐放、各得其所的繁荣局面。精英教育时代规划教材、一致模式、雷同要求的一统天下的局面,显然无法适应大众化教育形势的发展。事实上,多年来,已有许多普通院校采用规划教材,就十分勉强,而又苦于无合适教材可用。

  "百年大计,教育为本;教育大计,教师为本;教师大计,教学为本;教学大计,教材为本。"有好的教材,就有章可循,有规可依,有鉴可借,有道可走。师资、设备、资料(首先是教材)是高校的三大教学基本建设。

  "山不在高,有仙则名。水不在深,有龙则灵。"教材不在厚薄,内容不在深浅,能切合学生培养目标,能抓住学生应掌握的要言,能做到彼此呼应、相互配套,就行,此即教材要精、课程要精,能精则名、能精则灵、能精则行。

  华中科技大学出版社主动邀请了一大批专家,联合了全国几十个应用型机械专业,在全国高校机械学科教学指导委员会的指导下,保证了当前形势下机械学科教学改革的发展方向,交流了各校的教改经验与教材建设计划,确定了一批面向普通高等院校机械学科精品课程的教材编写计划。特别要提出的,教育质量观、教材质量观必须随高等教育大众化而更新。大众化、多样化绝不是降低质量,而是要面向、适应与满足人才市场的多样化需求,面向、符合、激活学生个性与能力的多样化特点。"和而不同",才能生动活泼地繁荣与发展。脱离市场实际的、脱离学生实际的一刀切的质量不仅不是"万应灵丹",而是"千篇一律"的桎梏。正因为如此,为了真正确保高等教育大众化时代的教学质量,教育主管部门正在对高校进行教学质量评估,各高校正在积极进行教材建设、特别是精品课程、精品教材建设。也因为如此,华中科技大学出版社组织出版普通高等院校应用型机械学科的精品教材,可谓正得其时。

　　我感谢参与这批精品教材编写的专家们! 我感谢出版这批精品教材的华中科技大学出版社的有关同志! 我感谢关心、支持与帮助这批精品教材编写与出版的单位与同志们! 我深信编写者与出版者一定会同使用者沟通,听取他们的意见与建议,不断提高教材的水平!

　　特为之序。

中国科学院院士
教育部高等学校机械学科指导委员会主任
杨叔子

2006.1

第四版前言

本书为普通高等学校"十四五"规划机械类专业精品教材(由普通高等院校机械类精品教材系列升级而来),自出版以来已进行了多次修订。为了适应我国制造业快速发展需求和配合国家振兴制造业的战略规划的实施,遵循高等工科院校教学规律的要求,根据教育部高等学校机械类专业教学指导委员会关于工科教材编写的有关精神,结合这几年的教学及科研方面的实践经验,我们再次修订了本书。在修订过程中,力求反映数控技术的新发展和数控机床系统的基本知识、核心技术,并兼顾理论与实际的需求,详细介绍数控编程的基础和编程方法。

本次修订在第三版的基础上对各章节内容都进行了不同程度的修改,特别是第 9 章增加了"CIMCO 系统数控编程"一节,以方便学生完整、自主地理解和掌握 CIMCO 系统数控编程的方法。修订部分占全书内容的 55%。另外,本次修订还针对正文内容增加了许多数字资源,一方面使学生能更直观地理解和掌握教材所介绍的知识,另一方面还能开阔学生眼界。

本书图文并茂,实例丰富,着重于应用,理论部分突出简明性、系统性、实用性和先进性,力求做到"理论先进,内容实用、可操作,理论实践紧密结合",体现教学改革实践的最新成果。本书取材新颖,内容全面,以数控系统内部信息流处理过程为主线展开阐述,由浅入深,循序渐进,并注重机电结合和系统理念,反映了当今世界机床数控系统的技术发展前沿动态。本书自 2010 年 8 月再版以来,至今已重印 5 次。

参加本次修订工作的主要有:江南大学的何雪明、武汉纺织大学的吴晓光、安徽工程大学的刘有余、湖南工业大学的何国旗、金陵科技学院的王珺、河南工业大学的常兴、湖北工业大学的陈水胜和景德镇陶瓷大学的徐晗。江南大学的研究生沈翔翔、郑钧剑、梅海强、孙维杰和吴伟开也参与了部分章节的修订。本书由何雪明、吴晓光、刘有余担任主编,何国旗、王珺、常兴、陈水胜、徐晗担任副主编。何雪明负责完成了全书的统稿工作。

本书出版后,有不少院校将其作为教材,在使用中,授课教师向我们提出了一些宝贵建议;同时,在这次修订工作中,我们还参阅了很多同行专家的文献资料,也得到了各有关院校老师的支持和帮助。借此次修订的机会,向这些同行、专家和广大读者表示衷心的感谢。

尽管我们极力紧跟现在数控技术的发展变化,但限于编者经历、知识面及能力,书中难免有不妥之处,恳请各位读者、同行和专家谅解,提出宝贵意见,以便我们进一步改进。

编 者
2021 年 3 月

第三版前言

数控技术的发展突飞猛进,为了及时反映最新的科技成果,满足教学需要,按照教育部机械学科教学指导委员会的教材建设规划要求以及授课实践的需要,我们对本书进行了再次修订。

本书第二版曾做过较多修改,但是应当动而来不及动的地方还有不少,也有些不妥的地方当时忽略了,是以后陆续发现的。所以我们趁这次修订的机会,仔细研读,随读随勘。这次修订贯彻"少而精"和"理论联系实际"的原则,摄取了新的知识,丰富了应用实例,便于教学和自学,适用范围较广。本次修订对第二版的内容又做了较大的改动。增添了第9章的"UG CAM 系统数控编程",以便于教师系统地教授编程内容、学生完整地理解和掌握;对原书其余各章都进行了不同程度的修改,其中有的是以新换旧,有的是增补,有的是删除,所修订内容接近全书内容的 55%。

参加这次修订工作的有:江南大学的何雪明、武汉纺织大学的吴晓光、安徽工程科技学院的刘有余、湖南工业大学的何国旗、金陵科技学院的王珺、河南工业大学的常兴和湖北工业大学的陈水胜。由何雪明、吴晓光、刘有余担任主编,何国旗、王珺、常兴、陈水胜、徐晗担任副主编。何雪明负责完成了全书的统稿工作。

本书再版以来,有不少院校将其作为教材,在使用中,授课教师向我们提出了一些宝贵建议;同时,在这次修订工作中,我们还参阅了很多同行专家的文献资料,也得到了各有关院校老师的支持和帮助。借此次修订的机会,向这些同行、专家和广大读者表示衷心的感谢。

尽管我们在极力紧跟机床数控技术的发展变化,但限于编者的知识面和能力,书中不妥之处在所难免,衷心希望广大读者和同行、专家批评指正。

编　者
2013 年 11 月

第二版前言

数控技术正处于一个蓬勃发展的阶段,以日新月异来形容毫不过分。

为反映最新的科技成果和满足教学需要,本次修订对原书的内容做了较大改动。增添了第 8 章"数控机床的机械结构",这样更便于教师系统地教授,学生完整地理解和掌握。为使学生更精准地掌握数控手工编程,对第 3 章的"数控加工的程序编制"进行了重点修订,内容全部更新。本次修订对原书其余各章都进行了不同程度的修改,其中有的是以新换旧,有的是增补,有的是删除,修订内容几近全书的 65%。

参加这次修订工作的有江南大学的何雪明,武汉纺织大学的吴晓光,安徽工程大学的刘有余,湖南工业大学的何国旗,金陵科技学院的王珺,河南工业大学的常兴,湖北工业大学的陈水胜,景德镇陶瓷学院的徐晗。由何雪明、吴晓光、刘有余担任主编;何国旗、王珺、常兴、陈水胜、徐晗担任副主编。全书的主审工作由唐小琦教授担任;何雪明负责、吴晓光完成全书的统稿工作。

本书第一版问世以后,一些院校将其作为教材,在使用中,授课教师向我们提出了一些宝贵建议。同时,在这次修订工作中,我们还参阅了很多同行专家的文献资料,也得到了各有关院校老师的支持和帮助,借此次修订的机会,向这些专家和老师表示衷心的感谢。

尽管我们在极力紧跟机床数控技术发展的变化,但由于编者的知识和能力有限,不妥之处在所难免,衷心希望广大读者和同行专家批评指正。

编 者
2010 年 5 月

第一版前言

自从20世纪50年代世界上第一台数控机床问世以来,随着计算机技术、微电子技术、现代控制技术、传感检测技术、信息处理技术、网络通信技术和机械制造技术等各相关领域的发展,数控技术已成为现代先进制造系统中不可缺少的基础技术。数控技术和数控机床的发展极大地推动了计算机辅助设计和制造(CAD/CAM)、柔性制造系统(FMS)、计算机集成制造系统(CIMS)与自动化工厂(FA)的发展。近年来,各种数控机床的柔性、精确性、可靠性、集成性和宜人性等各方面功能越来越完善,它在自动化加工领域中的占有率也越来越高,越来越多的技术人员期望了解和掌握各种机床数控系统的基本工作原理。为了适应数控技术和国民经济发展的需要,以及高等工科院校的教学要求,我们在教育部机械学科教学指导委员会的指导下,遵循为我国普通高等院校机械类专业编写精品教材的思路,参考大量国内外资料,结合多年来的教学实践经验、数控系统科研成果和数控技术及应用专业方向的教学改革,编写了这本教材。本教材力求取材新颖,力求反映数控技术和数控机床的系统的基本知识、核心技术与最新技术成就,并兼顾到理论与实际的联系,取材和叙述上要求层次分明和合理,尽可能反映现代数控技术,反映机与电的结合,减少繁杂的数学推导,系统全面地介绍数控系统。

本书共分为八章。第1章介绍数控机床的组成、工作原理、分类和发展及其技术水平。第2章介绍数控加工的工艺设计,包括选择并确定零件的数控加工内容、工艺性分析、加工路线设计、工序设计等。第3章介绍数控编程方法、实例和编程中的数学处理方法。第4章介绍数控系统的插补和插补原理,主要介绍基准脉冲插补和数据采样插补。第5章介绍计算机数控装置的硬件和软件结构,故障自诊断功能以及数控系统中的可编程控制器。第6章介绍各种位置检测装置的工作原理、分类和适应场合。第7章介绍进给伺服系统及其类型,伺服电动机与速度控制。现代典型进给伺服系统作了较为详细的介绍。第8章介绍用Master CAM软件进行自动编程的方法和过程。本书对数控技术的几个重要内容、核心技术和最新技术成果作了较为系统、深入的叙述。

本书可作为高等工科院校机械工程及自动化专业、机械设计制造及自动化专业、机电一体化专业的技术基础课,也可供从事数字控制机床设计和研究的工程技术人员参考。

参加本书编写的有江南大学的何雪明、武汉科技学院的吴晓光、河南工业大学的常兴、湖南工业大学的何国旗、安徽工程科技学院的刘有余、金陵科技学院的王珺、湖北工业大学的陈水胜。全书由何雪明、吴晓光、常兴担任主编;何国旗、刘有余、王珺、陈水胜担任副主编;张建钢教授主审全书。何雪明负责、吴晓光完成全书的统稿工作。

本书在编写过程中,参阅了以往其他版本的同类教材,同时参阅了有关工厂、科研院所的一些教材、资料及其他文献,并得到许多同行专家教授的支持和帮助,在此衷心致谢。

限于编者的水平,书中难免有错误和不妥之处,敬请读者批评指正。

编　者
2006年3月

目　　录

第1章 绪 论

1.1 数控技术的产生及特点

1.1.1 数控技术的产生

20世纪40年代以来,随着科学技术和社会生产力的迅速发展,人们对各种产品的质量和生产效率提出了越来越高的要求。机械加工过程的自动化成为实现上述要求的最重要的手段之一。飞机、汽车、农机、家电等产品的生产企业大多采用了自动机床、组合机床和自动生产线,从而保证了产品质量,极大地提高了生产效率,降低了生产成本,加强了企业在市场上自身的竞争力,还极大地改善了工人的劳动条件,减轻了劳动强度。然而,成年累月地进行单一产品零件生产的高效率和高度自动化的刚性机床及专用机床生产方式,需要巨大的初期投资和很长的生产准备周期,因此,它仅适用于批量较大零件的生产。

但是,在产品加工中,大批量生产的零件并不很多,据统计,单件与中、小批量生产的零件数量占机械加工总量的80%以上。尤其是在航空、航天、船舶、机床、重型机械、食品加工机械、包装机械和军工产品等行业,零件不仅加工批量小,而且形状比较复杂,精度要求也很高,还需要经常改型。如果仍采用专用化程度很高的自动化机床加工这类产品的零件,就显得很不合理。经常改装和调整设备,对这种专用的生产线来说,会大大提高产品的成本,甚至是不可能实现的。随着市场经济体制的日趋成熟,绝大多数的产品都已从卖方市场转向买方市场,产品的竞争十分剧烈。为在竞争中求得生存与发展,生产企业不得不不断更新产品,提高产品技术档次,增加产品种类,缩短试制与生产周期,从而提高产品的性能价格比,满足用户的需要。在以大批量生产为主的生产方式下,产品的改型和更新变得十分困难,用户即使得到了价格相对低廉的产品,也是因为先牺牲了产品的某些性能。因此,为了保持产品的市场份额,即便是以大批量生产为主的企业,也必须改变产品长期一成不变的传统做法。这样,传统"刚性"的自动化生产方式生产线已难以适应小批量、多品种生产要求。

已有的各类仿形加工设备在过去的生产中部分地解决了小批量、复杂零件的加工问题。但在更换零件时,必须重新制造靠模并调整设备,这样不但要耗费大量的手工劳动,延长生产准备周期,而且由于靠模加工误差的影响,零件的加工精度很难达到较高的要求。

为了解决上述这些问题,一种灵活、通用、高精度、高效率的"柔性"自动化生产技术——数控技术应运而生。

1948年,美国帕森斯公司(Parsons Corporation)受美国军方的委托研制加工直升机叶片轮廓检验样板的机床时,与麻省理工学院(MIT)伺服机构研究所进行合作,首先提出了用电子计算机控制机床加工复杂曲线样板的新理念,并于1952年成功研制出世界上第一台由专用电子计算机控制的三坐标立式数控铣床。研制过程中采用了自动控制、伺服驱动、精密测量和新型机械结构等方面的技术成果。后来又经过改进,于1955年实现了该数控铣床的产业化,并批量投放市场,但由于技术和价格方面的原因,该产品仅局限在航空工业中应用。数控机床的诞生,对复杂曲线、型面的加工起到了非常重要的作用,同时也推动了美国航空工业和军事工业的发展。

尽管这种初期数控机床采用电子管和分立元件硬接线电路来进行运算和控制,体积庞大而功能单一,但它采用了先进的数字控制技术,且具有普通设备和各种自动化设备无法比拟的优点,具有强大的生命力,它的出现开辟了工业生产技术的新纪元。从此,数控技术在全世界得到了迅速的应用和发展。

数控机床

1.1.2　数控加工的特点和主要对象

1. 数控加工的特点

与传统机械加工方法相比,数控加工具有以下特点。

1) 可以加工具有复杂型面的工件

在数控机床上,所加工零件的形状主要取决于加工程序。数控机床能加工非常复杂的工件。

2) 加工精度高,质量稳定

数控机床本身的精度比普通机床高,一般数控机床的定位精度为 0.01 mm,重复定位精度为 0.005 mm;而且数控机床加工过程并无操作人员的参与,所以消除了操作者的人为误差,工件的加工精度全部由数控机床保证;又因为数控加工采用工序集中方式,减少了工件多次装夹对加工精度的影响。基于以上几点,数控加工工件的精度高,尺寸一致性好,质量稳定。

3) 生产率高

数控加工可以有效地减少零件的加工时间和辅助时间。由于数控机床的主轴转速和进给速度高,并能够快速定位,因此通过合理选择切削用量,充分发挥刀具的切削性能,可以减少零件的加工时间。此外,数控加工一般采用通用或组合夹具,因此在数控加工前不需划线,而且加工过程中能进行自动换刀,减少了辅助时间。

4) 改善劳动条件

在数控机床上从事加工的操作者,其主要任务是编写程序、输入程序、装卸零件、准备刀具、观测加工状态及检验零件等,因此劳动强度得到极大的降低。此外,数控机床一般是封闭式加工,既清洁,又安全,使劳动条件得到了改善。

5) 有利于生产管理现代化

因为相同工件所用时间基本一致,所以数控加工可预先估算加工工件所需时间,因此工时和工时费用可以精确估计。这既便于编制生产进度表,又有利于均衡生产和取得更高的预计产量。此外,对数控加工所使用的刀具、夹具可进行规范化管理。以上特点均有利于生产管理的现代化。

6) 数控加工是 CAD/CAM 技术和先进制造技术的基础

数控机床使用数字信号与标准代码作为控制信息,易于实现加工信息的标准化,目前已与 CAD/CAM 技术有机地结合起来,形成现代集成制造技术的基础。

加工中心

2．数控加工的主要对象

从数控加工的特点可以看出，适于数控加工的零件包括：

（1）多品种、单件小批量生产的零件或新产品试制中的零件；

（2）几何形状复杂的零件；

（3）精度及表面粗糙度要求高的零件；

（4）加工过程中需要进行多工序加工的零件；

（5）用普通机床加工时，需要昂贵工装设备（如工具、夹具和模具）的零件。

1.2 数控系统与数控设备

1.2.1 数控技术的基本概念

数字控制，简称数控（numerical control，NC），是利用数字化信息对机械运动及加工过程进行控制的一种方法。由于现代数控技术都采用了计算机进行控制，因此，也可以称为计算机数控（computer numerical control，CNC）。

为了对机械运动及加工过程进行数字化信息控制，必须具备相应的硬件和软件。用来实现数字化信息控制的硬件和软件的整体称为数控系统（numerical control system），数控系统的核心是数控装置（numerical controller）。在实际使用中，NC（或 CNC）具有三种不同含义：既可以在广义上代表一种控制技术，又可以在狭义上代表一种控制系统的实体，还可以代表一种具体的控制装置——数控装置。

采用数控技术进行控制的机床称为数控机床（NC 机床）。它是一种综合应用了计算机技术、自动控制技术、精密测量技术和机床设计等先进技术的典型机电一体化产品，是现代制造技术的基础。

1.2.2 数控系统的组成

数控系统一般由控制介质、输入装置、数控装置、伺服系统、执行部件和测量反馈装置组成，如图 1-1 所示。

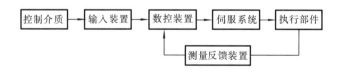

图 1-1 数控系统的组成

1．控制介质

数控设备工作时，不需要操作者直接进行手工加工，但设备必须按操作者的意图进行工作，这就必须在操作者与设备间建立某种联系，这种联系的中间媒介物称为控制介质。控制介质也称为信息载体，它可以是穿孔带、穿孔卡、磁带、软磁盘等。

在控制介质中存储着加工零件所需要的全部操作信息，它是数控系统用来指挥和控制设备进行加工运动的唯一指令信息。

2. 输入装置

输入装置的作用是将控制介质上的程序代码变成相应的电脉冲信号,传送并存入数控装置。根据不同的控制介质,输入装置可以是光电读带机、录音机或软盘驱动器。现在有很多数控设备不用任何控制介质,而是将数控加工程序单上的内容通过数控装置上的键盘直接输入数控装置,这种方式称为手动数据输入(MDI)方式。有的还可将数控加工程序由编程计算机用通信方式传送给数控装置。

3. 数控装置

数控装置是数控设备的核心,它接收输入装置送来的脉冲信号,经过数控装置的控制软件和逻辑电路进行编译、运算和逻辑处理,然后将各种信息指令输出给伺服系统,使设备各部分规范而有序地动作。这些指令主要是经插补运算决定的各坐标轴的进给速度、进给方向和位移量;主运动部件的变速、换向和启停信号;选择和交换刀具的指令信号;切削液开关的启停信号;工件的松夹、分度工作台的转位等辅助指令信号。

介于数控装置与被控设备之间的强电控制装置,其主要作用是接收数控装置输出的主运动变速、刀具选择交换、辅助装置动作等指令信号,经过必要的编译、逻辑判断和功率放大后,直接驱动相应的电器,以及液压、气压和机械部件等,完成指令所规定的各种动作。

4. 伺服系统

伺服系统包括伺服驱动电路和伺服驱动元件,它们与执行部件上的机械部件组成数控设备的进给系统。其作用是把数控装置发来的速度和位移指令(脉冲信号)转换成执行部件的进给速度、方向和位移。每个执行进给运动的部件都配有一套伺服驱动系统,而对于每一个脉冲信号,执行部件都有一个相应的位移量,又称为脉冲当量,其值越小,加工精度就越高。数控装置可以以很高的速度和精度进行计算并发出很微弱的脉冲信号,关键在于伺服系统能以多高的速度与精度去响应执行,所以整个系统的精度与速度主要取决于伺服系统。

在伺服系统中,伺服驱动电路要把数控装置发出的微弱电信号(5V 左右,毫安级)放大成强电的驱动电信号(几十至上百伏,安培级)去驱动执行元件——伺服电动机。

伺服系统的执行元件主要有功率步进电动机、电-液脉冲马达、直流伺服电动机和交流伺服电动机等,其作用是将电控信号的变化转换成电动机输出轴的角速度和角位移的变化,从而带动执行部件做进给运动。

5. 执行部件

数控系统的执行部件是加工运动的实际执行部件,主要包括主运动部件、进给运动执行部件、工作台、拖板及其部件和床身立柱等支承部件,此外还有冷却、润滑、转位和夹紧装置等辅助装置,存放刀具的刀架、刀库及交换刀具的自动换刀机构等。执行部件应有足够的刚度和抗振性,还要有足够的精度,传动系统结构要简单,便于实现自动控制。

6. 测量反馈装置

测量反馈装置是将运动部件的实际位移、速度及当前的环境参数(如温度、振动、摩擦和切削力等因素的变化量)加以检测,转变为电信号后反馈给数控装置,通过比较,得出实际运动与指令运动的误差,并发出误差指令,纠正所产生的误差。测量反馈装置的引入,有效地改善了系统的动态特性,大大提高了零件的加工精度。

1.2.3 数控基本原理

数控机床是按照事先编制好的加工程序单来加工零件的。

首先分析零件图样,根据图样中对零件材料和尺寸、形状、加工精度及热处理等的要求来确定工艺方案,进行工艺处理和数值计算。在此基础上,根据数控系统规定的功能指令代码和程序段格式编写数控加工程序单。

根据加工程序单的内容,用自动穿孔机制作控制介质(穿孔纸带)。通过光电阅读机将穿孔带的代码逐段输入数控装置,也可以用 MDI 方式将加工程序单内容直接输入数控装置。

数控装置对输入指令进行译码、寄存和运算后,向系统各个坐标的伺服系统发出指令信号,经驱动电路的放大处理,驱动伺服电动机输出角位移和角速度,并通过执行部件的传动系统将电动机的角位移和角速度转换为工作台的直线位移,实现进给运动。

同时,数控装置通过强电控制装置——可编程序逻辑控制器(PLC)实现系统其他必要的辅助动作。如自动变速、切削液开关的自动开启和关闭、工件的自动松夹及刀具的自动更换等,配合进给运动完成零件的自动加工。

1.2.4 数控系统的分类

1. 按数控装置类型分类

按数控装置类型分类,数控系统可分为硬件逻辑数控系统和计算机数控系统。

1) 硬件逻辑数控系统(NC 系统)

这是早期的数控系统,又称硬线数控系统。在这种系统的数控装置中,输入、译码、插补运算、输出等控制功能均由分立式元件硬接线连接的逻辑电路来实现。一般来说,对于不同的数控设备需要设计不同的硬件逻辑电路。这类数控系统的通用性、灵活性等功能较差,维护代价高。

2) 计算机数控系统(CNC 系统)

20 世纪 70 年代中期,随着微电子技术的发展,芯片的集成度越来越高,利用大规模及超大规模集成电路组成计算机数控装置成为可能。在此装置中,常采用小型计算机或微型计算机作为控制单元,其主要功能几乎全部由软件来实现。对于不同的系统,只需编制不同的软件就可以实现不同的控制功能。硬件几乎可以通用,这就为硬件的大批量生产提供了条件。计算机数控系统硬件的批量生产有利于保证质量、降低成本、缩短周期、迅速推广和扩展应用,所以现代数控系统没有例外都采用了计算机数控装置。

2. 按运动方式分类

按运动方式分类,数控系统可分为点位控制系统、点位直线控制系统和轮廓控制系统。

1) 点位控制系统

点位控制系统的特点是加工时只能实现工件从一个位置到另一个位置的精确移动(见图 1-2),在移动和定位过程中不进行任何加工,而且移动部件的运动路线并不影响加工精度。数控系统只需精确控制行程终点的坐标值,而不控制点与点之间的运动轨迹。为了尽可能地减少移动部件的运动与定位时间,通常先快速移动到接近终点坐标,然后减速准确移动到定位点,以保证良好的加工精度。采用点位控制系统的主要有数控坐标镗床、数控钻床、数控冲床、数控点焊机及数控弯管机等。

2）点位直线控制系统

点位直线控制系统的特点是加工时不仅能实现工件从一个位置到另一个位置的精确移动，而且能实现平行于坐标轴的直线切削加工运动（见图 1-3）及沿与坐标轴成 45°斜线的切削加工运动，但不能沿任意斜率直线的切削加工运动。数控车床、数控镗铣床和数控加工中心等均采用点位直线控制系统。

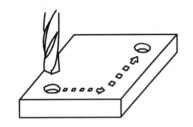

图 1-2　点位控制

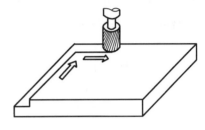

图 1-3　点位直线控制

图 1-4　轮廓控制

3）轮廓控制系统

该系统可以使刀具和工件按平面直线、曲线或空间曲面轮廓进行相对运动，加工出形状复杂的零件（见图 1-4）。它可以同时控制 2～5 个坐标轴联动，功能较为齐全。在加工中需要不断进行插补运算，然后进行相应的速度与位移控制。数控铣床、数控凸轮磨床和功能完善的数控车床都采用了轮廓控制系统。此外，数控火焰切割机、数控线切割机及数控绘图机等也都采用了轮廓控制系统。轮廓加工取代了各种类型的仿形加工，提高了精度和生产效率，因而得到了广泛的应用。

3．按控制方式分类

按控制方式分类，数控系统可分为开环控制系统、半闭环控制系统、闭环控制系统。

1）开环控制系统

开环控制系统没有反馈装置。这种系统通常使用功率步进电动机作为执行机构。数控装置输出指令脉冲，通过环形分配器和驱动电路，不断改变供电状态，使步进电动机转过相应的步距角，再通过齿轮箱带动丝杠旋转，把角位移转换为移动部件的直线位移，如图 1-5 所示。移动部件的移动速度与位移量是由输入脉冲的频率和脉冲数所决定的。

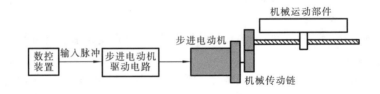

图 1-5　开环控制系统

由于没有反馈装置，开环系统的步距误差及机械部件的传动误差不能得到校正和补偿，所以这种系统的控制精度较低。但开环系统结构简单、运行平稳、成本低、价格低廉、使用维修方便,可广泛应用于对精度要求不高的数控系统。

2) 半闭环控制系统

半闭环控制系统在伺服电动机输出轴端或丝杠轴端装有角位移检测装置(如旋转变压器或光电编码器等),通过测量角位移间接地检测移动部件的直线位移,然后反馈到数控装置中,如图 1-6 所示。

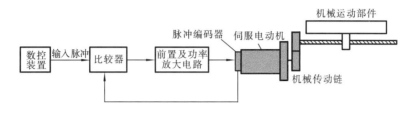

图 1-6　半闭环控制系统

由于角位移检测装置比直线位移检测装置结构简单、安装方便、稳定性能好、价格便宜且精度高于开环控制系统,故应用较为广泛。但这种系统的丝杠副、齿轮传动副等传动装置未包含在反馈系统中,故其控制精度不算很高。如果使用时选择精度较高的滚珠丝杠和消除间隙的齿轮副,再配以具有螺距误差和反向间隙补偿功能的数控装置,就能够达到较高的加工精度。所以,半闭环控制系统在生产中得到了广泛的应用。

3) 闭环控制系统

闭环控制系统是在移动部件上直接安装直线式位置检测装置而构成的,可将测量的实际位移值反馈到比较器中,与输入的位移值进行比较,用差值进行控制,使移动部件按照实际需要的位移量运动,从而实现移动部件的精确定位,如图 1-7 所示。

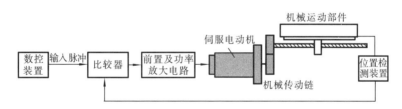

图 1-7　闭环控制系统

由于闭环控制系统有位置反馈装置,而这种反馈对丝杠副和齿轮传动副所带来的误差都可以给予补偿,可达到很高的控制精度,因而广泛地应用在高精度的大型精密机床中。

理论上,闭环控制系统的精度主要取决于测量元件的精度和数/模转换器的精度。但该系统在工作过程中会受到进给丝杠的拉压刚度、扭转刚度、摩擦阻尼特性和间隙等非线性因素的影响,这将给调试工作带来很大困难。若各种参数匹配不适当,则系统会发生振荡,造成其工作不稳定,影响定位精度,所以闭环控制系统安装调试复杂且价格昂贵。

4. 按功能水平分类

按功能水平分类,可以把数控系统分为高、中、低三档。

1) 高档数控系统

这类数控系统是目前发展最完善的系统。其特点是:

(1) 分辨率可达 0.1 μm;

(2) 进给速度可达 15~100 m/min;

(3) 伺服系统采用闭环控制方式;

(4) 联动轴数能达到 5 以上;

(5) 具有 MAP(制造自动化协议)通信接口及其他接口,并具有通信联网功能;

(6) 具有三维图形显示功能;

(7) 有较强功能的内装 PLC,并具有轴控制的扩展功能;

(8) 选用 64 位 CPU 及具有精简指令集的中央处理单元,运算速度高。

2) 中档数控系统

这类数控系统的特点是:

(1) 分辨率为 1 μm;

(2) 进给速度为 15~24 m/min;

(3) 伺服进给采用半闭环控制方式;

(4) 联动轴数可达到 4;

(5) 可以具有 RS-232 或 DNC(分布式数控)通信接口;

(6) 有内装 PLC;

(7) 具有功能较齐全的显示器,有图形、字符及人机对话与自诊断功能;

(8) 采用 16 位(正在向 32 位过渡)中央处理单元。

3) 低档数控系统

这种系统也称为经济型数控系统。其特点是:

(1) 分辨率为 10 μm;

(2) 进给速度为 4~15 m/min;

(3) 伺服进给功能采用开环控制方式和步进电动机进给系统实现;

(4) 联动轴数不超过 3;

(5) 无通信功能,只有简单的数码管显示或字符显示功能;

(6) 无内装 PLC,数控装置采用 8 位 CPU 作为中央处理单元。

1.2.5 数控设备的分类

按用途分类,数控设备可分为金属切削类数控设备、金属成形类数控设备、数控特种加工设备。

1) 金属切削类数控设备

金属切削类数控设备有数控车床(见图 1-8)、数控铣床(见图 1-9)、数控镗床、数控镗铣床和数控加工中心(见图 1-10)。

加工中心是带有刀库和自动换刀装置的一机多工序的数控加工机床。它的出现打破了一台机床只能进行一种工序加工的传统观念。它能利用大型刀库的多种刀具(一般为 20~120 把)和自动换刀装置对一次装夹的工件进行铣、镗、钻、扩、铰和攻螺纹等多工序加工。它主要用来加工箱体零件或菱形零件。近年来又出现了许多车削加工中心,几乎可以完成回转体零件的所有加工工序。加工中心实现了一次装夹、一机多工序的加工方式,可有效地避免零件多次装夹造成的定位误差,减少机床台数和占地面积,大大提高加工精

图 1-8　数控车床

(a)卧式数控车床；(b)立式数控车床

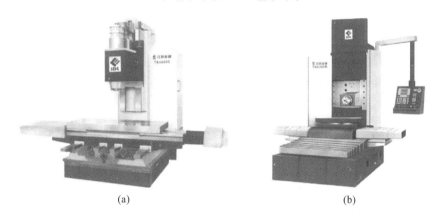

图 1-9　数控铣床

(a)立式数控铣床；(b)卧式数控铣床

图 1-10　数控加工中心

(a)立式加工中心；(b)卧式加工中心

度、生产效率和自动化程度。

2）金属成形类数控设备

金属成形类数控设备有数控折弯机、数控弯管机、数控压力机等。

3）数控特种加工设备

数控特种加工设备有数控线切割机、数控电火花加工设备、数控激光加工设备等。

1.3　数控技术的发展

1.3.1　数控技术的发展历史

如前文所述,采用数字控制技术进行机械加工的理念由美国帕森斯公司于 20 世纪 40 年代初提出。帕森斯公司在制造飞机框架及直升机叶片轮廓用样板时,利用计算机对叶片轮廓的加工路径进行了数据处理,并考虑了刀具半径对加工路径的影响,使加工精度达到±0.0015 in(1 in＝2.54 cm)。

1952 年,帕森斯公司与美国麻省理工学院合作研制出三坐标联动、利用脉冲乘法器原理的试验性数字控制系统,这是数控系统的第一代。

1959 年,电子行业研制出晶体管元器件,因而数控系统开始广泛采用晶体管和印制电板技术,跨入第二代。1959 年 3 月,美国克耐·杜列克公司(Keaney & Treeker Corp.)发明了带有自动换刀装置的数控机床,称为"加工中心"。

1960 年,出现了小规模集成电路。由于其体积小、功耗低,使数控系统的可靠性进一步提高,数控系统由此发展到第三代。

以上三代都是采用专用控制装置的硬件逻辑数控系统。

1967 年,英国首先把几台数控机床连接成具有柔性的加工系统,这就是最初的柔性制造系统(flexible manufacturing system,FMS),如图 1-11 所示。它是一个由计算机集中管理和控制的制造系统,具有多个半独立工位和一个物料储存运输系统,可高效率地制造中小批量、多品种的零部件。之后,美国、日本和欧洲各国也相继进行 FMS 的开发和应用。它由以下几个部分组成。

柔性制造系统

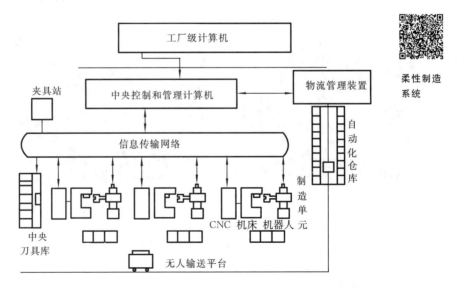

图 1-11　FMS 的组成

（1）标准的数控机床或制造单元。能自动上下料或在多个工位加工及装配的数控机床，即"制造单元"，是 FMS 的基本制造"细胞"。

（2）传送系统，用在机床和装夹工位之间以运送零件和刀具。

（3）总监控系统，用于发布指令，协调机床、工件和刀具的运动。

（4）中央刀具库及其管理系统。

（5）自动化仓库及其管理系统。

随着计算机技术的发展，小型计算机开始取代专用控制的硬件逻辑数控系统，许多数控功能由软件程序实现。由计算机作控制单元的数控系统（CNC）称为第四代数控系统。1970 年，在美国芝加哥国际展览会上，首次展出了这种系统。

1970 年前后，美国英特尔公司开发并开始使用微处理器。1974 年，美、日等国首先研制出以微处理器为核心的数控系统，这就是第五代数字控制系统。

1974 年，美国的 Joseph Harrington 博士在 *Computer Integrated Manufacturing* 一书中首先提出计算机集成制造（computer integrated manufacturing，CIM）的概念。他认为：①企业生产的各个环节，从市场分析、产品设计、加工制造、经营管理到售后服务是一个不可分割的整体，联系紧密，应对其做统一考虑；②整个生产过程实质上是一个数据的采集、传递和加工处理过程，最终形成的产品可以看成是数据的物质表现。计算机集成制造系统（computer integrated manufacturing system，CIMS）的车间布局如图 1-12 所示。

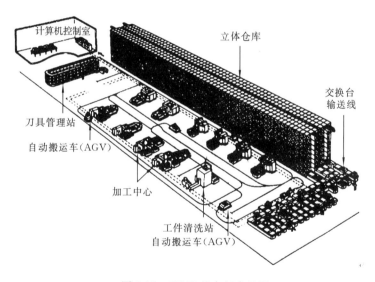

图 1-12 CIMS 的车间布局图

计算机集成制造过程由以下几个部分组成。

（1）设计过程：包括计算机辅助设计（computer aided design，CAD）、计算机辅助工程（computer aided engineering，CAE）、计算机辅助工艺规划（computer aided process planning，CAPP）、计算机辅助制造（computer aided manufacturing，CAM）等环节。CAD 涉及设计过程中各个环节的数据、管理数据和检测数据，以及产品设计的专家系统及仿真等。CAE 是对零件的机械应力、热应力等进行有限元分析及优化设计。CAPP 是根据 CAD 的数据自动制定合理的加工工艺。CAM 是将 CAD 模型按 CAPP 要求生成刀具轨迹文件，并经后置处理转换成数控代码。CIMS 中最基本的是 CAD/CAE/CAPP/CAM 的集成。

（2）加工制造过程：加工制造设备包括数控机床、搬运工具、自动仓库、检测设备、工具管理单元、装配单元等。

（3）计算机辅助生产管理：包括制订生产计划，平衡生产能力，管理各种仓库、财务等，确定经营方向。

系统的集成以系统理论、成组技术、集成技术、计算机网络为基础。

20 世纪 80 年代初，国际上又出现了柔性制造单元(flexible manufacturing cell,FMC)。FMC 和 FMS 被认为是 CIMS 的基础。

计算机集成
制造系统

我国在 1958 年从电子管着手开始研究数控技术，有些高校和科研单位有过试验性样机。1965 年，开始研制晶体管数控系统，20 世纪 60 年代末至 70 年代初，成功研制出数控非圆齿轮插齿机、CJK-18 型晶体管数控系统及 X53K-1G 立式数控铣床等。从 20 世纪 70 年代开始，数控技术在各种类型机床中的应用研究工作得以展开，数控加工中心研制成功，数控线切割机床在模具加工中得到了推广，但由于电子元器件质量和制造工艺水平差，数控系统的可靠性、稳定性得不到保证，因此，数控技术未能得到广泛应用。

20 世纪 80 年代，我国开始走技术引进和自行研制相结合的道路，从日本、美、德等国引进了一些新技术和以日本 FANUC 系列为主的数控系统，这对国内数控机床和数控技术的稳步发展起到了积极的推进作用；从 20 世纪 80 年代中期开始，国内数控机床的品种有了新的发展，种类不断增多，规格趋向齐全。目前，我国已有几十家机床厂能生产不同类型的数控机床和数控加工中心机床，建立了以中、低档数控机床为基础的数控产业体系，在高档数控机床的研制方面也有了较大的进展。在数控技术领域中，我国和发达工业国家之间还存在不小的差距，但这种差距正在不断地缩小。

数控技术被广泛应用于机械运动的轨迹控制。除数控机床外，还用在工业机器人、数控线切割机、数控火花切割机、坐标测量机、绘图仪、编织机、剪裁机和焊接机等中。

1.3.2　数控技术的发展趋势

随着微电子技术、计算机技术、精密制造技术及检测技术的发展，数控机床性能日臻完善，数控系统应用领域日益扩大。同时，各生产部门工艺要求不断提高，从另一方面促进了数控机床的发展。当今数控机床正不断采用最新技术成果，朝着高速度、高精度、高可靠性、多功能、智能化、复合化等方向发展。

（1）高速度、高精度　速度和精度是数控系统的两个重要技术指标，它直接关系到加工效率和产品质量。高速度首先是要求数控系统在读入加工指令数据后，能高速度处理并计算出伺服电动机的位移量，并要求伺服电动机高速度地做出反应。此外，要实现生产系统的高速度，还必须实现主轴、进给装置、刀具交换装置、托板交换装置等各种关键部分的高速度。现代数控机床主轴转速在 12 000 r/min 以上的已较为普遍，高速加工中心的主轴转速高达 100 000 r/min；一般机床快速进给速度都在 50 m/min 以上，有的机床高达 120 m/min。加工的高精度比加工速度更为重要，微米级精度的数控设备正在普及，一些高精度机床的加工精度已达到 0.1 μm。

（2）高可靠性　新型的数控系统大量采用大规模或超大规模的集成电路，采用专用芯片及混合式集成电路，使线路的集成度提高，元器件数量减少，功耗降低，可靠性也大幅提高。

现代数控机床都装备了计算机数控装置,只要改变软件控制程序,就可以适应各类机床的不同要求,实现数控系统的模块化、标准化和通用化。数控软件的功能更加丰富,具有自诊断及保护功能。为了防止超程,可以在数控装置内预先设定工作范围(即软极限)。计算机数控装置还具有自动返回功能(即断点保护功能)。

(3)多功能　大多数数控机床都具有图形显示功能,可以进行二维图形的加工轨迹动态模拟显示,有的还可以显示三维彩色动态图形;具有丰富的人机对话功能,"友好"的人机界面;借助显示器与键盘的配合,可以实现程序的输入、编辑、修改、删除等功能。现代数控系统除了能与编程机、绘图机、打印机等外设通信外,还应能与其他计算机数控系统、上级计算机系统通信,以实现 FMS 的连接要求。

(4)智能化　数控系统应用高技术的重要目标是智能化,如引进自适应控制技术,实现人机会话自动编程、自动诊断并排除故障等智能化功能。

(5)复合化　复合化是近几年数控机床发展的模式,通过将多种动力头集中在一台数控机床上,实现在一次装夹中完成多种工序的加工。如立卧转换加工中心、车铣万能加工中心及四轴联动(X、Y、Z、C)的车削中心等均属于复合化数控机床。随着数控机床技术的进步,复合加工技术日趋成熟,复合加工的精度和效率也大大提高。

(6)柔性化　几十年来,数控机床的应用逐渐发展,加工中心、FMS、柔性生产线和 CMS 陆续出现,使柔性自动化技术得到了迅速发展。

思考题与习题

重点、难点和
知识拓展

1-1　数控技术是怎么产生的? 它适应哪种组织形式的生产?

1-2　何谓数字控制? 数控系统有哪些特点?

1-3　数控系统由哪几部分组成?

1-4　何谓点位控制、点位直线控制、轮廓控制? 三者有何区别?

1-5　何谓开环控制、半闭环控制、闭环控制? 三者有何区别?

1-6　按数控装置的类型,数控系统可分为哪几类?

1-7　简述数控技术的发展趋势。

第2章 数控加工工艺

工艺设计是指对工件进行数控加工的前期工艺准备工作,它必须在程序编制工作以前完成。数控加工的工艺设计内容主要包括选择并确定零件的数控加工内容、数控加工的工艺性分析、数控加工工艺路线设计、数控加工工序设计和数控加工专用技术文件的编写等,这些也是编制程序的工艺依据。数控加工实践表明:加工工艺设计不合理是影响数控机床加工质量、生产效率及加工成本的重要因素。

2.1 数控加工工艺特点与加工工序

2.1.1 数控加工工艺特点

1. 工艺详细

数控加工工艺的制定步骤与内容与普通加工工艺大致相同,但数控加工工艺的一个明显特点是工艺内容十分具体、完整。普通加工工艺规程的工艺设计内容视零件的生产批量、复杂程度及零件的重要性等的不同而有不同,但最多详细到工步。数控加工工艺必须详细到每一次走刀和每一个操作的细节,亦即普通加工工艺留给操作工人完成的工艺与操作内容都必须由编程人员在程序中预先确定。另外,凡是用数控机床加工的零件,不论简单、重要与否,都要有完整的加工程序,因而都要制定详细的工艺。

2. 工序集中

现代数控机床具有刚度大、精度高、刀库容量大、切削参数范围广,以及多坐标、多工位等特点,有可能在零件一次装夹中完成多道加工工序和实现由粗到精的加工过程,甚至可在工作台上安装几个相同或相似的零件进行加工,从而可缩短工艺路线和生产周期、减少加工设备和工艺装备、减少中间储存与运输。

3. 工序内容复杂

由于数控机床的运行成本和对操作人员的要求相对较高,在安排数控加工零件时,一般应首先考虑使用普通机床加工困难、使用数控机床加工能明显提高效率和质量的复杂零件,如整体叶轮、叶片、带有型腔的模具等,还应考虑在一次装夹后需加工多个面上的多个加工特征的零件。由于零件复杂、加工特征多,零件的工艺也相应复杂。

2.1.2 加工方法的特点

对于一般简单表面,数控加工与普通加工在加工方法上无大的差异。但对于一些复杂表面、特殊表面或有特殊要求的表面,数控加工就与传统加工有着根本不同的加工方法。例如:对于曲线、曲面的加工,传统加工多是采用划线、预钻、砂轮打磨等钳工方法,不仅费工、费时,而且还不能保证加工质量,甚至会产生废品。而数控加工则用多坐标联动自动控制加工方法,其加工质量与生产效率是传统方法无法比拟的。

2.1.3　数控加工工艺设计主要内容

数控机床的加工工艺与通用机床的加工工艺有许多相同之处,但在数控机床上加工零件比在通用机床上加工零件的工艺规程要复杂得多。在数控加工前,要将机床的运动过程、零件的工艺过程、刀具的形状、切削用量和走刀路线等都编入程序,这就要求程序设计人员具有多方面的知识。合格的程序设计人员首先是一个合格的工艺人员,否则就无法做到全面、周到地考虑零件加工的全过程,以及正确、合理地编制零件的加工程序。

在进行数控加工工艺设计时,一般应进行以下几方面的工作:数控加工工艺内容的选择,数控加工工艺性分析,数控加工工艺路线的设计。

对一个零件来说,并非全部加工工艺过程都适合在数控机床上完成,往往只是其中的一部分工艺内容适合数控加工。这就需要对零件图样进行仔细的工艺分析,选择那些最适合、最需要进行数控加工的内容和工序。在选择数控加工工艺内容时,应结合本企业设备的实际,立足于解决难题、攻克关键问题和提高生产效率,充分发挥数控加工的优势。

1. 适于数控加工的内容

在选择时,一般可按下列顺序考虑:

(1) 通用机床无法加工的内容应作为优先选择内容;

(2) 通用机床难加工,质量也难以保证的内容应作为重点选择内容;

(3) 通用机床加工效率低、工人手工操作劳动强度大的内容,可在数控机床尚存在富裕加工能力时选择。

2. 不适于数控加工的内容

一般来说,上述这些加工内容采用数控加工后,在产品质量、生产效率与综合效益等方面都会得到明显提高。相比之下,下列一些内容不宜采用数控加工方式:

(1) 占机调整时间长的加工内容,如以毛坯的粗基准定位加工第一个精基准,需用专用工装协调的内容;

(2) 加工部位分散,需要多次安装、设置原点的加工内容,这样的加工内容采用数控加工很麻烦,效果不明显,可安排通用机床补加工;

(3) 按某些特定的制造依据(如样板等)加工的型面轮廓,其不宜采用数控加工方式的主要原因是获取数据困难,易与检验依据发生矛盾,增加了程序编制的难度;

(4) 材质不均、加工余量极不稳定的加工内容;

(5) 装夹困难或完全靠找正定位来保证加工精度的加工内容。

此外,在选择和确定加工内容时,也要考虑生产批量、生产周期、工序间周转情况等。总之,要尽量做到合理,达到多、快、好、省的目的。要防止把数控机床作为通用机床使用。

2.1.4　数控加工工艺性分析

数控加工的工艺分析有以下内容。

1. 选择合适的对刀点和换刀点

对刀点是指用于对刀,以确定刀具与工件相对位置的基准点,一般在加工中是刀具相对零件运动的起点,又称起刀点,也就是程序运行的起点。对刀点选定后,便确定了机床坐标系和零件坐标系之间的相互位置关系。

刀具在机床上的位置是由刀位点的位置来表示的。不同的刀具,刀位点不同。对于平头立铣刀、端铣刀类刀具,刀位点为它们的底面中心;对于钻头,刀位点为钻尖;对于球头铣刀,刀位点为球心;对于车刀、镗刀类刀具,刀位点为刀尖。在对刀时,刀位点应与对刀点一致。

对刀点选择的原则主要是:考虑对刀点在机床上对刀方便、便于观察和检测,编程时便于数学处理和有利于简化编程。对刀点可选在零件或夹具上。为提高零件的加工精度,减少对刀误差,对刀点应尽量选在零件的设计基准或工艺基准上。如以孔定位的零件,应将孔的中心作为对刀点。

对于数控车床、镗铣床、加工中心等多刀加工数控机床,在加工过程中需要换刀,故编程时应考虑不同工序之间的换刀位置。为避免换刀时刀具与工件及夹具发生干涉,换刀点应设在工件的外部,如图 2-1 所示。

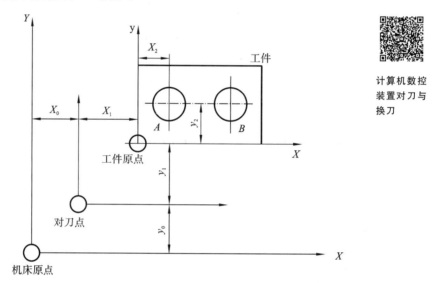

计算机数控
装置对刀与
换刀

图 2-1　对刀点的设定

2. 审查与分析工艺基准的可靠性

数控加工工艺特别强调定位加工,尤其是正、反两面都采用数控加工方式的零件,其工艺基准的统一是十分必要的,否则很难保证两次安装加工后两个面上的轮廓位置及尺寸协调。如果零件上没有合适的基准,可考虑在零件上增加工艺凸台或工艺孔,在加工完成后再将其去除。

3. 选择合适的零件安装方式

数控机床加工时,应尽量保证经一次安装就能够完成零件所有待加工面的加工。要合理选择定位基准和夹紧方式,以减少误差环节。此外,应尽量采用通用夹具或组合夹具,必要时才设计专用夹具。

被加工零件的数控加工工艺性问题涉及面很广,下面结合编程的可能性和方便性提出一些必须分析和审查的主要内容。

1) 尺寸标注应符合数控加工的特点

在数控编程中,所有点、线、面的尺寸和位置都是以编程原点为基准的。因此零件图样上最好直接给出坐标尺寸,或者尽量从同一基准引注尺寸。

2）几何要素的条件应完整、准确

在程序编制中，编程人员必须充分掌握构成零件轮廓的几何要素参数及各几何要素间的关系。因为在自动编程时要对零件轮廓的所有几何元素进行定义，手工编程时要计算出每个节点的坐标，无论哪一点不明确或不确定，编程都无法进行。但由于零件设计人员在设计过程中考虑不周或疏忽大意，常常出现参数不全或不清楚的情况。所以在审查与分析图样时，一定要仔细核算，发现问题及时与设计人员联系。

3）定位基准可靠

在数控加工中，加工工序往往较集中，以同一基准定位十分重要，因此往往需要设置一些辅助基准，或者在毛坯上增加一些工艺凸台。如图 2-2(a)所示的零件，为增加定位的稳定性，可在底面增加一工艺凸台，如图 2-2(b)所示。在完成定位加工后再除去该凸台。

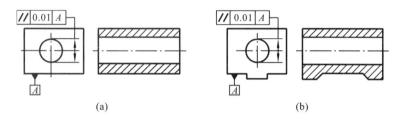

图 2-2　工艺凸台的应用
(a)改进前的结构；(b)改进后的结构

4）统一几何形状及尺寸

零件的外形、内腔最好采用统一的几何形状及尺寸，这样既可以减少换刀次数，还可以应用控制程序或专用程序，以缩短程序长度。零件的形状尽可能对称，便于利用数控机床的镜像加工功能来编程，以节省编程时间。

4. 对零件图进行数控加工工艺性分析

对零件图进行数控加工工艺性分析，主要是指：

（1）审查与分析零件图样中的尺寸标注方法是否适应数控加工的特点；

（2）审查与分析零件图样中构成轮廓的几何元素是否充分；

（3）审查与分析定位基准的可靠性；

（4）审查与分析零件所要求的加工精度。

5. 对零件的结构工艺性分析

对零件的结构工艺性分析主要考虑如下几点：

（1）有利于达到所要求的加工质量；

（2）有利于减少加工劳动量；

（3）有利于提高劳动生产率。

2.1.5　数控加工工艺路线设计

数控加工工艺路线设计与通用机床加工工艺路线设计的主要区别在于，其往往不是设计从毛坯到成品的整个工艺过程，而仅是对几道数控加工工序的工艺过程进行具体描述。因此在工艺路线设计中一定要注意，由于数控加工工序一般都穿插于零件加工的整个工艺过程中，因而要与其他加工工艺衔接好。常见工艺流程如图 2-3 所示。

在数控加工工艺路线设计中应注意以下几个问题。

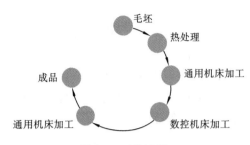

图 2-3　工艺流程

1. 工序的划分

根据数控加工的特点,数控加工工序的划分一般可采用下列方法。

（1）按安装次数划分　适用于加工内容较少的零件,加工完后零件就能达到待检状态。

（2）按所用刀具划分　适用于工件的待加工表面较多,机床连续工作时间长,加工程序的编制和检查难度较大等情况。

（3）按加工部位划分　适用于加工表面复杂的零件,如划分为内腔、外形、曲面、平面等加工部位。

（4）按粗、精加工划分　适用于加工后变形较大,需粗、精加工分开的零件,如毛坯为铸件、焊接件或锻件的零件。

2. 顺序的安排

顺序的安排应根据零件的结构和毛坯状况,以及定位、安装与夹紧的需要来考虑。顺序安排一般应按以下原则进行:

（1）先粗后精　先安排粗加工,中间安排半精加工,最后安排精加工和光整加工。

（2）先主后次　先安排零件的装配基面和工作表面等主要表面的加工,后安排如键槽、紧固用的光孔和螺纹孔等次要表面的加工。

（3）先面后孔　先加工用于定位的平面和孔的端面,然后再加工孔。

（4）基面先行　先加工用作精基准的表面,再以精基面定位加工其他面。

3. 数控加工工艺与普通工序的衔接

数控加工工序前后一般都穿插有其他普通加工工序,如衔接得不好就容易产生矛盾。因此,在熟悉整个加工工艺内容的同时,要清楚数控加工工序与普通加工工序各自的技术要求、加工目的、加工特点(如要不要留加工余量,留多少)、定位面与孔的精度要求及几何公差,对校形工序的技术要求,毛坯的热处理状态等,这样才能使各工序的加工达到要求,满足加工需要,且质量目标及技术要求明确,交接验收有依据。

2.1.6　数控加工工序设计

在选择了数控加工工艺内容和确定了零件加工走刀路线后,即可进行数控加工工序的设计。数控加工工序设计的主要任务是进一步把各工序的加工内容、切削用量、工艺装备、定位夹紧方式及刀具运动轨迹确定下来,为编制加工程序做好准备。

1. 确定走刀路线和安排加工顺序

走刀路线是指刀具在整个加工工序中的运动轨迹,它不但包括工步的内容,还反映了工步顺序。走刀路线是编写程序的依据之一。确定走刀路线时应注意以下几点。

1）寻求最短走刀路线

如加工图 2-4(a)所示孔系。图 2-4(b)所示的走刀路线为先加工完外圈孔后,再加工内圈孔。图 2-3(c)所示为最短走刀路线,采用该走刀路线,可减少空刀时间,节省定位时间近 1/2,从而提高加工效率。

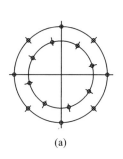 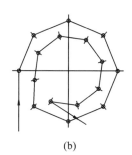 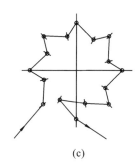

(a) 　　　　　　　(b) 　　　　　　　(c)

图 2-4　最短走刀路线的设计

(a)零件图样;(b)路线 1;(c)路线 2

2）最终轮廓一次走刀完成

为保证工件轮廓表面加工后的表面粗糙度要求,最终轮廓应安排在最后一次走刀中连续加工出来。

如图 2-5(a)所示为用行切方式加工内腔的走刀路线,这样走刀能切除内腔中的全部余量,不留死角,不伤轮廓。但采用行切法将在两次走刀的起点和终点间留下残留高度,达不到要求的表面粗糙度。如采用图 2-5(b)所示的走刀路线,先用行切法,最后沿周向环切一刀,光整轮廓表面,就能获得较好的效果。图 2-5(c)所示也是较好的走刀路线。

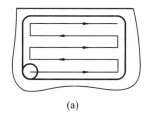 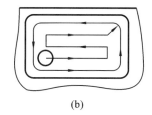 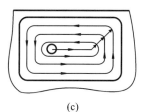

(a) 　　　　　　　(b) 　　　　　　　(c)

图 2-5　铣削内腔的三种走刀路线

(a)路线 1;(b)路线 2;(c)路线 3

3）选择切入、切出方向

考虑刀具的进、退刀(切入、切出)路线时,刀具的切出或切入点应在沿零件轮廓的切线上,以保证工件轮廓光滑;应避免在工件轮廓面上垂直上、下刀而划伤工件表面;尽量减少在轮廓加工切削过程中的暂停,此时切削力突然变化,因工件材料的弹性变形易留下刀痕,如图 2-6 所示。

4）选择使工件在加工后变形小的路线

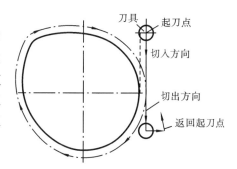

图 2-6　刀具切入和切出时的外延

对于横截面面积小的细长零件或薄板零件,应采用分几次走刀加工到最后尺寸的方法或对称去除余量法来设计走刀路线。安排工步时,应先安排对工件刚度破坏较小的工步。

2．确定定位和夹紧方案

在确定定位和夹紧方案时应注意以下几个问题:

(1)尽可能做到设计基准、工艺基准与编程计算基准的统一;

（2）尽量将工序集中,减少装夹次数,尽可能保证在一次装夹后能加工出全部待加工表面;

（3）避免采用占机时间、人工调整时间长的装夹方案;

（4）夹紧力的作用点应落在工件刚度较好的部位。

图 2-7(a)所示薄壁套的轴向刚度比径向刚度好,用卡爪径向夹紧时工件变形大,若沿轴向施加夹紧力,变形会小得多。在夹紧图 2-7(b)所示的薄壁箱体时,夹紧力不应作用在箱体的顶面,而应作用在刚度较好的凸边上,或者改为利用顶面上三点夹紧,以减小夹紧变形,如图 2-7(c)所示。

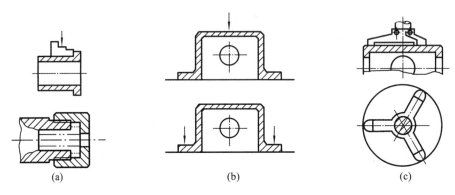

図 2-7　夹紧力作用点与夹紧变形的关系

(a)薄壁套夹紧改进方法;(b)薄壁箱体夹紧改进方法 1;(c)薄壁箱体夹紧改进方法 2

3. 确定刀具与工件的相对位置

对数控机床来说,在加工开始时,确定刀具与工件的相对位置是很重要的,这一相对位置是通过确认对刀点来实现的。对刀点可以设置在被加工零件上,也可以设置在夹具上与零件定位基准有一定尺寸联系的某一位置,往往就选择在零件的加工原点。

对刀点的选择原则如下:

（1）找正容易;

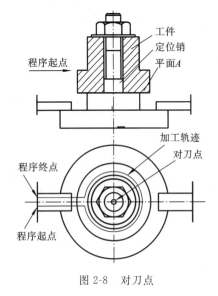

图 2-8　对刀点

（2）编程方便;

（3）对刀误差小,有利于提高加工精度;

（4）加工时检查方便、可靠。

例如加工图 2-8 所示零件,当按照图示路线来编制数控加工程序时,选择夹具定位元件圆柱销的中心线与定位平面 A 的交点作为加工的对刀点。显然,这里的对刀点也恰好是加工原点。

在使用对刀点确定加工原点时,就需要进行"对刀"。所谓对刀是指使刀位点与对刀点重合的操作。每把刀具的半径与长度尺寸都是不同的,刀具装在机床上后,应在数控装置中设置刀具的基本位置。刀位点是指刀具的定位基准点,如图 2-9 所示。各类数控机床的对刀方法是不完全一样的。

换刀点是指为避免换刀时碰伤零件、刀具或夹

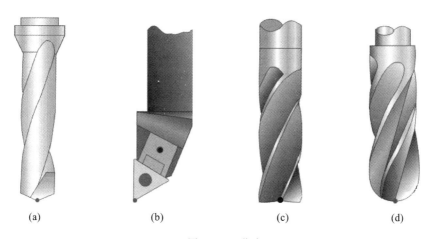

图 2-9 刀位点
(a)钻头的刀位点;(b)车刀的刀位点;(c)圆柱铣刀的刀位点;(d)球头铣刀的刀位点

具而设置的刀具相对位置点。换刀点常常设置在被加工零件的轮廓之外,并留有一定的安全裕量。

4. 确定切削用量

对高效率的金属切削机床加工来说,被切削材料、切削刀具和切削用量是三大要素。这些条件决定了加工时间、刀具寿命和加工质量。为了实现经济、有效的加工,必须合理地选择切削条件。

数控加工中切削用量的选用原则与普通加工的相同。但要注意数控机床动力参数较高、速度参数范围较大的特点,粗加工时应尽可能取较大背吃刀量,以减少走刀次数;精加工时可取较高切削速度和较低进给量,由于都是无级调速,有可能达到最佳加工参数。对轮廓铣削进给速度的选取,应注意内轮廓拐角处由于速度惯性而引起的超程现象(将工件多切去一部分),这时,可降低进给速度或分段进给。数控加工切削用量的具体选用可参考国内外有关数控加工切削用量表或切削用量手册,并根据经验选用。

编程人员在确定每道工序的切削用量时,应根据刀具的耐用度和机床说明书中的规定来选择,也可以结合实际经验用类比法确定切削用量。在选择切削用量时要充分保证刀具能加工完一个零件,或者保证刀具耐用度不低于一个工作班的工作时间,最少不低于半个工作班的工作时间。

背吃刀量主要受机床刚度的限制,在机床刚度允许的情况下,尽可能使背吃刀量等于工序的加工余量,这样可以减少走刀次数,提高加工效率。对于表面粗糙度和精度要求较高的零件,要留有足够的精加工余量,采用数控机床加工时精加工余量可比采用通用机床加工时的余量小一些。

编程人员在确定切削用量时,要考虑被加工工件的材料、硬度、切削状态、背吃刀量、进给量,以及刀具耐用度等因素,最后选择合适的切削速度。

选择进给速度时,可参照以下几点:

(1)当工件的质量要求能够得到保证时,为提高生产效率,可选择较高的进给速度。

(2)在切断、加工深孔或用高速钢刀具加工时,宜选择较低的进给速度。

(3)当工件的加工精度、表面粗糙度要求高时,进给速度应选小些。

(4)刀具处于空行程,特别是远距离"回零"时,可以选择数控系统给定的最高进给速度。

表 2-1 所示为车削加工时切削速度的参考数据。

表 2-1　车削加工的切削速度　　　　　　　　　　　　　　（mm/min）

被切削材料名称		轻切削 切深 0.5～1 mm 进给量 0.05～0.3 mm/r	一般切削 切深 1～4 mm 进给量 0.2～0.5 mm/r	重切削 切深 5～12 mm 进给量 0.4～0.8 mm/r
优质碳素 结构钢	10 钢	100～250	150～250	80～220
	45 钢	60～230	70～220	80～180
合金钢	$R_m \leqslant 750$ MPa	100～220	100～230	70～220
	$R_m > 750$ MPa	70～220	80～220	80～200

2.1.7　填写数控加工技术文件

填写数控加工技术文件是数控加工工艺设计的内容之一。这些技术文件既是数控加工的依据、产品验收的依据，也是操作者遵守、执行的规程。技术文件是对数控加工的具体说明，目的是让操作者更明确加工工序的内容、装夹方式、各个加工部位所选用的刀具及其他技术问题。

数控加工技术文件主要有：数控编程任务书、数控加工工件安装和原点设定卡、数控加工工序卡、数控加工走刀路线图、数控刀具卡等。

以下提供了常用文件格式，文件格式可根据企业实际情况自行设计。

1. 数控编程任务书

它阐明了工艺人员对数控加工工序的技术要求和工序说明，以及数控加工前应保证的加工余量。它是编程人员和工艺人员协调工作和编制数控程序的重要依据之一，详见图 2-10。

工艺处	数控编程任务书	产品零件图号	×××	任务书编号	
		零件名称	×××	×××	
		使用数控设备		共　页　第　页	
主要工序说明及技术要求：					
		程序收到日期	月　日	经手人	
编制		审核	编程	审核	批准

图 2-10　数控编程任务书

2. 数控加工工件安装和原点设定卡

该卡片简称装夹图和零件设定卡，应表示出数控加工原点定位方法和夹紧方法，并应注明加工原点设置位置和坐标方向，使用的夹具名称和编号等，详见图 2-11。

零件图号	J30102-4	数控加工工件安装和原点设定卡		工序号	
零件名称	行星架			装夹次数	

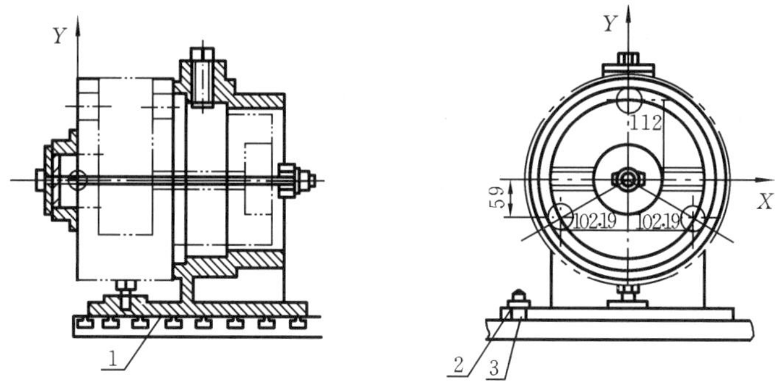

		3	梯形槽螺栓	
		2	压板	
		1	镗铣夹具板	GS 53—61
编制(日期)	审核(日期)	批准(日期)	第 页	
			共 页	序号	夹具名称	夹具图号

图 2-11 数控加工工件安装和原点设定卡

3. 数控加工工序卡

数控加工工序卡与普通加工工序卡有许多相似之处,所不同的是:工序简图中应注明编程原点与对刀点,要进行简要编程说明(如所用机床型号、程序编号、刀具半径补偿量、镜像对称加工方式等)及切削参数(即程序编入的主轴转速、进给速度、最大背吃刀量或宽度等)的选择,详见图 2-12。

单位	数控加工工序卡		产品名称或代号		零件名称	零件图号
	工序简图		车 间		使用设备	
			工艺序号		程序编号	
			夹具名称		夹具编号	
工步号	工步作业内容	加工面	刀具号	刀补量	主轴转速	进给速度	背吃刀量	备注
编制		审核		批准		年 月 日		共 页		第 页

图 2-12 数控加工工序卡

4.数控加工走刀路线图

在数控加工中,常常要注意并防止刀具在运动过程中与夹具或工件发生意外碰撞,为此必须设法告诉操作者关于编程中的刀具运动路线(如从哪里下刀,从在哪里抬刀,哪里要斜下刀等)。为简化走刀路线图,一般可采用统一约定的符号来表示。不同的机床可以采用不同的图例与格式,图2-13所示为一种常用格式。

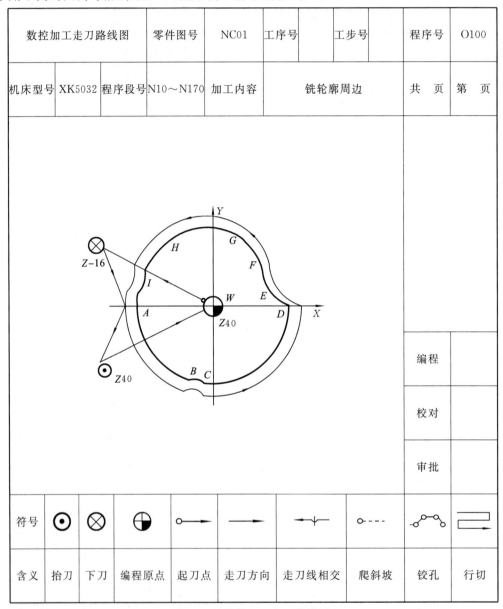

图 2-13　数控加工走刀路线图

5.数控刀具卡

数控加工时,对刀具的要求十分严格,一般要在机外对刀仪上预先调整刀具直径和长度。刀具卡反映刀具编号、刀具结构、尾柄规格、组合件名称代号、刀片型号和材料等。它是组装刀具和调整刀具的依据,详见图2-14。

零件图号	J30102-4	数控刀具卡				使用设备	
刀具名称	镗刀					TC-30	
刀具编号	T13006	换刀方式	自动	程序编号			
	序号	编号	刀具名称	规格	数量	备注	
刀具组成	1	T013960	拉钉		1		
	2	390、140-50 50 027	刀柄		1		
	3	391、01-50 50 100	接杆	$\phi 50 \times 100$	1		
	4	391、68-03650 085	镗刀杆		1		
	5	R416.3-122053 25	镗刀组件	$\phi 41 \sim \phi 53$	1		
	6	TCMM110208-52	刀片		1		
	7						

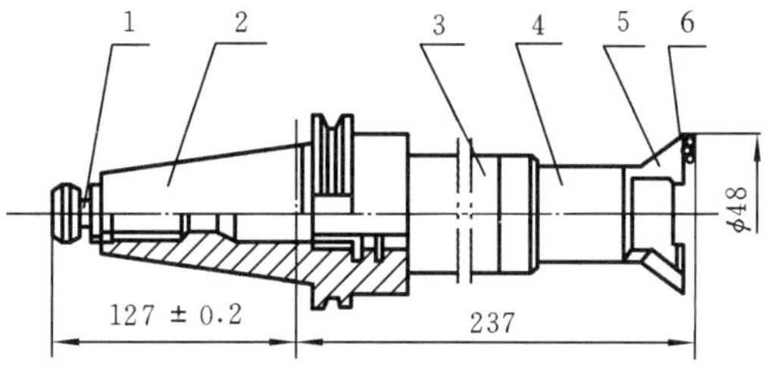

备注									
编制		审校		批准		共 页	第 页		

图 2-14 数控刀具卡

对于不同的机床或基于不同的加工目的,可能会需要不同形式的数控加工专用技术文件。在工作中,可根据具体情况设计文件格式。

2.2 数控机床用刀具

2.2.1 数控加工对刀具的要求

数控机床必须有先进的刀具与之相适应,以充分发挥数控机床的效能。如果一台数控车床采用普通车床的手磨刀具加垫片,由于频繁磨刀和换刀,效率将明显降低,加工成本明显增加,这就失去了采用数控机床的意义。因此,对数控加工的刀具有着更严格的要求,具体要求如下。

(1) 足够的强度与刚度 刀具只有具备足够的强度与刚度,才能满足粗、精加工的要求。现代数控机床具有高速、大动力、高刚度特征,这就要求刀具具备高速切削与强力切削的性能。另外,采用高刚度的刀具有利于加工质量的提高,对于无法使用导向支承套的孔加工,采用高刚度的刀具尤为重要。

(2) 高的刀具耐用度 提高刀具耐用度有利于减少换刀与对刀的次数,从而减少停机损失。对于大余量、难加工材料以及精度要求高的加工,更应注意高硬度、高耐磨性的刀具材料的应用。通常,刀具的耐用度应尽可能保证加工一个零件或一个大型、复杂零件的表面,能够使用一个工作班,至少不低于半个工作班。

(3) 高的可靠性 数控加工要求每一把刀都有高的可靠性,若其中某一把刀发生故障(如过快磨损、断裂、崩刃等),就会使整台机床中断加工。

(4) 较高的精度 机夹不重磨刃转位刀具的刀片精度一般选用 M 级,则转位与压紧结构应保证刀片转位时刀尖的位置精度;车刀刀杆安装基面至刀片刀尖的高度有较高要求,以保证不调整垫片即满足刀尖(通过工件回转中心)的要求;钻头两主切削刃重磨时应检查对称性;加工中心精密镗孔应采用微调镗刀。

(5) 能可靠断屑 与传统自动化机床一样,对于数控机床,断屑与排屑往往也是困扰加工的一个难题。因此,应合理选用切削用量与断屑槽的形状与尺寸,有时还得通过实验确定。

(6) 应能够快速更换刀具 数控加工对刀刃(刀片)材料的硬度与耐磨性、强度与韧度、耐热性等有较高要求,应根据工件材料的切削性能,粗、精加工要求及冲击振动与热处理等工况合理选用。

(7) 高的切削效率 提高切削速度至关重要,一般硬质合金刀的切削速度可达 500～600 m/min,陶瓷刀具的切削速度可达 800～1000 m/min。

刀具的选择是数控加工工艺设计的重要内容之一,不仅影响机床的加工效率,而且直接影响加工质量。随着近几年数控机床的普及使用,数控刀具的种类也较齐全,图 2-15 所示为数控刀具的分类情况。

采用非回转型刀具的数控加工(主要是车削加工,其刀具类似于普通车刀),多采用机械夹固的不重磨刀片,但对刀柄安装基面的精度提出了更高的要求。

采用回转型刀具的数控加工,使用的刀具类型繁多,但通常都是由连接主轴刀柄、中间接杆、适用刀具及附件组成。适用刀具和附件完全可以与非数控加工通用(这同时对适用刀具的精度和耐用度提出了更高的要求)。关于连接主轴刀柄和中间接杆已经有相应的工具系统标准系列。中间接杆既能与连接主轴刀柄的圆柱孔相配,又能与适用刀具和附件相配,它的精度将直接影响数控加工的质量。

回转型的标准连接主轴刀柄与主轴孔大多数带有锥度为 7:24 的锥面。刀柄按规格大小分为 ISO 标准的 40 号、45 号、50 号,个别的还有 35 号和 30 号。图 2-16 所示为最常用的标准圆锥形刀柄结构。也有的主轴内孔为圆柱结合面,可以与直柄连接主轴刀柄相配,如图 2-17 所示。图 2-18 所示为连接主轴刀柄、中间接杆和适用刀具。

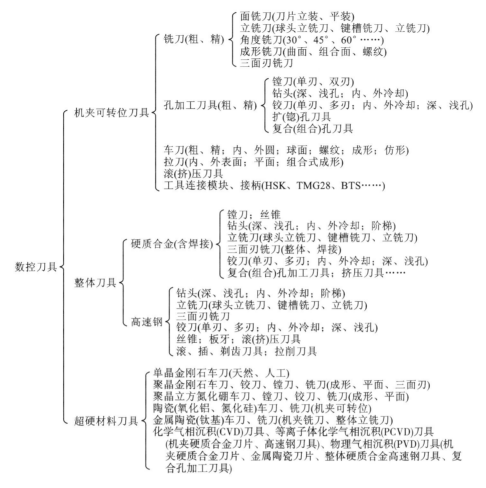

图 2-15 数控刀具的分类

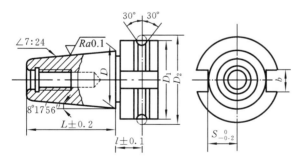

图 2-16 标准圆锥形刀柄结构

2.2.2 数控加工刀具的应用

1. 广泛采用机夹可转位刀具

可转位刀具即不重磨刀具,它具有多个刀尖位置尺寸一致的切削刃,可减少换刀和对刀,特别适合于数控加工。转位刀片及刀体尺寸已系列化。我国已生产了车、铣、镗、钻、铰等各类多种规格的转位刀具,供用户选用。图 2-19 所示为可转位刀具,其中图 2-19(a)

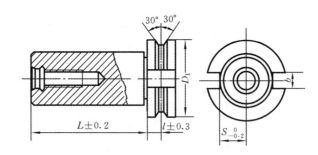

图 2-17　圆柱形刀柄结构

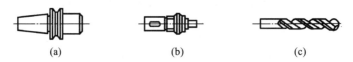

(a)　　　　　　　(b)　　　　　　　(c)

图 2-18　连接主轴刀柄、中间接杆和适用刀具

(a)连接主轴刀柄;(b)中间接杆;(c)适用刀具

所示为可转位车刀,图 2-19(b)所示为可转位盘铣刀,图 2-19(c)所示为可转位扩孔刀。可转位刀具的品种规格很多,可根据各生产厂的产品系列说明选用。

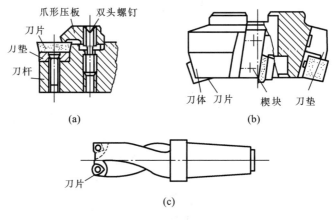

图 2-19　可转位刀具

(a)可转位车刀;(b)可转位盘铣刀;(c)可转位扩孔刀

2. 数控工具系统的应用

由于在数控机床上要加工多种工件,并完成工件上多道工序的加工,因此需要使用的刀具品种、规格和数量就较多。为使刀具组件能以最少的品种与规格、较低的成本满足数控机床(特别是加工中心)多种加工要求,必须使刀具组件实现系列化、标准化、通用化及模块化,由此人们建立了数控工具系统。目前的数控工具形成了两大系统:车削类工具系统和镗铣类工具系统。

1) 车削类工具系统

数控车削加工用工具系统的构成和结构,与机床刀架的形式、刀具类型及刀具是否需要动力驱动等因素有关。数控车床常采用立式或卧式转塔刀架作为刀库,其一般能容纳4～8 把刀具,常按加工工艺顺序布置,由程序控制实现自动换刀。其特点是结构简单,换刀快速,每次换刀仅需 1～2 s。目前广泛采用的德国 DIN69880 工具系统具有重复定位精度高、夹持刚度好、互换性强等特点。

2）镗铣类工具系统

（1）整体式工具系统 它把工具柄部和装夹刀具的工作部分做成了一体，要求不同工作部分都具有同样结构的刀柄，以便与机床的主轴相连，所以具有可靠性强、使用方便、结构简单、调换迅速及刀柄种类较多的特点。图 2-20 所示为 TMG 整体式工具系统（镗铣类整体式刀具）组成。

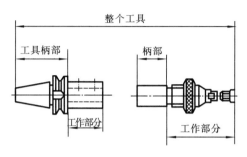

图 2-20　TMG 整体式工具系统组成

（2）模块式工具系统 模块式工具系统把整体式工具分解成柄部（主柄模块）、中间连接块（连接模块）、工作头部（工作模块）三个主要部分，然后通过各种连接结构，在保证刀杆连接精度、强度、刚度的前提下，将这三部分连接成整体。图 2-21 所示为 TMG 模块式工具系统（镗铣类模块式刀具）组成。

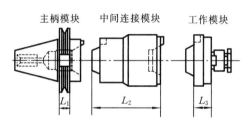

图 2-21　模块式工具系统组成

这种工具系统可以用不同规格的中间连接模块，组成各种用途的模块式工具系统，既灵活、方便，又能大大减少工具的储备。例如，国内生产的 TMG10、TMG21 模块工具系统，发展迅速，应用广泛，是加工中心使用的基本工具系统。

我国已开发 TMG 系统，包括 TMG10（短圆锥定位）、TMG14（长圆锥定位）及 TMG21（圆柱定位）等模块式工具系统。图 2-22 所示为 TMG10 工具系统（部分）。它分主柄模块、中间模块、工作模块三大部分，与 TSG-JT 工具系统相比，其主柄明显较小。

2.2.3　对刀具材料的基本要求

1. 刀具材料及其选用

刀具材料主要指刀具切削部分的材料。刀具切削性能的优劣，直接影响生产效率、加工质量和生产成本。而刀具的切削性能，首先取决于切削部分的材料，其次是几何形状及刀具结构的选择和设计是否合理。在切削过程中，刀具切削部分不仅要承受很大的切削力，而且要承受因切削变形和摩擦而产生的高温。所选择的刀具材料应具备如下特性。

（1）高的硬度和耐磨性 刀具材料的硬度必须高于工件材料的硬度。常温下一般应

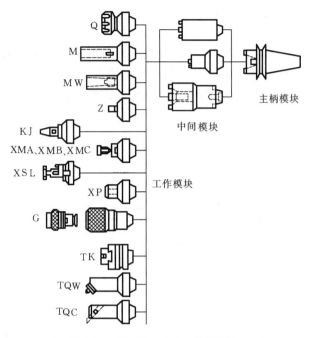

图 2-22   TMG10 工具系统(部分)

在 60 HRC 以上。一般来说,刀具材料的硬度越高,耐磨性也越好。

(2)足够的强度和韧度   刀具切削部分要承受很大的切削力和冲击力。因此,刀具材料必须要有足够的强度和韧度。

(3)良好的耐热性和导热性   耐热性是指材料在高温下保持其硬度和强度的性能。耐热性越好,刀具材料在高温时抗塑性变形的能力、抗磨损的能力就越强。刀具材料的导热性越好,切削时产生的热量越容易传导出去,从而降低切削部分的温度,减轻刀具磨损。

(4)良好的工艺性   为便于制造,要求刀具材料具有良好的可加工性,包括热加工性能(如可焊性、淬透性等)和机械加工性能。

(5)良好的经济性   经济性是评价新型刀具材料的重要指标之一。在选择刀具材料时应注意经济效益,力求价格低廉。

2. 常用刀具材料

刀具材料的种类很多,常用的有工具钢(包括碳素工具钢、合金工具钢等)、高速钢、硬质合金、陶瓷、金刚石和立方氮化硼等。碳素工具钢和合金工具钢因耐热性很差,只宜作为手工刀具。陶瓷、金刚石和立方氮化硼由于质脆、工艺性差及价格昂贵等原因,仅在较小的范围内使用。目前最常用的刀具材料是高速钢和硬质合金。

1)高速钢

高速钢是在合金工具钢中加入较多的钨、钼、铬、钒等合金元素的高合金工具钢。它具有较高的强度、韧度和耐热性,是目前应用最广泛的刀具材料。因刃磨时易获得锋利的刃口,又称"锋钢"。高速钢按用途不同,可分为普通高速钢和高性能高速钢。

(1)普通高速钢   普通高速钢具有一定的硬度(62~67 HRC)和耐磨性、较高的强度和韧度,切削钢料时切削速度一般不高于50~60 m/min,不适合高速切削和硬材料的切削。常用牌号有 W18Cr4V、W6Mo5Cr4V2 等。

（2）高性能高速钢　高性能高速钢是指在普通高速钢中增加碳、钒的含量或加入一些其他合金元素而得到的耐热性、耐磨性更高的新钢种。但这类钢的综合性能不如普通高速钢。常用牌号有 9W18Cr4V、W6Mo5Cr4V2、W6Mo5Cr4V3 等。

2）硬质合金

硬质合金是由硬度和熔点都很高的碳化物，用钴、钼、镍作黏结剂烧结而成的粉末冶金制品。其常温硬度可达 78～82 HRC，能耐 850～1 000 ℃ 的高温，切削速度可比高速钢高 4～10 倍。但其冲击韧度与抗弯强度远比高速钢差，因此很少做成整体式刀具。实际使用中，常将硬质合金刀片焊接或用机械夹固的方式固定在刀体上。

我国目前生产的硬质合金主要分为以下三类。

（1）K 类（YG）　即钨钴类，由碳化钨和钴组成。这类硬质合金韧度较高，但硬度低且耐磨性较差，适用于加工铸铁、青铜等脆性材料。常用的牌号有 YG8、YG6、YG3 等。其牌号中数字表示钴的质量分数，如 YG6 中 Co 的质量分数为 6%，含钴越多，则韧度越高。用 YG8、YG6、YG3 制造的刀具分别适用于粗加工、半精加工和精加工。

（2）P 类（YT）　即钨钴钛类，由碳化钨、碳化钛和钴组成。这类硬质合金耐热性和耐磨性较好，但冲击韧性较差，适用于加工钢料等韧性材料。常用的牌号有 YT5、YT15、YT30 等。其牌号中的数字表示碳化钛的质量分数，碳化钛的含量越高，则材料的耐磨性越好，韧度就越低。用 YT5、YT15、YT30 制造的刀具分别适用于粗加工、半精加工和精加工。

（3）M 类（YW）　即钨钴钛钽铌类，由在钨钴类硬质合金中加入少量的稀有金属碳化物（TiC、TaC 或 NbC）组成。它具有前两类硬质合金的优点，用其制造的刀具既能加工脆性材料，又能加工韧性材料，同时还能加工高温合金、耐热合金及合金铸铁等难加工材料。常用牌号有 YW1、YW2 等。

3．其他刀具材料简介

1）涂层硬质合金

这种材料是在韧度、强度较高的硬质合金基体上或高速钢基体上，采用化学气相沉积（CVD）法或物理气相沉积（PVD）法涂覆一层极薄硬质和耐磨性极高的难熔金属化合物而得到的刀具材料。通过这种方法，使刀具既具有基体材料的强度和韧度，又具有很高的耐磨性。常用的涂层材料有 TiC、TiN、Al_2O_3 等，其中 TiC 的韧度和耐磨性好，TiN 的抗氧化、抗黏结性好，Al_2O_3 的耐热性好。使用时可根据不同的需要选择涂层材料。如图 2-23 所示为 CVD 涂层模滚，图 2-24 所示为 PVD 涂层高速钢齿轮。

图 2-23　CVD 涂层模滚

图 2-24　PVD 涂层高速钢齿轮

2）陶瓷

陶瓷的主要成分是 Al_2O_3，刀片硬度可达 78 HRC 以上，能耐 1 200～1 450 ℃ 的高温,故能承受较高的切削速度。但它的抗弯强度低,冲击韧度差,易崩刃。陶瓷刀片主要用于钢、铸铁、高硬度材料及高精度零件的精加工。

3) 金刚石

金刚石分人造和天然的两种,用于制造切削刀具的金刚石大多数是人造金刚石,其硬度极高,可达 10 000 HV(硬质合金仅为 1 300～1 800 HV)。其耐磨性是硬质合金的80～120 倍。但其韧度低,对铁族材料亲和力大,因此,一般不宜用来加工黑色金属,主要用于硬质合金、玻璃纤维塑料、硬橡胶、石墨、陶瓷、有色金属等材料的高速精加工。

4) 立方氮化硼

立方氮化硼(CBN)是人工合成的高硬度(可达 7300～ 9000 HV)材料,其硬度和耐磨性仅次于金刚石,并可耐 1300～1500 ℃的高温。它广泛适用于淬硬钢(硬度在 50 HRC以上)、冷硬铸铁和高温合金等的切削加工。

在选用刀具材料时应对使用性能、工艺性能、价格等因素进行综合考虑,做到合理选用。例如,车削加工 45 钢自由锻齿轮毛坯时,由于工件表面不规则且有氧化皮,切削时冲击力大,选用韧性好的 K 类(钨钴类)硬质合金就比选用 P 类(钨钴钛类)硬质合金有利。又如车削较短钢料螺纹时,按理要用 YT 类硬质合金,但由于车刀在工件切入处要受冲击,容易崩刃,所以一般采用 YG 类硬质合金比较有利。虽然它的热硬性不如YT 类硬质合金,但工件短,散热容易,热硬性就不是主要矛盾了。

2.2.4　数控刀具的选用

数控刀具的选用通常包括数控车削刀具的选用、数控旋转类刀具的选用、数控机床刀柄的选用、工具系统的使用。加工中心使用的刀具由刃具和刀柄两部分组成。刃具有面加工用的各种铣刀和孔加工用的钻头、扩孔钻、镗刀、铰刀及丝锥等;刀柄要满足机床主轴的自动松开和拉紧定位要求,并能准确地安装各种切削刀具和适应换刀机械手的夹持等。

1. 铣刀的种类及选择

铣刀种类很多,图 2-25 所示为各种不同形状的铣刀。

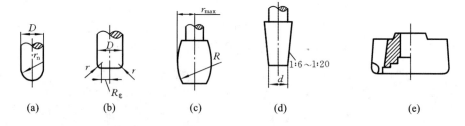

图 2-25　各种不同形状的铣刀
(a)球头铣刀;(b)圆柱形铣刀;(c)鼓形铣刀;(d)锥形铣刀;(e)盘形铣刀

常用铣刀有如下几种。

1) 面铣刀

面铣刀的圆周表面和端面上都有切削刃,端部切削刃为副切削刃,常用于端铣较大的平面。面铣刀多制成套式镶齿结构,刀齿材料为高速钢或硬质合金,刀体材料为40Cr。

高速钢面铣刀按国家标准规定,直径 $d＝80～250$ mm,螺旋角 $\beta＝10°$,刀齿数 $z＝10～26$。

硬质合金面铣刀与高速钢铣刀相比,铣削速度较高、加工表面质量也较好,并可加工带有硬皮和淬硬层的工件,故得到广泛应用。硬质合金面铣刀按刀片和刀齿安装方式的不同,可分为整体式、机夹-焊接式和可转位式三种。

2)立铣刀

立铣刀是数控铣削中最常用的一种铣刀。立铣刀的圆柱表面和端面上都有切削刃,圆柱表面上的切削刃为主切削刃,端面上的切削刃为副切削刃。主切削刃一般为螺旋齿,这样可以增加切削平稳性,提高加工精度。由于普通立铣刀端面中心处无切削刃,所以立铣刀不能做轴向进给,端面刃主要用来加工与侧面垂直的底平面。

为了改善切屑卷曲情况,增大容屑空间,防止切屑堵塞,刀齿数比较少,容屑槽圆弧半径则较大。一般粗齿立铣刀齿数 $z＝3～4$,细齿立铣刀齿数 $z＝5～8$,套式结构铣刀齿数 $z＝10～20$ 时,容屑槽圆弧半径 $r＝2～5$ mm。当立铣刀直径较大时,还可制成不等齿距结构,以增强抗振作用,使切削过程平稳。

标准立铣刀的螺旋角 β 可为 $40°～45°$(粗齿)或 $30°～35°$(细齿),套式结构立铣刀的 β 为 $15°～25°$。

直径较小的立铣刀一般制成带柄形式。$\phi2～\phi71$ 的立铣刀采用直柄;$\phi6～\phi63$ 的立铣刀采用莫氏锥柄;$\phi25～\phi80$ 的立铣刀采用带有螺孔的 $7:24$ 锥柄,螺孔用来拉紧刀具。$\phi40～\phi160$ 的立铣刀可做成套式结构。

3)模具铣刀

模具铣刀由立铣刀发展而来,适用于加工空间曲面零件,有时也用于平面类零件上有较大转接凹圆弧的过渡加工。模具铣刀可分为圆锥形立铣刀(圆锥半角 $\frac{\alpha}{2}$ 可为 $3°$、$5°$、$7°$ 或 $10°$)、圆柱形球头立铣刀和圆锥形球头立铣刀三种,其柄部有直柄、削平型直柄和莫氏锥柄。它的结构特点是球头或端面上布满了切削刃,圆周刃与球头刃圆弧连接,可以做径向和轴向进给。铣刀工作部分用高速钢或硬质合金制造。模具铣刀的形式、尺寸可参见国家标准《模具铣刀》(GB/T 20773—2006)。

4)键槽铣刀

键槽铣刀有两个刀齿,圆柱面和端面都有切削刃,端面刃延至中心,既像立铣刀,又像钻头。加工时先轴向进给达到槽深,然后沿键槽方向铣出键槽全长。

国家标准规定,直柄键槽铣刀直径 $d＝2～22$ mm,锥柄键槽铣刀直径 $d＝14～50$ mm。键槽铣刀直径的偏差有 e8 和 d8 两种。键槽铣刀的圆周切削刃仅在靠近端面的一小段长度内发生磨损,重磨时,只需刃磨端面的切削刃,因此重磨后铣刀直径不变。

5)鼓形铣刀

鼓形铣刀主要用于对变斜角类零件的变斜角面的近似加工。它的切削刃分布在半径为 R 的圆弧面上,端面无切削刃。

2. 孔加工刀具的选择

孔加工刀具包括钻孔刀具、扩孔刀具、镗孔刀具、铰孔刀具等。

1)钻孔刀具

钻孔刀具较多,有普通麻花钻、可转位浅孔钻及扁钻等。应根据工件材料、加工尺寸及加工质量要求等合理选用。

在加工中心上钻孔,大多采用普通麻花钻。按照材料的不同,麻花钻有高速钢和硬质合金的两种。根据柄部的不同,麻花钻有莫氏锥柄和圆柱柄的两种。按长度的不同,麻花钻有标准型和加长型两种类型。

麻花钻的切削部分有两个主切削刃、两个副切削刃和一个横刃,如图 2-26 所示。两个螺旋槽是切屑流经的表面,为前刀面;与工件过渡表面(即孔底)相对的端部两曲面为主后刀面;与工件已加工表面(即孔壁)相对的两条刃带为副后刀面。前刀面与主后刀面的交线为主切削刃,前刀面与副后刀面的交线为副切削刃,两个主后刀面的交线为横刃。横刃与主切削刃在端面上投影之间的夹角称为横刃斜角,横刃斜角 $\psi=50°\sim55°$;主切削刃上各点的前角、后角是变化的,外缘处前角约为 $30°$,钻芯处前角接近 $0°$,甚至是负值;两条主切削刃在与其平行的平面内的投影之间的夹角为顶角,标准麻花钻的顶角 $2\varphi=118°$。

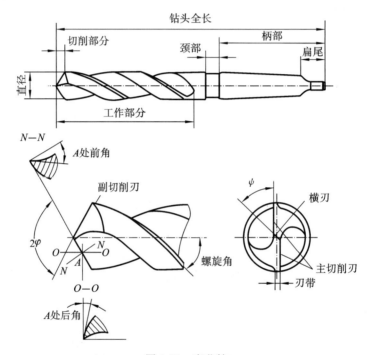

图 2-26　麻花钻

在加工中心上钻孔,因无夹具钻模导向,受两切削刃上切削力不对称的影响,钻孔容易偏斜,故要求钻头的两切削刃必须有较高的刃磨精度。

2) 扩孔刀具

扩孔所用刀具为扩孔钻。标准扩孔钻一般有 3~4 条主切削刃,切削部分的材料为高速钢或硬质合金。按结构形式的不同,扩孔钻可分为直柄式、锥柄式和套式等。扩孔直径较小时,可选用直柄式扩孔钻;扩孔直径中等时,可选用锥柄式扩孔钻;扩孔直径较大时,可选用套式扩孔钻。

扩孔钻的加工余量较小,主切削刃较短,因而容屑槽浅、刀体的强度和刚度较好。它无麻花钻的横刃,加之刀齿多,所以导向性好,切削平稳,加工质量和生产率都比麻花钻高。

扩孔直径在 20~60 mm 之间,且机床刚度好、功率大时,可选用如图 2-27 所示的可转位扩孔钻。这种扩孔钻的两个可转位刀片的外刃位于同一个外圆直径上,并且刀片径向可做微量(±0.1 mm)调整,以控制扩孔直径。

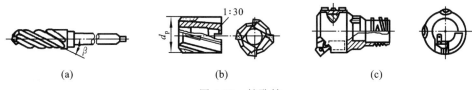

图 2-27 扩孔钻

(a)调整钢整体式；(b)镶齿套式；(c)硬质合金可转位式

3）镗孔刀具

镗孔所用刀具为镗刀。镗刀种类很多，按切削刃数量可分为单刃镗刀、双刃镗刀和多刃镗刀三种。

单刃镗刀刚度差，切削时易引起振动，所以镗刀的主偏角 κ_r 选得较大，以减小径向力。镗铸铁孔或精镗时，一般取 $\kappa_r = 90°$；粗镗钢件孔时，取 $\kappa_r = 60° \sim 75°$，以提高刀具的耐用度。

镗孔时孔径的大小要靠调整刀具的悬伸长度来保证，调整麻烦，效率低，故单刃镗刀只能用于单件小批量生产。但单刃镗刀结构简单，适应性较广，粗、精加工都适用。

镗削大直径的孔可选图 2-28 所示的双刃镗刀。这种镗刀头部可以在较大范围内进行调整，最大镗孔直径可达 1 000 mm。双刃镗刀的两端有一对对称的切削刃同时参与切削，与单刃镗刀相比，每转进给量可提高一倍左右，生产效率高。同时，可以消除切削力对镗杆的影响。

镗刀还可按加工精度分为粗镗刀和精镗刀。在孔的精镗中，目前较多地选用精镗微调镗刀。这种横刀的径向尺寸可以在一定范围内微调，调节方便，且精度高，其结构如图 2-29 所示。调整尺寸时，先松开拉紧螺钉 4，然后转动带刻度盘的调整螺母 5，等调至所需尺寸时，再拧紧螺钉 4。使用时应保证锥面靠近大端接触（即镗杆 90° 锥孔的角度公差为负值），且与直孔部分同心。键与键槽配合间隙不能太大，否则微调时就不能达到较高的精度。

图 2-28 可转位双刃镗刀

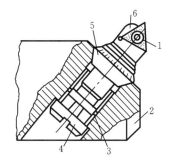

图 2-29 微调镗刀

1—刀片；2—镗刀杆；3—导向块；
4—螺钉；5—螺母；6—刀块

4）铰孔刀具

铰孔所用刀具为铰刀。加工中心上使用的铰刀多是通用标准铰刀。此外，还有机夹硬质合金刀片单刃铰刀和浮动铰刀等。

加工精度为 IT 7～IT10 级、表面粗糙度 Ra 为 $0.8 \sim 1.6\ \mu m$ 的孔时，多选用通用标准铰刀。

通用标准铰刀如图 2-30 所示,有直柄、锥柄和套式的三种。一般直柄铰刀直径为 6～20 mm,小孔直柄铰刀直径为 1～6 mm;锥柄铰刀直径为 10～32 mm;套式铰刀直径为 25～80 mm。

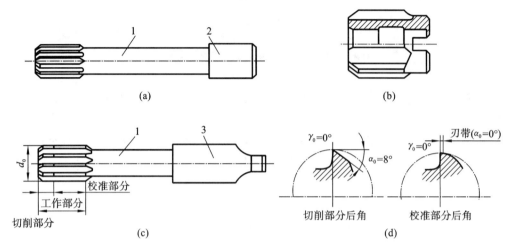

图 2-30　通用标准铰刀
(a)直柄铰刀;(b)套式铰刀;(c)锥柄铰刀;(d)铰刀切削刃角度
1—颈部;2—直柄;3—锥柄

铰刀工作部分包括切削部分与校准部分。切削部分为锥形,担负主要切削工作。切削部分的主偏角为 5°～15°,前角一般为 0°,后角一般为 5°～8°。校准部分的作用是校正孔径、修光孔壁和导向。为此,这部分带有很窄的刃带($\gamma_0 = 0°$,$\alpha_0 = 0°$)。校准部分包括圆柱部分和倒锥部分。圆柱部分用于保证铰刀直径和便于测量,倒锥部分可减少铰刀与孔壁的摩擦和减小孔径扩大量。

标准铰刀有 4～12 齿。铰刀的齿数与铰刀直径有关,加工时主要根据加工精度的要求选择不同齿数的铰刀。铰刀齿数过多,刀具的制造和重磨都比较麻烦,而且会因齿间容屑槽减小,而造成切屑堵塞和划伤孔壁,甚至使铰刀折断。齿数过少,则铰削时的稳定性差,刀齿的切削负载大,且容易产生几何形状误差。铰刀齿数可参照表 2-2 选择。

表 2-2　铰刀齿数选择

铰刀直径/mm		1.5～3	3～14	14～40	>40
齿数	一般加工精度	4	4	6	8
	高加工精度	4	6	8	10～12

加工 IT5～IT7 级、表面粗糙度 Ra 为 0.7 μm 的孔时,可采用机夹硬质合金刀片的单刃铰刀。这种铰刀的结构如图 2-31 所示,刀片 3 通过楔套 4 用螺钉 1 固定在刀体上,通过螺钉 7、销子 6 可调节铰刀尺寸。导向块 2 可通过黏结和铜焊固定。机夹单刃铰刀应有很高的刃磨质量。因为精密铰削时,半径上的铰削余量在 10 μm 以下,所以刀片的切削刃口要磨得异常锋利。

铰削精度为 IT6～IT7 级,表面粗糙度 Ra 为 0.8～1.6 μm 的大直径通孔时,可选用专为加工中心设计的浮动铰刀。

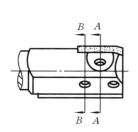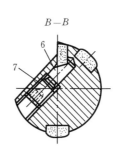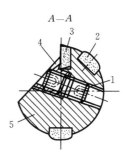

图 2-31 硬质合金单刃铰刀

1、7—螺钉;2—导向块;3—刀片;4—楔套;5—刀体;6—销子

2.2.5 刀具管理系统

刀具管理
系统

1. 刀具管理系统的任务

(1) 保证每台机床有合适的、优质高效的刀具使用,保证不因缺刀而停机。

(2) 监控刀具的工作状态,必要时进行换刀处理。

(3) 安全、可靠并及时地运送刀具,尽量杜绝因等刀而停机。

(4) 追踪系统内的刀具情况,包括各刀具静态和动态的信息。

(5) 检查刀具的库存量,及时补充或购买刀具。

2. 刀具管理系统的基本功能

(1) 收集生产计划和刀具资源的原始资料数据。

(2) 制订刀具管理、调配计划。

(3) 配备刀具管理系统所需要的硬件装备。

(4) 开发刀具管理系统的各种软件和信息交换系统,实现刀具系统的自动化管理。

3. 刀具自动化管理系统的基本功能

刀具自动化管理系统的基本功能应包括以下四个方面。

(1) 存储原始资料数据。

(2) 制订刀具管理系统的计划。

(3) 配置刀具管理系统硬件。

(4) 实现刀具管理软件系统自动运行。

2.3 典型工件的工艺分析

2.3.1 轴类零件数控车削工艺分析

典型轴类零件如图 2-32 所示,试对该零件进行数控车削工艺分析。

1. 零件图工艺分析

该零件表面由圆柱面、圆锥面、顺圆弧面、逆圆弧面及螺纹面等表面组成。其中多个直径尺寸有较严的尺寸精度和表面粗糙度等要求,$S\phi50$ mm 球面的尺寸公差还兼有控制该球面形状(线轮廓)误差的作用。尺寸标注完整,轮廓描述清楚。零件材料为 45 钢,无

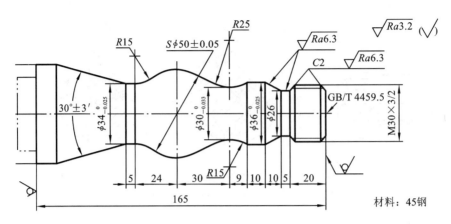

图 2-32　典型轴类零件

热处理和硬度要求。

通过上述分析,可采取以下几条工艺措施。

(1) 图样上给定的几个精度要求较高的尺寸,因其公差数值较小,故编程时不必对其取平均值,而全部取其公称尺寸即可。

(2) 在轮廓曲线上,有三处为圆弧,其中两处为既过象限又改变进给方向的轮廓曲线,因此在加工时应进行机械间隙补偿,以保证轮廓曲线的准确性。

(3) 为便于装夹,坯件左端应预先车出夹持部分(双点画线部分),右端面也应先粗车出并钻好中心孔。毛坯选 ϕ60 mm 棒料。

2. 选择设备

根据被加工零件的外形和材料等条件,选用 TND360 数控车床。

3. 确定零件的定位基准和装夹方式

(1) 定位基准　确定坯料轴线和左端大端面(设计基准)为定位基准。

(2) 装夹方法　左端采用三爪自定心卡盘定心夹紧,右端采用活动顶尖支承。

4. 确定加工顺序及进给路线

加工顺序按由粗到精、由近到远(由右到左)的原则确定,即先从右到左进行粗车(留 0.25 mm 精车余量),然后从右到左进行精车,最后车削螺纹。

TND360 数控车床具有粗车循环和车螺纹循环功能,只要正确使用编程指令,机床数控系统就会自动确定其进给路线,因此,对于该零件的粗车循环和车螺纹循环,不需要人为确定进给路线(但精车的进给路线需要人为确定)。从右到左沿零件表面轮廓精车的进给路线如图 2-33 所示。

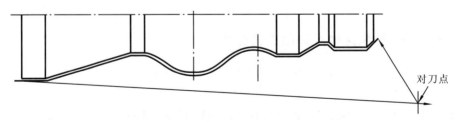

图 2-33　轮廓精车进给路线

5. 刀具选择

（1）选用 $\phi5$ 中心钻钻削中心孔。

（2）粗车及平端面选用 90°硬质合金右偏刀。为防止副后刀面与工件轮廓干涉（可用作图法检验），副偏角不宜太小，取 $\kappa_r' = 35°$。

（3）精车选用 90°硬质合金右偏刀，车螺纹选用硬质合金 60°外螺纹车刀，刀尖圆弧半径应小于轮廓最小圆角半径，取 $r_\varepsilon = 0.15 \sim 0.2$ mm。

将所选定的刀具参数填入数控加工刀具卡（见表 2-3），以便于编程和操作管理。

表 2-3 数控加工刀具卡

产品名称或代号		×××		零件名称	典型轴	零件图号	×××
序号	刀具号	刀具规格名称		数量	加工表面		备注
1	T01	$\phi5$ 中心钻		1	钻 $\phi5$ 中心孔		—
2	T02	硬质合金 90°外圆车刀		1	车端面及粗车轮廓		右偏刀
3	T03	硬质合金 90°外圆车刀		1	精车轮廓		右偏刀
4	T04	硬质合金 60°外螺纹车刀		1	车螺纹		—
编制	×××	审核	×××	批准	×××	共 页	第 页

6. 切削用量选择

（1）背吃刀量的选择 轮廓粗车循环时取 $a_p = 3$ mm，精车时取 $a_p = 0.25$ mm；螺纹粗车时取 $a_p = 0.4$ mm，逐刀减少，精车时取 $a_p = 0.1$ mm。

（2）主轴转速的选择 车直线和圆弧时，取粗车切削速度 $v_c = 90$ m/min、精车切削速度 $v_c = 120$ m/min，然后利用公式 $v_c = \pi dn/1\,000$ 计算主轴转速 n（粗车时工件直径 $D = 60$ mm，精车时工件直径取平均值）；粗车时主轴转速为 500 r/min、精车时主轴转速为 1 200 r/min。车螺纹时，计算主轴转速 $n = 320$ r/min。

（3）进给速度的选择 先选择粗车、精车每转进给量，再根据加工的实际情况确定粗车每转进给量为 0.4 mm/r，精车每转进给量为 0.15 mm/r，最后根据公式 $v_f = nf$ 计算粗车、精车进给速度，分别为 200 mm/min 和 180 mm/min。

综合前面分析的各项内容，填写数控加工工艺卡（见表 2-4）。此卡是编制加工程序的主要依据和操作人员配合数控程序进行数控加工的指导性文件，主要内容包括工步顺序、工步内容、各工步所用的刀具及切削用量等。

表 2-4 典型轴类零件数控加工工艺卡

单位名称	×××	产品名称或代号		零 件 名 称		零 件 图 号	
		×××		典型轴		×××	
工序号	程序编号	夹具名称		使用设备		车间	
001	×××	三爪卡盘和活动顶尖		TND360 数控车床		数控中心	
工步号	工步内容	刀具号	刀具规格 /mm	主轴转速 /(r·min⁻¹)	进给速度 /(mm·min⁻¹)	背吃刀量 /mm	备注
1	平端面	T02	25×25	500	—	—	手动
2	钻中心孔	T01	$\phi5$	950	—	—	手动

工步号	工步内容	刀具号	刀具规格 /mm	主轴转速 /(r·min⁻¹)	进给速度 /(mm·min⁻¹)	背吃刀量 /mm	备注
3	粗车轮廓	T02	25×25	500	200	3	自动
4	精车轮廓	T03	25×25	1200	180	0.25	自动
5	粗车螺纹	T04	25×25	320	960	0.4	自动
6	精车螺纹	T04	25×25	320	960	0.1	自动
编制	×××	审核 ×××	批准 ×××	年　月　日		共　页	第　页

2.3.2　套类零件数控车削工艺分析

1. 在一般数控车床上加工的套类零件

图 2-34 所示为典型轴套类零件,该零件材料为 45 钢,无热处理和硬度要求,以下是对该零件进行的数控车削工艺分析(单件小批量生产)。

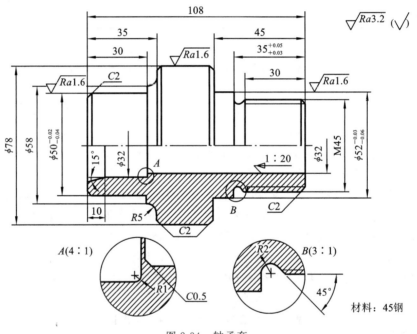

图 2-34　轴承套

1) 零件图工艺分析

该零件表面由内/外圆柱面、内圆锥面、顺圆弧面、逆圆弧面及外螺纹面等组成,其中多处有较高的尺寸精度和表面粗糙度要求。零件图尺寸标注完整,符合数控加工尺寸标注要求;轮廓描述清楚完整;零件材料为 45 钢,加工切削性能较好,无热处理和硬度要求。

通过上述分析,采取以下几点工艺措施。

(1) 图样上带公差的尺寸,因公差值较小,故编程时不必对其取平均值,而取公称尺寸即可。

(2) 左、右端面均为多个尺寸的设计基准,相应工序加工前,应该先将左、右端面车出来。

（3）内孔尺寸较小，镗 1：20 锥孔与镗 $\phi32$ mm 孔及 15° 锥面时需掉头装夹。

2）选择设备

根据被加工零件的外形和材料等条件，选用 CJK6240 数控车床。

3）确定零件的定位基准和装夹方式

（1）内孔加工。

定位基准：内孔加工时以外圆定位。

装夹方式：用三爪自动定心卡盘夹紧。

（2）外轮廓加工。

定位基准：确定零件轴线为定位基准；

装夹方式：加工外轮廓时，为保证一次安装加工出全部外轮廓，需要设一圆锥心轴装置（见图 2-35 双点画线部分），用三爪卡盘夹持心轴左端，心轴右端留有中心孔，并用尾座顶尖顶紧，以提高工艺系统的刚度。

4）确定加工顺序及进给路线

加工顺序的确定按由内到外、由粗到精、由近到远的原则确定，在一次装夹中尽可能加工出较多的工件表面。结合本零件的结构特征，可先加工内孔各表面，然后加工外轮廓表面。由于该零件的生产为单件小批量生产，走刀路线设计不必考虑最短进给路线或最短空行程路线，外轮廓表面车削走刀路线可沿零件轮廓顺序进行（见图 2-36）。

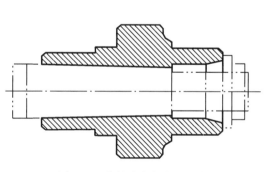

图 2-35　外轮廓车削装夹方案

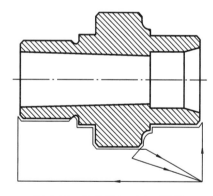

图 2-36　外轮廓加工走刀路线

5）刀具选择

将所选定的刀具参数填入轴承套数控加工刀具卡（见表 2-5），以便于编程和操作管理。注意：车削外轮廓时，为防止副后刀面与工件表面发生干涉，应选择较大的副偏角，必要时可作图检验。本例中取 $\kappa_r' = 55°$。

表 2-5　轴承套数控加工刀具卡

产品名称或代号		×××	零件名称	轴承套	零件图号	×××
序号	刀具号	刀具规格与名称	数量	加工表面		备注
1	T01	45° 硬质合金端面车刀	1	车端面		—
2	T02	$\phi5$ 中心钻	1	钻 $\phi5$ 中心孔		—

续表

序号	刀具号	刀具规格与名称	数量	加工表面	备注
3	T03	$\phi26$ 钻头	1	钻底孔	—
4	T04	镗刀	1	镗内孔各表面	—
5	T05	93°右偏刀	1	从右至左车外表面	—
6	T06	93°左偏刀	1	从左至右车外表面	—
7	T07	60°外螺纹车刀	1	车 M45 螺纹	—
编制	×××	审核 ×××	批准 ×××	年　月　日　共　页	第　页

6) 切削用量选择

根据被加工表面质量要求、刀具材料和工件材料,参考切削用量手册或有关资料选取切削速度与每转进给量,然后利用公式 $v_c = \pi dn/1\,000$ 和 $v_f = nf$,计算主轴转速与进给速度(计算过程略),计算结果填入表 2-6 所示工艺卡。

背吃刀量的选择因粗、精加工而有所不同。粗加工时,在工艺系统刚度和机床功率允许的情况下,尽可能取较大的背吃刀量,以减少进给次数;精加工时,为保证零件表面粗糙度要求,背吃刀量一般取 0.1~0.4 mm。

7) 数控加工工艺卡拟定

将前面分析的各项内容综合成数控加工工艺卡(见表 2-6)。

表 2-6　轴承套数控加工工艺卡

单位名称	×××	产品名称或代号		零件名称	零件图号
		×××		轴承套	×××
工序号	程序编号	夹具名称	使用设备		车间
001	×××	三爪卡盘和自制心轴	CJK6240 数控车床		数控中心

工步号	工步内容	刀具号	刀具、刀柄规格 /mm	主轴转速 /(r·min^{-1})	进给速度 /(mm·min^{-1})	背吃刀量 /mm	备注
1	平端面	T01	25×25	320	—	1	手动
2	钻 $\phi5$ 中心孔	T02	$\phi5$	950	—	2.5	手动
3	钻 $\phi32$ 孔的 $\phi26$ 底孔	T03	$\phi26$	200	—	13	手动
4	粗镗 $\phi32$ 内孔、15°斜面及 C0.5 倒角	T04	20×20	320	40	0.8	自动
5	精镗 $\phi32$ 内孔、15°斜面及 C0.5 倒角	T04	20×20	400	25	0.2	自动
6	掉头装夹,粗镗 1:20 锥孔	T04	20×20	320	40	0.8	自动

工步号	工步内容	刀具号	刀具、刀柄规格/mm	主轴转速/(r·min⁻¹)	进给速度/(mm·min⁻¹)	背吃刀量/mm	备注
7	精镗1∶20锥孔	T04	20×20	400	20	0.2	自动
8	心轴装夹,从右至左粗车外轮廓	T05	25×25	320	40	1	自动
9	从左至右粗车外轮廓	T06	25×25	320	40	1	自动
10	从右至左精车外轮廓	T05	25×25	400	20	0.1	自动
11	从左至右精车外轮廓	T06	25×25	400	20	0.1	自动
12	卸心轴,改为三爪卡盘装夹,粗车M45螺纹	T07	25×25	320	1.5 mm/r	0.4	自动
13	精车M45螺纹	T07	25×25	320	1.5 mm/r	0.1	自动
编制	×××　审核　×××　批准　×××			年　月　日		共　页	第　页

2. 在加工中心上加工的轴套类零件

如图2-37所示为升降台铣床的支承套,零件材料为45钢,无热处理和硬度要求。分析其数控加工工艺如下。

1）零件图工艺分析

为便于定位装夹,ϕ100f9外圆,左、右两端面,上面均在前面工序中用普通机床完成。数控加工的主要内容是:两个ϕ15H7孔,ϕ35H7孔、ϕ60沉孔,两个ϕ11孔、两个ϕ17孔、两个M6—6H螺孔。

2）选择设备

根据被加工零件的外形和材料等条件,选用卧式加工中心,其主要参数如下。

工作台尺寸为400 mm×ϕ400 mm、工作台左右行程（X轴）为500 mm、工作台前后行程（Z轴）为400 mm；主轴箱上下行程（Y轴）为400 mm；主轴中心线至工作台面距离为100～500 mm,主轴端面至工作台中心线距离为150～500 mm；主轴锥孔为BT-40孔；刀库容量为30把。

3）确定零件的定位基准和装夹方式

工件以ϕ100f9外圆、左端面定位。

4）工件坐标系设定

B00、G54、X0、Y0设在ϕ35H7孔中心上,Z0设在工件左端面。

B900、G55、X0设在工件左端面。Y0设在ϕ35H7孔中心线上,Z0设在工件上面。

5）确定加工顺序及进给路线

具体分析过程略。

6）刀具选择

将所选定的刀具参数填入支承套数控加工刀具卡（见表2-7）。

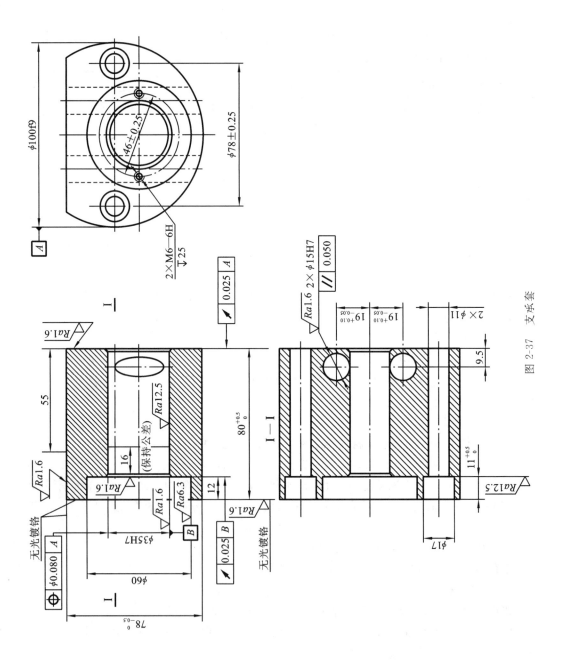

图 2-37　支承套

表 2-7 数控加工刀具卡

产品名称或代号		×××	零件名称	支承套	零件图号	×××
序号	刀具号	刀具规格与名称	数量	加工表面		备注
1	T01	φ3 中心钻	1	钻 φ35H7 孔,2 个大孔直径为 φ17、小孔直径为 φ11 的阶梯孔的中心孔,钻 2 个 M6—6H 螺孔中心孔、钻 2 个 φ15H7 孔的中心孔		
2	T02	φ11 锥柄麻花钻	1	钻 2 个 φ11 孔,2 个 M6—6H 孔端倒角		
3	T03	17×11 锥柄锪钻	1	锪 2 个 φ17 孔		
4	T04	φ34 粗镗刀	1	粗镗 φ35H7 孔至 φ34		
5	T05	φ32T 合金立铣刀	1	粗铣 φ60×12 孔至 φ59×11.5		
6	T06	φ32T 合金立铣刀	1	精铣 φ60×12 孔		
7	T07	φ34.85 镗刀	1	半精镗 φ35H7 孔至 φ34.85		
8	T08	φ5 直柄麻花钻	1	钻 2 个 M6—6H 螺纹底孔至 φ5		
9	T09	M6 机用丝锥、中锥	1	攻 2 处 M6—6H 螺纹		
10	T10	35AH7 套式铰刀	1	铰 φ35H7 孔		
11	T11	φ14 锥柄麻花钻	1	钻 2 个 φ15H7 孔至 φ14		
12	T12	φ14.85 锥柄端刃扩孔钻	1	扩 2 个 φ15H7 孔至 φ14.85		
13	T13	φ15AH7 锥柄长刃铰刀	1	铰 φ15H7 孔		
14	T14	φ31 锥柄麻花钻	1	钻 φ35H7 孔至 φ31		
编制		×××	审核 ×××	批准 ×××	共 页	第 页

7)切削用量选择

分析过程略。

8)数控加工工艺卡拟定

通过分析可得出加工工艺过程,如表 2-8 所示。

表 2-8 支承套数控加工工艺卡

单位名称	×××	产品名称或代号			零件名称		零件图号	
		×××			支承套		×××	
工序号	程序编号	夹具名称			使用设备		车间	
×××	×××	组合夹具			卧式加工中心		数控中心	
工步号	工步内容		刀具号	刀具规格与名称	主轴转速 /(r·min⁻¹)	进给速度 /(mm·min⁻¹)	背吃刀量 /mm	备注
1	B0、G45(设置工件坐标系)		—	—	—	—	—	—
2	钻 φ35H7 孔和 2 个大孔直径为 φ17、小孔直径为 φ11 阶梯孔的中心孔		T01	φ3 中心钻	1200	80	—	—

续表

工步号	工步内容	刀具号	刀具规格与名称	主轴转速/(r·min⁻¹)	进给速度/(mm·min⁻¹)	背吃刀量/mm	备注
3	钻 φ35H7 孔至 φ31	T14	φ31 锥柄麻花钻	300	30	—	—
4	钻 2 个 φ11 孔	T02	φ11 锥柄麻花钻	600	60	—	—
5	锪 2 个 φ17 孔	T03	17×11 锥柄锪钻	150	15	—	—
6	粗镗 φ35H7 孔至 φ34	T04	φ34 粗镗刀	400	30	—	—
7	粗铣 φ60×12 孔至 φ59×11.5	T05	φ32T 合金立铣刀	400	35	—	—
8	精铣 φ60×12 孔	T06	φ32T 合金立铣刀	600	45	—	—
9	半精镗 φ35H7 孔至 φ34.85	T07	φ34.85 镗刀	450	35	—	—
10	钻 2 个 M6—6H 螺孔中心孔	T01	φ3 中心钻	1000	40	—	—
11	钻 2 个 M6—6H 螺纹底孔至 φ5	T08	φ5 直柄麻花钻	650	35	—	—
12	2 个 M6—6H 孔端倒角	T02	—	500	20	—	—
13	攻 2 处 M6—6H 螺纹	T09	M6 机用丝锥、中锥	100	100	—	—
14	铰 φ35H7 孔	T10	35AH7 套式铰刀	100	50	—	—
15	M01(程序任选停止)	—	—	—	—	—	—
16	在 φ35H7 孔中手动装入工艺堵	—	专用工艺堵 Ⅱ 29-54	—	—	—	—
17	B90°、G55(设置工件坐标系)	—	—	—	—	—	—
18	钻 2 个 φ15H7 孔的中心孔	T01	φ3 中心钻	1200	80	—	—
19	钻 2 个 φ15H7 孔至 φ14	T11	φ14 锥柄麻花钻	450	50	—	—
20	扩 2 个 φ15H7 孔至 φ14.85	T12	φ14.85 锥柄端刃扩孔钻	400	40	—	—
21	铰 φ15H7 孔	T13	φ15AH7 锥柄长刃铰刀	60	30	—	—

编制	×××	审核	×××	批准	×××	年 月 日	共 页 第 页

2.3.3 盘类零件数控车削工艺分析

如图 2-38 所示带孔圆盘工件,材料为 45 钢,分析其数控车削工艺如下。

1. 零件图工艺分析

如图 2-38 所示工件,该零件属于典型的盘类零件,材料为 45 钢,可选用圆钢为毛坯,为保证数控加工时工件能可靠定位,可在加工中先粗车左侧端面、φ95 mm 外圆,同时将

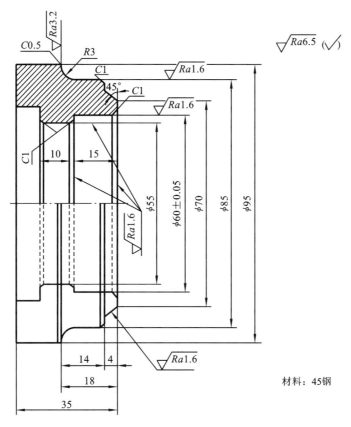

材料：45钢

图 2-38　带孔圆盘

$\phi55$ mm 内孔钻成 $\phi53$ mm 孔。

2.选择设备

根据被加工零件的外形和材料等条件,选定 Vturn-20 型数控车床。

3.确定零件的定位基准和装夹方式

(1)定位基准　以已加工出的 $\phi95$ mm 外圆及左端面为工艺基准。

(2)装夹方法　采用三爪自定心卡盘自定心夹紧。

4.制定加工方案

根据图样要求、毛坯及前道工序加工情况,确定工艺方案及走刀路线。

工步顺序：

(1)粗车外圆及端面；

(2)粗车内孔；

(3)精车外轮廓及端面；

(4)精车内孔。

5.刀具选择

选择的刀具及刀位号如图 2-39 所示。

将所选定的刀具参数填入带孔圆盘数控加工刀具卡(见表 2-9)。

6.确定切削用量

分析过程略。

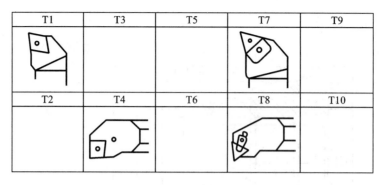

图 2-39 刀具及刀位号

表 2-9 带孔圆盘数控加工刀具卡

产品名称或代号		×××		零件名称	带孔圆盘	零件图号	×××
序号	刀具号	刀具规格名称	数量		加工表面		备注
1	T01	硬质合金外圆车刀	1		粗车端面、外圆		
2	T04	硬质合金内孔车刀	1		粗车内孔		
3	T07	硬质合金外圆车刀	1		精车端面、外轮廓		
4	T08	硬质合金内孔车刀	1		精车内孔		
编制	×××	审核	×××	批准	×××	共 页	第 页

7. 数控加工工艺卡拟订

以工件右端面为工件原点,换刀点定为 X200、Z200。数控加工工艺卡见表 2-10。

表 2-10 带孔圆盘的数控加工工艺卡

单位名称	×××	产品名称或代号		零件名称		零件图号	
		×××		带孔圆盘		×××	
工序号	程序编号	夹具名称		使用设备		车间	
001	×××	三爪卡盘		Vturn-20 数控车床		数控中心	
工步号	工步内容	刀具号	刀柄规格	主轴转速 /(r·min^{-1})	进给速度 /(mm·min^{-1})	背吃刀量 /mm	备注
1	粗车端面	T01	20×20	400	80		
2	粗车外圆	T01	20×20	400	80		
3	粗车内孔	T04	φ20	400	60		
4	精车外轮廓及端面	T07	20×20	1100	110		
5	精车内孔	T08	φ32	1000	100		
编制	×××	审核	×××	批准	×××	年 月 日	共 页 第 页

2.3.4 平面凸轮的数控铣削工艺分析

图 2-40 所示为槽形凸轮零件。在铣削加工前,该零件是一个经过加工的圆盘,圆盘直径为 $\phi280$ mm,带有尺寸为 $\phi35$ mm 及 $\phi12$ mm 的两个定位孔。X 面已在前面工序中加工完毕,本工序是在铣床上加工槽。该零件的材料为 HT200。试分析其数控铣削加工工艺。

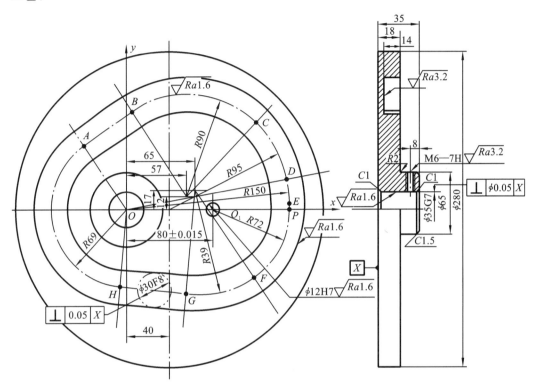

图 2-40   槽形凸轮零件

1. 零件图工艺分析

该零件凸轮轮廓由圆弧 $\overset{\frown}{HA}$、$\overset{\frown}{BC}$、$\overset{\frown}{DE}$、$\overset{\frown}{FG}$ 和直线 AB、HG,以及过渡圆弧 $\overset{\frown}{CD}$、$\overset{\frown}{EF}$ 所组成。组成轮廓的各几何元素关系清楚,条件充分,所需要基点坐标容易求得。凸轮内、外轮廓面对 X 面有垂直度要求。材料为铸铁,切削工艺性较好。

根据分析,凸轮内、外轮廓面对 X 面有垂直度要求,只要提高装夹精度,使 X 面与铣刀轴线垂直即可。

2. 选择设备

加工平面凸轮的数控铣削,一般采用两轴以上联动的数控铣床,因此首先要考虑的是零件的外形尺寸和质量,使其在机床的允许范围以内。其次考虑数控机床的精度是否能满足凸轮的设计要求。最后,看凸轮的最大圆弧半径是否在数控系统允许的范围之内。根据以上三条即可确定所要使用的数控机床为两轴以上联动的数控铣床。

3. 确定零件的定位基准和装夹方式

采用"一面两孔"定位,即用圆盘 X 面和两个基准孔作为定位基准。

根据工件特点,采用一块 320 mm×320 mm×40 mm 的垫块,在垫块上分别精镗

$\phi 35$ mm 及 $\phi 12$ mm 两个定位孔(配定位销),孔距为 80 ± 0.015 mm,垫板平面度为 0.05 mm。在加工前,先固定夹具的平面,使两定位销孔的中心连线与机床 X 轴平行。夹具平面要保证与工作台面平行,并用百分表检查,如图 2-41 所示。

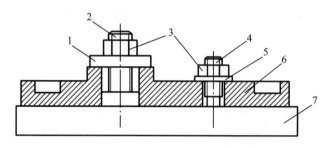

图 2-41　凸轮加工装夹示意图

1—开口垫圈;2—带螺纹圆柱销;3—压紧螺母;

4—带螺纹削边销;5—垫圈;6—工件;7—垫块

4. 确定加工顺序及走刀路线

整个零件的加工顺序按照基面先行、先粗后精的原则确定。因此应先加工用作定位基准的 $\phi 35$ mm 及 $\phi 12$ mm 两个定位孔、X 面,然后再加工凸轮槽内、外轮廓面。由于该零件的 $\phi 35$ mm 及 $\phi 12$ mm 两个定位孔、X 面已在前面工序中加工完毕,在这里只分析加工槽的走刀路线。走刀路线包括平面内进给走刀路线和深度进给走刀路线两部分。平面内的进给走刀,对外轮廓是沿切线方向切入,对内轮廓是从过渡圆弧处切入。在数控铣床上铣削平面槽形凸轮时,深度进给有两种方法:一种是在 XOZ(或 YOZ)平面内来回铣削,逐渐进刀到既定深度;另一种是先钻一个工艺孔,然后从工艺孔进刀到既定深度。

进刀点选在点 $P(150,0)$,刀具来回铣削,逐渐达到铣削深度;达到既定深度后,刀具在 XOY 平面内运动,铣削凸轮轮廓。为了保证凸轮的轮廓表面有较高的表面质量,采用顺铣方式,即从点 P 开始,对外轮廓按顺时针方向铣削,对内轮廓按逆时针方向铣削。

5. 刀具的选择

根据零件结构特点,铣削凸轮槽内、外轮廓(即凸轮槽两侧面)时,铣刀直径受槽宽限制,同时考虑铸铁属于一般材料,加工性能较好,选用 $\phi 18$ mm 硬质合金立铣刀(见表 2-11)。

表 2-11　数控加工刀具卡片

产品名称或代号	×××		零件名称	槽形凸轮	零件图号	×××
序号	刀具号	刀具规格名称/mm		数量	加工表面	备注
1	T01	$\phi 18$ 硬质合金立铣刀		1	粗铣凸轮槽内、外轮廓	
2	T02	$\phi 18$ 硬质合金立铣刀		1	精铣凸轮槽内、外轮廓	
编制	×××	审核	×××	批准	×××	共　页　　第　页

6. 切削用量的选择

凸轮槽内、外轮廓精加工时留 0.2 mm 铣削用量,确定主轴转速与进给速度时,先查切削用量手册,确定切削速度与每齿进给量,然后利用公式 $v_c = \pi dn/1\,000$ 计算主轴转速 n,利用 $v_f = nzf_z$ 计算进给速度。

7. 填写数控加工工艺卡

槽形凸轮的数控加工工艺卡见表 2-12。

表 2-12 槽形凸轮的数控加工工艺卡

单位名称	×××	产品名称或代号		零件名称	零件图号
		×××		槽形凸轮	×××
工序号	程序编号	夹具名称		使用设备	车间
×××	×××	螺旋压板		XK5025	数控中心
工步号	工 步 内 容	刀具号	刀具规格 /mm	主轴转速 /(r·min⁻¹)	进给速度 /(mm·min⁻¹)	背吃刀量 /mm	备注
---	---	---	---	---	---	---	---
1	来回铣削,逐渐达到铣削深度	T01	$\phi18$	800	60		分两层铣削
2	粗铣凸轮槽内轮廓	T01	$\phi18$	700	60		
3	粗铣凸轮槽外轮廓	T01	$\phi18$	700	60		
4	精铣凸轮槽内轮廓	T02	$\phi18$	1000	100		
5	精铣凸轮槽外轮廓	T02	$\phi18$	1000	100		
编制	×××	审核 ×××	批准 ×××	年 月 日		共 页	第 页

2.3.5 箱体的数控加工工艺分析

图 2-42 所示为铣床变速箱体。零件材料为 HT200,中批量生产,其加工工艺分析如下。

1. 零件图工艺分析

该零件由平面、型腔以及孔系组成。零件结构较复杂,尺寸精度较高。零件上需要加工的孔较多,虽然绝大部分配合孔的尺寸精度不高(最高仅为 IT7 级),但孔系内各孔之间的相互位置精度要求较高,除一处垂直度允差为 0.03 mm 外,其余各处同轴度、平行度允差均为0.02 mm。

2. 设备的选择

为确保这些孔的加工精度,提高生产率,选择日本一家公司生产的卧式加工中心加工该件。该机床配有 MAZATAL CAM-2 数控系统,具有三坐标联动、双工作台自动交换、机械手自动换刀、传感器自动测量工件坐标和自动测量刀具长度等功能。刀库容量为 60 把。工作台面积为 630 mm×630 mm,工作台横向(X 轴)行程为 910 mm,纵向(Z 向)行程为 635 mm,主轴垂向行程为 710 mm。编程可用人机会话式,一次装夹可完成不同工位的钻、扩、铰、镗、铣、攻螺纹等工序。对于加工变速箱体这类多工位、工序密集的工件,该机床与普通机床相比有其独特的优越性。

3. 确定零件的定位基准和装夹方式

1) 定位基准的选择

选择零件上的 M、N 和 S 面作为精定位基准,分别限制 3 个、1 个和 2 个自由度,在加工中心上一次安装完成。除精基准以外的所有表面,由粗至精全部加工,保证了该零件全部相互位置精度。这三个平面组成的精基准可在通用机床上先加工好。

2) 确定装夹方案

装组合夹具,将夹具各定位面找正在 0.01 mm 以内,将夹具擦净,夹好。

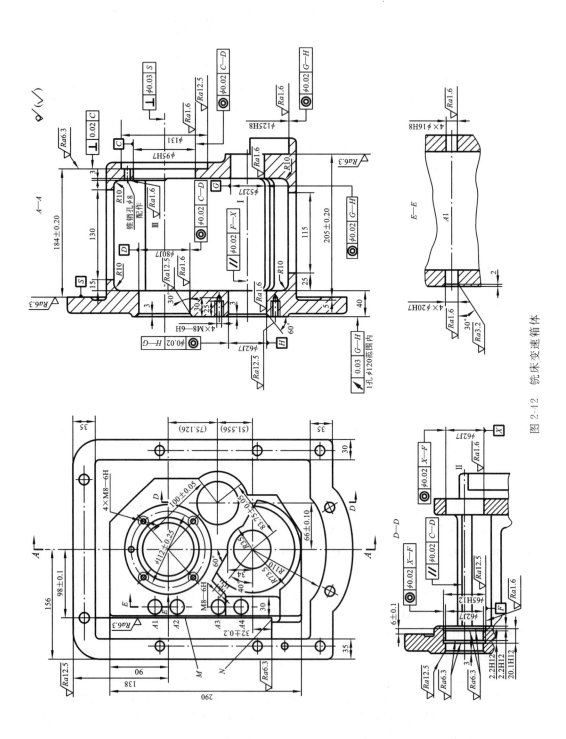

图 2-12　铣床变速箱体

将工件 M 面向下放在夹具水平定位面上，S 面靠在竖直定位面上，N 面靠在 X 向定位面上夹紧,保证工件与夹具定位面之间间隙0.01 mm塞尺不入。当然,各定位面已在前面工序中用普通机床加工完成。

4. 加工阶段的划分

为了使切削过程中切削力和加工变形不过大,以及前次加工所产生的变形(误差)能在后续加工中通过切削完全消除,可把加工阶段分得细一些,全部配合孔均经过粗→半精→精三个加工阶段。

5. 工艺设计说明

(1) 对同轴孔系采用"调头镗"的加工方法:先在 B0 和 B180 工位上先后对两个侧面上的全部平面和孔进行粗加工;然后在 B0 和 B180 工位上,先对两个侧面的全部平面和孔进行半精加工,再对其进行精加工。

(2) 为了保证孔的正确位置,在加工中心上对实心材料钻孔前,均先锪孔口平面、钻中心孔,然后钻孔→扩孔→镗孔(或铰孔)。

(3) 因 ϕ125H8 孔为半圆孔,为了保证 ϕ125H8 孔与 ϕ52J7 孔同轴度为 0.02 mm 的要求,在加工过程中,先用立铣刀以圆弧插补方式粗铣至 ϕ124.85 mm,然后再精镗。

(4) 为保证 ϕ62J7 孔的精度,在加工该孔时,先加工 2 个 ϕ65H12 卡簧槽,再精镗 ϕ62J7 孔。

6. 刀具选择

刀具选择情况见表 2-13。

7. 确定切削用量

分析过程略。

8. 数控加工工艺卡片拟定

数控加工工艺卡见表 2-14。

表 2-13 铣床变速箱体数控加工刀具卡

产品名称或代号		×××	零件名称	铣床变速箱体	零件图号	×××
序号	刀具号	刀具规格与名称	数量	加工表面(尺寸/mm)		备注
1	T01	ϕ45 粗齿立铣刀	1	铣Ⅰ孔中 ϕ125H8 孔,粗铣Ⅲ孔中 ϕ131 沉孔,精铣 ϕ131 沉孔		
2	T02	ϕ94.2 镗刀	1	粗镗 ϕ95H7 孔		
3	T03	ϕ61.2 镗刀	1	粗镗 ϕ62J7 孔		
4	T05	ϕ51.2 镗刀	1	粗镗 ϕ52J7 孔至 ϕ51.2		
5	T07	专用铣刀Ⅰ24-24	1	锪平 4 个 ϕ16 孔端面,锪平 4 个 ϕ20H7 孔端面		
6	T09	中心钻Ⅰ34-4	1	钻 4 个 ϕ16 孔、4 个 ϕ20H7 孔、2 个 M8 孔的中心孔		
7	T10	ϕ15.85 专用镗刀	1	镗 4 个 ϕ16H8 孔至 ϕ15.85		
8	T11	ϕ15 锥柄麻花钻	1	钻 4 个 ϕ16 孔		
9	T13	ϕ79.2 镗刀	1	粗镗 ϕ80J7 孔		
10	T16	ϕ94.85 镗刀	1	半精镗 ϕ95H7 孔至 ϕ94.85		

续表

序号	刀具号	刀具规格与名称	数量	加工表面(尺寸/mm)	备注
11	T18	ϕ95H7 镗刀	1	精镗 ϕ95H7 孔	
12	T20	ϕ61.85 镗刀	1	半精镗 ϕ62J7 孔	
13	T22	ϕ62J7 镗刀	1	精镗 ϕ62J7 孔	
14	T24	ϕ51.85 镗刀	1	半精镗 ϕ52J7 孔	
15	T26	ϕ52AJ7 铰刀	1	铰 ϕ52J7 孔	
16	T32	ϕ16H8 铰刀	1	铰 4 个 ϕ16H8 孔	
17	T34	ϕ79.85 镗刀	1	半精镗 ϕ80J7 孔	
18	T36	ϕ89 倒角刀	1	ϕ80J7 孔端倒角	
19	T38	ϕ80J7 镗刀	1	精镗 ϕ80J7 孔	
20	T40	ϕ69 倒角镗刀	1	ϕ62J7 孔端倒角	
21	T42	专用切槽刀 I 22-27	1	以圆弧插补方式切 2 个卡簧槽	
22	T45	ϕ120 面铣刀	1	铣零件底面(尺寸 40 基面)	
23	T50	ϕ19.85 专用镗刀	1	半精镗 4 个 ϕ20H7 孔	
24	T52	ϕ20H7 铰刀	1	铰 4 个 ϕ20H7 孔	
25	T57	ϕ18.5 锥柄麻花钻	1	钻 4 个 ϕ20H7 孔底孔至 ϕ18.5	
26	T60	ϕ125H8 镗刀	1	精镗 ϕ125H8 孔	
编制	×××	审核 ×××	批准	×××	共 页	第 页

表 2-14　铣床变速箱体数控加工工艺卡

单位名称	×××	产品名称或代号		零件名称	零件图号
		×××		铣床变速箱体	×××
工序号	程序编号	夹具名称		使用设备	车间
×××	×××	组合夹具		卧式加工中心	数控中心

工步号	工步内容	刀具号	刀具规格与名称	主轴转速 /(r·min^{-1})	进给速度 /(mm·min^{-1})	背吃刀量 /mm	备注
1	B0						
2	铣 I 孔中 ϕ125H8 孔至 ϕ124.85	T01	ϕ45 粗齿立铣刀	300	40		
3	粗铣 III 孔中 ϕ131 沉孔、Z 向留 0.1 mm	T01	ϕ45 粗齿立铣刀	300	40		
4	粗镗 ϕ95H7 孔至 ϕ94.2	T02	ϕ94.2 镗刀	150	30		
5	粗镗 ϕ62J7 孔至 ϕ61.2	T03	ϕ61.2 镗刀	180	30		
6	粗镗 ϕ52J7 孔至 ϕ51.2	T05	ϕ51.2 镗刀	180	30		
7	锪平 4 个 ϕ16 孔端面	T07	专用铣刀 I 24-24	600	60		

续表

工步号	工步内容	刀具号	刀具规格与名称	主轴转速/(r·min⁻¹)	进给速度/(mm·min⁻¹)	背吃刀量/mm	备注
8	钻 4 个 ϕ16 孔中心孔	T09	中心钻 I 34-4	1000	80		
9	钻 4 个 ϕ16 孔至 ϕ15	T11	ϕ15 锥柄麻花钻	400	40		
10	B180°						
11	铣零件底面	T45	ϕ120 面铣刀	600	60		
12	粗镗 ϕ80J7 孔至 ϕ79.2	T13	ϕ79.2 镗刀	150	30		
13	粗镗 ϕ62J7 孔至 ϕ61.2	T03	ϕ61.2 镗刀	180	30		
14	锪平 4 个 ϕ20H7 孔端面	T07	专用铣刀 I 24-24	600	60		
15	钻 4 个 ϕ20H7 孔中心孔	T09	中心钻 I 34-4	1000	80		
16	钻 4 个 ϕ20H7 孔至 ϕ18.5	T57	ϕ18.5 锥柄麻花钻	350	40		
17	B0						
18	精镗 ϕ125H8 孔	T60	ϕ125H8 镗刀	200	20		
19	精铣 ϕ131 沉孔	T01	ϕ45 粗齿立铣刀	400	40		
20	半精镗 ϕ95H7 孔至 ϕ94.85	T16	ϕ94.85 镗刀	200	20		
21	精镗 ϕ95H7 孔	T18	ϕ95H7 镗刀	200	20		
22	半精镗 ϕ62J7 孔至 ϕ61.85	T20	ϕ61.85 镗刀	200	20		
23	精镗 ϕ62J7 孔	T22	ϕ62J7 镗刀	200	20		
24	半精镗 ϕ52J7 孔	T24	ϕ51.85 镗刀	260	20		
25	铰 ϕ52J7 孔	T26	ϕ52AJ7 铰刀	100	20		
26	镗 4 个 ϕ16H8 孔至 ϕ15.85	T10	ϕ15.85 专用镗刀	200	30		
27	铰 4 个 ϕ16H8 孔	T32	ϕ16H8 铰刀	100	20		
28	B180°						
29	半精镗 ϕ80J7 孔至 ϕ79.85	T34	ϕ79.85 镗刀	200	20		
30	ϕ80J7 孔端倒角	T36	ϕ89 倒角刀	300	30		
31	精镗 ϕ80J7 孔	T38	ϕ80J7 镗刀	200	20		
32	半精镗 ϕ62J7 孔至 ϕ61.85	T20	ϕ61.85 镗刀	200	20		
33	ϕ62J7 孔端倒角	T40	ϕ69 倒角镗刀	300	30		
34	以圆弧插补方式切 2 个卡簧槽	T42	专用切槽刀 I 22-27	400	20		

续表

工步号	工步内容	刀具号	刀具规格与名称	主轴转速/(r·min⁻¹)	进给速度/(mm·min⁻¹)	背吃刀量/mm	备注
35	精镗 φ62J7 孔	T22	φ62J7 镗刀	200	20		
36	镗 4 个 φ20H7 孔至 φ19.85	T50	φ19.85 专用镗刀	300	30		
37	铰 4 个 φ20H8 孔	T52	φ20H7 铰刀	100	20		
编制	×××	审核 ×××	批准 ×××	年　月　日		共　页	第　页

思考题与习题

重点、难点和
知识拓展

2-1　试述数控机床换刀系统的工作原理。

2-2　对于数控机床,刀具对刀点的选择原则有哪些?

2-3　数控机床主要的辅助装置有哪些?

2-4　数控工艺特点是什么?对刀具有何要求?

2-5　数控加工技术文件包括哪些?各有何作用?

2-6　在数控车床上加工零件、分析零件图样时主要考虑哪些因素?

2-7　如何确定数控车削的加工顺序?

2-8　如何对数控铣削加工零件的零件图进行工艺分析?

2-9　数控铣削加工零件的加工工序是如何划分的?

2-10　加工轴类零件如图 2-43 所示,毛坯为 φ85 mm×340 mm 棒材,零件材料为 45 钢,无热处理和硬度要求,图中 φ85 mm 外圆不加工。要求对该零件进行精加工,根据图样要求和毛坯情况,编制该零件数控车削工艺。

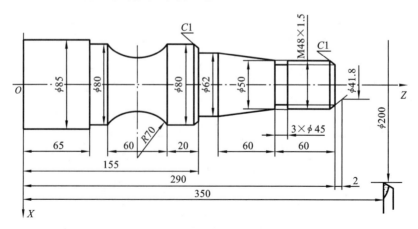

图 2-43　题 2-10 图

2-11　如图 2-44 所示支架零件的材料为 HT200,试编制其数控加工工艺卡。

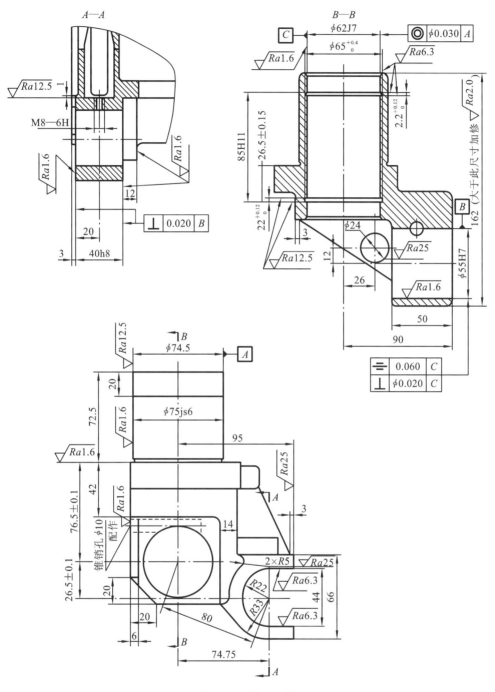

图 2-44　题 2-11 图

第3章 数控加工的程序编制

3.1 概 述

3.1.1 数控编程的基本概念

普通机床要由人来操作,数控机床与普通机床的区别就在于其按照加工程序自动进行零件加工。在数控机床上加工零件,首先需要根据被加工零件图样确定零件的几何信息(如零件轮廓的形状、尺寸等)和工艺信息(如进给速度、主轴转速,以及主轴正反转、换刀、切削液的开关信息等),再根据数控机床编程手册规定的代码与程序格式编写零件的数控加工程序,然后把数控加工程序记录在控制介质(如穿孔纸带、磁带、磁盘)上,或者直接将加工程序输入数控机床的数控装置,用数控加工程序来控制机床动作,实现零件的全部加工过程。只要改变控制机床动作的加工程序就可达到加工不同零件的目的。

根据被加工零件的图样、技术要求及其工艺要求等切削加工的必要信息,按照具体数控系统规定的指令和格式编制出的加工指令序列,即为数控加工程序,或称零件程序。从零件图的分析到制成数控加工程序单的全部过程称为数控程序编制,简称数控编程(NC programming)。

由于数控机床要按照预先编制好的程序自动加工零件,因此,加工程序不仅关系到能否高精度、高效率加工出合格的零件,而且还影响到数控机床的正确使用和数控加工特点的发挥,甚至还会影响到机床、操作者的安全。这就要求编程人员具有较高素质,通晓机械加工工艺,了解机床、刀夹具、数控系统的性能,熟悉工厂的生产特点和生产习惯;在工作中,编程人员不但要责任心强、细心,而且还要和操作人员配合默契。

3.1.2 编程的内容与步骤

一般来讲,数控编程的内容和步骤如图 3-1 所示,包括:分析零件图样、工艺处理、数学处理、编制数控程序、将程序输入数控装置、程序检验、首件试切削。

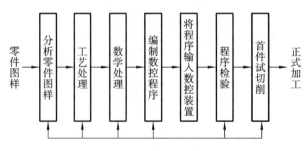

图 3-1 数控编程过程

1. 分析零件图样

分析设计部门提供的零件图样,选择适合在数控机床上加工的零件和工艺内容;根据零件类别和加工表面特征,结合企业现有装备情况和加工能力,选择加工方法;进行零件图样和结构工艺性分析,明确加工内容及技术要求,在此基础上确定零件的加工方案。

2. 工艺处理

首先,应根据零件的材料、形状、尺寸、精度、毛坯和热处理状态,进行数控加工工艺路线设计,包括工序的划分与内容确定、加工顺序的安排、数控加工工序与传统加工工序的衔接等;然后进行数控加工工序设计,包括工步的划分与进给路线的确定、零件的装夹方案与夹具的选择、刀具的选择和切削用量的确定等。一般需要编制数控加工工艺规程文件,包括数控编程任务书、数控机床调整单、数控加工工序卡、数控加工进给路线图和数控加工刀具卡等。需特别注意:对刀点应选在容易定位、容易检查的位置;换刀点应选在不撞刀且空行程较短的位置;走刀路线的选择主要应考虑尽量缩短走刀路线、减少空行程及提高生产率,应满足零件加工精度和表面粗糙度的要求,并有利于简化数学处理、减少程序段数目和编程工作量。

3. 数学处理

数控编程中需要知道每个程序段的起点、终点和轮廓线形状,而零件图中给出的一般是零件的几何特征尺寸,如长、宽、高、半径等。数学处理的任务就是根据图样数据求出编程所需的数据,即在设定的编程坐标系内,根据零件图的几何形状、尺寸、走刀路线,计算零件轮廓或刀具运动轨迹的坐标值。对于没有刀具补偿功能的数控机床,一般需要计算刀心轨迹;现代数控机床一般都具备刀具补偿功能,则只要计算零件轮廓坐标值。目前,一般数控装置具备直线和圆弧插补功能,对于加工形状比较简单的零件轮廓(如直线与圆弧),需要计算出零件轮廓线上基点(如各几何元素的起点、终点、圆弧的圆心坐标、两几何元素的交点或切点等)的坐标值;对于加工形状比较复杂的非圆曲线轮廓(如渐开线、双曲线等),需要用小直线段或圆弧段逼近,按精度要求计算出各节点(逼近非圆曲线的若干个直线段或圆弧段的交点或切点)的坐标值,一般需利用计算机进行辅助计算。

4. 编制数控程序

完成以上工作后,就可按数控装置的指令代码和程序段格式,逐段编制零件加工程序单。编程人员应对数控机床的性能、指令功能、代码书写格式等非常熟悉,只有这样才能编制出正确的零件加工程序。

5. 将程序输入数控装置

程序编制好后,可通过键盘直接输入数控装置;也可将程序记录在控制介质(如穿孔纸带、磁盘、磁带等)上,通过控制介质输入;现代数控加工大多利用数控装置的通信功能来传输程序,即利用数控装置的 RS-232C 接口与计算机通信,通过数据线将在计算机中编好的程序输入数控装置;有些数控机床还有 DNC 接口,上位计算机与下位数控机床可联网,进行分布式数控加工。

6. 程序检验

在正式加工前一定要对编制完成的程序进行检验,如检验程序语法是否有误,走刀路线是否正确,刀具是否碰撞零件、夹具或机床等。一般可采用空走刀的方式检验,或者使用仿真软件进行仿真试验,也可用石蜡、木材等易切削材料进行试切。在具有图形显示功能和动态仿真功能的数控机床上,用图形模拟刀具轨迹来进行检验更为方便。检验中,如果发现语法错误,系统一般会自动报警,根据报警信号及报警内容,编程人员可对出错的相应程序段进行检查、修改;如果有刀具轨迹错误,应分析原因并返回到相应步骤进行适当修改。

7. 首件试切削

程序检验只能检查运动正确与否,不能检查由于刀具调整不当或数学处理误差而造成的加工精度超出图样技术要求的问题。正式加工前,一般还要进行首件试切削,以检验加工精度。为安全起见,首件试切削一般采用单段运行方式,逐段逐段运行来检查机床的每次动作。加工完毕,检测所有尺寸、表面粗糙度及几何公差,如超出图样的技术要求,应分析原因并采取措施加以纠正,或者修改程序,或者进行尺寸补偿。

3.1.3　数控编程方法

数控编程的方法一般有手工编程、自动编程和CAD/CAM编程三大类。

1. 手工编程

由人工完成程序编制的全部工作,包括分析零件图样,数控工艺过程制定、数值计算和程序编写等,均采用手工方式完成的方法,称为手工编程(manual programming)。现代数控装置大多具备丰富的循环指令功能,手工编程可灵活应用这些指令,从而大幅降低编程难度,缩短程序段长度,提高程序可读性与代码执行效率。对于几何形状较简单、数学处理较简单、程序段不多的零件,手工编程较容易,且省时简便,因此在点位加工及由直线与圆弧组成的轮廓加工中,手工编程仍有广泛应用。但对于形状复杂、工序很长、计算烦琐的零件,特别是具有非圆曲线、列表曲线及曲面的零件,用手工编程不仅容易出错,而且难度较大,甚至难以完成,必须采用自动编程方法。

2. 自动编程

除分析零件图样和制定工艺方案由人工进行外,其余工作均是利用计算机专用软件自动实现的编程方法,称为自动编程(automatically programming)。

自动编程是编程人员根据零件的图样要求,分析其工艺特点,以语言(零件源程序)的形式表达出零件的几何元素、工艺参数和刀具运动轨迹等加工信息。零件源程序是用编程系统规定的语言(如APT(自动编程工具)语言等)和语法编写的。源程序有别于手工编程的加工程序,它不能直接被数控机床所识别,必须把源程序输入计算机,由数控语言编译程序自动进行编译、数学处理、后置处理等工作,制作出可以直接用于数控机床的数控加工程序。所编程序还可通过屏幕进行检查,有错误时可由人工编辑修改,直至程序正确为止。计算机对源程序的处理方式是:在编程人员一次性将编程信息全部提交给计算机后,计算机将这些信息一次性处理完毕,并马上得到结果。

数控语言接近自然语言,为多坐标数控机床加工曲面、曲线提供了有效方法,编程效率一般比手工编程高。但采用数控语言定义零件几何形状时不易描述复杂的几何图形,缺乏直观性,缺乏对零件形状、刀具运动轨迹的直观显示。

3. CAD/CAM编程

CAD/CAM编程是利用计算机辅助设计(CAD)软件的图形编程功能,将零件的几何图形绘制到计算机上,形成零件的图形文件,或者直接调用由CAD系统完成的产品设计文件中的零件图形文件,然后直接调用图形交互式自动编程软件数控编程模块,进行刀具轨迹处理,由计算机自动对零件加工轨迹的每一个节点进行运算和数学处理,生成刀位文件。之后,再经相应的后置处理,自动生成数控加工程序,并可在计算机上动态模拟其刀具的加工轨迹图形。

CAD/CAM 编程极大地提高了数控编程效率,它使从设计到编程的信息形成连续的信息流,可实现 CAD/CAM 集成,为实现计算机辅助设计(CAD)和计算机辅助制造(CAM)一体化发挥了必要的桥梁作用。

3.2　数控编程基础

3.2.1　数控机床的坐标系

在数控机床上加工零件时,刀具或工作台等运动部件的动作是由数控装置发出的指令来控制的。为了确定运动部件的移动方向和移动位移,就需在机床上建立坐标系。

1. 坐标和运动方向命名原则

为简化数控加工程序编制并保证程序具有通用性,国际标准化组织(ISO)对数控机床的坐标及其方向制定了统一的标准。我国也参照 ISO 标准制定了国家标准《数控机床坐标和运动方向的命名》(JB/T 3051—1999)。

在机床加工过程中,有的是刀具相对于工件运动(如车床),有的是工件相对于刀具运动(如铣床)。JB/T 3051—1999 规定:无论是刀具相对于工件运动,还是工件相对于刀具运动,都假定工件是静止的,而刀具相对于静止的工件而运动,并且以刀具远离工件的运动方向为正方向。这样,编程人员编程时就不需考虑是刀具移向工件,还是工件移向刀具,只需根据零件图进行编程。

2. 坐标轴的命名

JB/T 3051—1999 规定,数控机床的坐标系采用右手定则的笛卡儿坐标系。如图 3-2

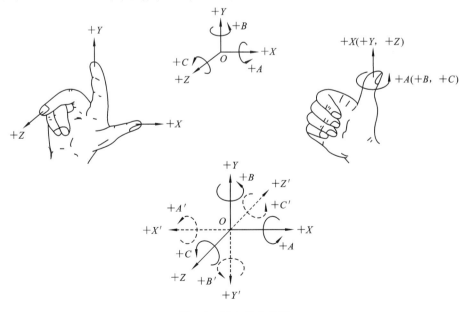

图 3-2　笛卡儿坐标系

所示,X、Y、Z 为移动坐标,相互垂直,拇指指向 X 轴的正方向,食指指向 Y 轴的正方向,中指指向 Z 轴的正方向;A、B、C 分别为绕 X、Y、Z 轴旋转的旋转坐标轴,其正方向根据右手螺旋定则来确定。

对于工件相对静止的刀具运动的机床,坐标系命名时,在坐标系相应符号上应加注标记"$'$",如 X'、Y'、A' 等。加"$'$"字母表示的工件运动正方向与不加"$'$"的同一字母表示的刀具运动正方向相反。编程人员只需考虑不带"$'$"的运动方向,机床制造者需考虑带"$'$"的运动方向。

3. 坐标轴的确定

坐标系的各个坐标轴与机床的主要导轨相平行。图 3-3 至图 3-6 所示为几种常用机床的坐标系,其他机床的坐标系可参考机床说明书。确定坐标轴时,一般先确定 Z 轴,再确定 X 轴,最后确定 Y 轴。

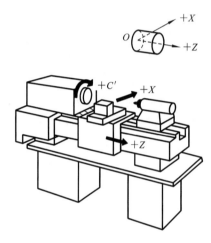

图 3-3　后置刀架卧式车床

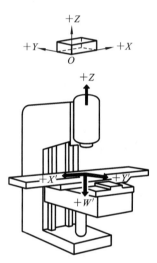

图 3-4　立式升降台铣床

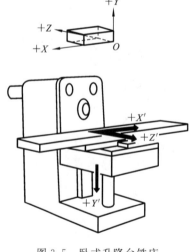

图 3-5　卧式升降台铣床

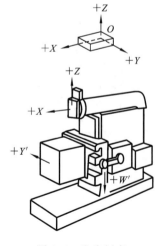

图 3-6　牛头刨床

（1）Z 轴的确定　规定平行于机床主轴(传递切削动力)轴线的刀具运动方向为 Z 轴

方向。对于卧式车床和铣床等,以机床主轴轴线作为 Z 轴;对于没有主轴的机床,如牛头刨床,规定垂直于装夹工件的工作台的方向为 Z 轴方向;对于有几根主轴的机床,如龙门铣床,选择其中一根与工作台面相垂直的主轴为主要主轴,并以它来确定 Z 轴方向。

(2) X 轴的确定　　规定 X 轴沿水平方向,其垂直于 Z 轴并平行于工件的装夹平面。对于工件旋转的机床,如车床、磨床等,X 轴沿工件的径向且平行于横向滑座;对于刀具旋转的机床,若 Z 轴为竖直的,如立式铣床、钻床等,面对刀具(主轴)向立柱方向看,X 轴的正方向指向右边;若 Z 轴是水平的,如卧式铣床、镗床等,则从刀具(主轴)后端向工件方向看,X 轴的正方向指向右边。对于没有主轴的机床,如刨床等,则选定主要切削方向为 X 轴方向。

(3) Y 轴的确定　　Y 轴垂直于 X、Z 轴,当 X、Z 轴方向确定后,可根据右手定则来确定。对于卧式车床,由于刀具无须沿竖直方向运动,故不需要规定 Y 轴。

如果机床除有沿 X、Y、Z 等方向的直线运动外,还有平行于这些方向的坐标运动,可分别指定为 U、V、W 向运动;如还有第三组直线运动,则分别指定为 P、Q、R 向运动。

4. 机床坐标系与工件坐标系

根据坐标原点设定位置的不同,数控机床的坐标系可分为机床坐标系和工件坐标系。

(1) 机床参考点与机床坐标系　　为建立机床坐标系,在数控机床上设有一固定位置点,称为机床参考点(用 R 或⊕表示),其固定位置由各轴向的机械挡块来确定。对于数控铣床、加工中心,机床参考点一般选在 X、Y、Z 坐标的正方向极限位置处;对于数控车床,机床参考点选在车刀退离主轴端面和旋转中心线较远的某一固定点。机床开机后,运动部件一般先要回机床参考点。

机床坐标系是数控机床安装调试时便设定好的固定坐标系,并设有固定的坐标原点,即机床原点(又称机械原点,用 M 或⊕表示),它是数控机床进行加工运动的基准点,由机床制造厂确定。机床原点与机床参考点的位置关系固定,存放在数控系统中。一般可将机床原点设在机床参考点处,如数控铣床、加工中心;也有厂家将数控车床的机床原点设在主轴旋转中心线与卡盘左端面的交点处。机床回参考点后,即建立起机床坐标系。

(2) 工件坐标系　　工件坐标系(又称编程坐标系)是编程人员根据零件图及加工工艺等建立的坐标系,其各轴应与所使用的数控机床相应的坐标轴平行,正方向一致。工件坐标系原点称为工件原点(又称编程原点,用 W 或⊕表示)。工件坐标系一般供编程使用,工件原点可根据图样自行确定,不必考虑工件毛坯在机床上的实际装夹位置,但应考虑到对刀与编程的方便性,并尽量选在零件的设计基准或工艺基准上。一个零件的加工程序可一次/多次设定或改变工件原点。

加工前,工件随夹具安装到机床上,可通过对刀来测量工件原点与机床原点间的距离,得到工件原点偏置值(见图 3-7),并输入数控系统;加工时,工件原点偏置值便能自动加载到工件坐标系上,使数控系统可按机床坐标系进行加工。

5. 绝对坐标系与相对坐标系

(1) 绝对坐标系　　需以固定的坐标原点为基准来计量刀具(或机床)运动轨迹(直线或圆弧段)的坐标值的坐标系,称为绝对坐标系。如图 3-8 所示,A、B 两点的坐标均以固定的坐标原点 W 为基准计算:$X_A=10$,$Y_A=20$;$X_B=50$,$Y_B=40$。

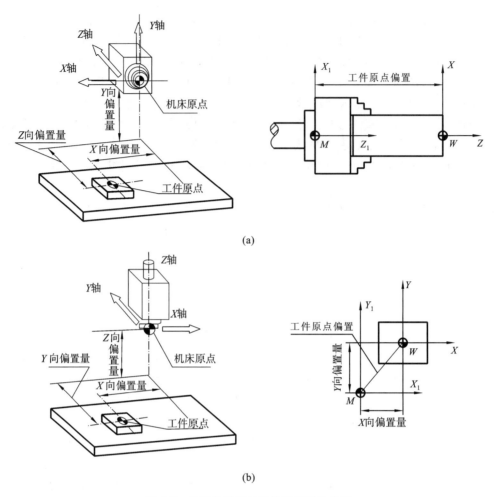

(a)

(b)

图 3-7　机床坐标系与工件坐标系的关系
(a)后置刀架卧式车床；(b)铣床与加工中心

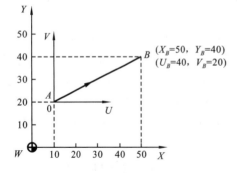

图 3-8　绝对坐标和增量坐标

（2）相对（增量）坐标系　需相对起点坐标值来计量刀具（或机床）运动轨迹（直线或圆弧段）的终点坐标值的坐标系，称为相对坐标系，又称增量坐标系。如图 3-8 所示，假定加工直线由 A 到 B，则 A、B 两点的相对（增量）坐标值分别为 $U_A=0$，$V_A=0$；$U_B=40$，$V_B=20$。该处的 U-V 坐标系即为相对（增量）坐标系，其坐标原点是跟随加工轮廓而移动的。

现代数控系统一般都具有根据这两种坐标系编程的功能，编程人员可根据编程的便捷性合理选用。

6. 脉冲当量与编程尺寸的表示方法

数控系统所能实现的最小位移量称为脉冲当量，又称最小设定单位或最小指令增量。数控系统每发出一个脉冲，机床工作台就移动一个脉冲当量的距离。脉冲当量是反映机床加工精度的重要技术指标，一般为 0.01～0.000 1 mm，视具体机床而定。

编程时,所有的编程尺寸都应转换成与脉冲当量相对应的数量。编程尺寸有两种表示方法:一种是以脉冲当量为最小单位来表示;另一种是以毫米为单位,以有效位小数来表示。如某坐标点尺寸为 $X=524.295$ mm,$Y=36.52$ mm,脉冲当量为 0.01 mm,则采用第一种方法可表示为 $X52430,Z3652$,采用第二种方法可表示为 $X524.30,Z36.52$。目前两种表示方法在数控机床上都有应用,尤以第二种应用较多,编程时一定要视具体机床要求而定。

3.2.2　零件的数学处理

现代数控机床一般都具备直线与圆弧插补功能,以及刀具补偿功能,所以,对于由直线与圆弧组成的形状比较简单的零件轮廓,数学处理的任务就是计算轮廓线上基点的坐标值;对于含有非圆曲线的形状比较复杂的零件轮廓,数学处理的任务是按精度要求计算出各节点的坐标值。

1. 基点坐标的计算

由直线和圆弧组成的零件轮廓上各几何元素的起点、终点、圆弧的圆心坐标、两几何元素的交点或切点称为基点。基点的坐标可以通过联立方程组求解,也可以利用几何元素间的三角函数关系求解,还可以采用计算机辅助计算。这里只简单介绍联立方程组求解基点坐标的方法。基点一般是直线与直线、直线与圆弧、圆弧与圆弧的交点或切点。计算原理与步骤如下。

(1) 选定工件坐标系,列出构成基点的两个几何元素的解析方程。

对于所有直线,该解析方程均可转化为一次方程的一般形式,即

$$ax + by + c = 0 \tag{3-1}$$

对于所有圆弧,该解析方程均可转化为圆的标准方程的形式,即

$$(x - \xi)^2 + (y - \eta)^2 = R^2 \tag{3-2}$$

式中:ξ、η 为圆弧的圆心坐标;R 为圆弧半径。

(2) 将各基点两相邻几何元素的方程联立起来,即可解出各基点(交点或切点)的坐标。

2. 节点坐标的计算

在只有直线和圆弧插补功能的数控机床上加工双曲线、抛物线、阿基米德螺旋线或列表曲线时,就需用直线段或圆弧段去逼近被加工曲线。逼近非圆曲线的若干个直线段或圆弧段的交点或切点称为节点。非圆曲线的节点的计算须按精度要求进行,一般需利用计算机进行辅助计算。计算方法有很多种,采用直线段逼近的方法有等间距法、等弦长法和等误差法等;采用圆弧段逼近的方法有曲率圆法、三点圆法和相切圆法等。这里仅介绍采用直线段逼近非圆曲线的等误差法。

1) 等误差法的基本原理

如图 3-9 所示,设零件轮廓曲线为 $y=f(x)$,先以点 a 为圆心,以 $\delta_允$ 为半径作圆;再作该圆与轮廓曲线公切的一条直线 MN,切点分别为 M、N,求出切线的斜率;过点 a 作 MN 的平行线交曲线于点 b;然后由点 b 用同样方法作出点 c,这样即可作出所有节点 a、b、c、d……可以证明,任

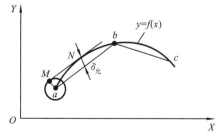

图 3-9　用直线段逼近非圆曲线

意两相邻节点间的逼近误差相等。

2）计算步骤

（1）以起点 $a(x_a,y_a)$ 为圆心、以 $\delta_允$ 为半径作圆。圆的标准方程为

$$(x-x_a)^2+(y-y_a)^2=\delta_允^2 \tag{3-3}$$

（2）求圆与曲线公切线 MN 的斜率。先用以下方程联立求出 $M(x_M,y_M)$、$N(x_N,y_N)$ 点的坐标,即

$$\begin{cases} \dfrac{y_N-y_M}{x_N-x_M}=-\dfrac{x_M-x_a}{y_M-y_a} & \text{（圆切线方程）} \\[2mm] (y_M-y_a)^2+(x_M-x_a)^2=\delta_允^2 & \text{（圆方程）} \\[2mm] \dfrac{y_N-y_M}{x_N-x_M}=f'(x_N) & \text{（曲线切线方程）} \\[2mm] y_N=f(x_N) & \text{（曲线方程）} \end{cases} \tag{3-4}$$

则

$$k=\frac{y_N-y_M}{x_N-x_M} \tag{3-5}$$

（3）过点 a 与直线 MN 平行的直线方程为

$$y-y_a=k(x-x_a) \tag{3-6}$$

（4）与曲线方程联立求解点 $b(x_b,y_b)$ 的坐标为

$$\begin{cases} y-y_a=k(x-x_a) \\ y=f(x) \end{cases} \tag{3-7}$$

（5）按以上各步骤依次可求得各节点 c、d……的坐标。

3.2.3 程序结构与格式

数控系统种类繁多,所使用的数控程序语言规则和格式也不尽相同。国际上已建立了两种通用的标准,即国际标准化组织的 ISO 标准和美国电子工业协会的 EIA 标准,我国参照 ISO 标准也制定了 GB/T 8870.1—2012 等标准,不同标准之间有一定差异。由于国内外 FANUC 数控系统应用较多,本章将介绍 FANUC 系统指令代码及数控加工程序的编制方法。当针对具体数控系统编程时,应严格按机床编程手册中的规定进行程序编制。

数控程序的最小单元是字符,包括字母 A～Z、各种符号、数字 0～9 三类。其中:26个字母称为地址码,用作程序功能指令识别的地址;符号主要用于数学运算及规范程序格式;数字可以组成一个十进制数或与字母组成一个代码。

1. 程序结构

现以 FANUC 系统的一个简单数控加工程序为例,说明程序结构（见图 3-10）。

从图 3-10 中的程序可以看出,程序以“％”作为开始和结束的标记,程序主体是由程序号和程序内容构成的,程序内容是由若干个程序段组成的。“％”下面的“O0010”为程序号。程序中的每一行称为程序段。程序开始标记、程序号、程序段、程序结束标记是数控加工程序必须具备的四个要素。本章所编程序均省略了开始和结束的标记,仅给出了程序主体。

（1）程序号　在程序的开头要有程序号,即零件加工程序的编号,以便进行程序检索。FANUC 系统采用英文字母 O 及其后若干位(最多 4 位)十进制数表示,O 为程序号

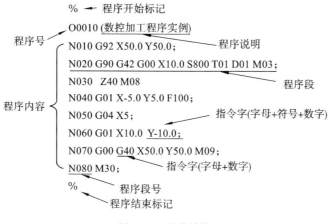

图 3-10 程序结构

地址码,其后数字为程序的编号。不同的数控系统,程序号地址码所用字符可不相同。如 AB8400 系统用 P。

(2)程序段 程序段是整个程序的核心,规定了数控机床要完成的全部动作,每个程序段表示一个完整的加工工步或动作。程序段由程序段号(有些系统可以省略)和若干个指令字组成,以";"(SINUMERIK 系统以"LF")结束;指令字又由字母、符号(或缺)和数字组成。最后一个程序段以指令 M02、M30 或 M99(子程序用)结束程序,以结束零件加工。

2. 程序段格式

目前国内外广泛采用字-地址可变程序段格式,每个指令字前有地址(G、X、F、M 等),其排列顺序没有严格要求,指令字的位数可多可少(但不得大于规定的最大允许位数),不需要的字以及与上一程序段相同的续效字可以不写。该格式的优点是程序简短、直观,以及容易检验、修改。一般的书写顺序按表 3-1 所示从左往右进行书写,建议(但不强制)读者依此顺序编制程序,以提高程序可读性及可维护性。例如:

N160 G01 X32.0 Z-102.0 F100 S800 T0101 M03;

其中:"N160"是程序段号,是用以识别程序段的编号,由程序段地址码 N 和后面的若干位数字来表示;"G01"是准备功能指令;"X32"和"Z-102"为尺寸指令;"F100"为进给功能指令;"S800"为主轴功能指令;"T0101"为刀具功能指令;"M03"为辅助功能指令。

表 3-1 程序段书写顺序格式

1	2	3	4	5	6	7	8	9	10	11
N_	G_	X_ U_ P_ A_ D_	Y_ V_ Q_ B_ E_	Z_ W_ R_ C_	I_J_K_ R_	D_ H_	F_	S_	T_	M_	;(或LF、CR)
程序段号	准备功能字	尺寸字			补偿功能字	进给功能字	主轴功能字	刀具功能字	辅助功能字	结束符号
		指令字								

3. 主程序和子程序

数控加工程序可设计为主程序加子程序的形式。有时被加工零件上有多个形状和尺寸都相同的加工部位,或者要顺次加工几个相同的工件,若按通常的方法编程,则有一定量的连续程序段在几处完全重复出现。为缩短程序、简化编程工作,可将这些重复的程序段单独抽出,按规定的格式编成子程序,并存储在子程序存储器中。调用子程序的程序称为主程序,它与子程序是各自独立的。主程序执行中间可调用子程序,子程序执行完将返回主程序调用位置,并继续执行主程序后续程序。子程序可以被多次重复调用,也可调用其他子程序,即"多层嵌套"调用(一般不宜嵌套过深),从而可以大大简化编程工作。带子程序的程序执行过程如图 3-11 所示。

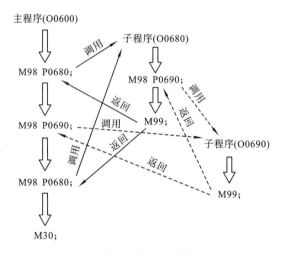

图 3-11　带子程序的程序执行过程

3.3　数控系统的指令

程序段的指令可分为尺寸指令和功能指令。其中:常用的功能指令有准备功能 G 指令和辅助功能 M 指令;另外,还有进给功能 F 指令、主轴转速功能 S 指令、刀具功能 T 指令等。这些功能指令用以描述工艺过程的各种操作和运动。

3.3.1　常用准备功能 G 指令

准备功能 G 指令为准备性工艺指令,由地址码 G 及其后的两位数字组成,从 G00～G99 共 100 种。该指令是在数控系统插补运算之前需要预先规定,为插补运算做准备的工艺指令,从而使机床或数控系统建立起某种加工方式。G 指令通常位于程序段中尺寸字之前。FANUC 系统车削、铣削 G 指令及加工中心 G 指令参见附录 A。本节主要介绍常用的准备功能 G 指令。

数控程序指令可分为模态指令(又称续效指令)和非模态指令(又称非续效指令)两类。模态指令是指在某一段程序中应用后可以一直保持有效状态,直到撤销的指令;非模态指令是单段有效指令,仅在编入的程序段中有效。附录 A 中表 A-1 第二列中数字组号所对应的 G 指令即为模态指令,且同一个数字(如 01)所对应的 G 指令为同一组模态指令;第二列中"♯"对应的 G 指令是非模态指令。如图 3-10 所示,N020 行中 G00 是模态指令,在 N030 行中仍然有效,但在 N040 行中被同一组的 G01 指令所撤销并代替,后续程序段中 G01 继续有效,所以在 N060 行中 G01 可以省略。N020 行中 G90、G42 和 G00 是非同组的模态指令,可以同时出现在一个程序段中,不影响各自指令续效;但同一组的模态指令(如 G00、G01、G02 等)不应出现在一个程序段中,否则只有最后的指令有效。

1. 与运动有关的指令

1) 快速点定位指令(G00)

G00 指令使刀具或工件以点定位控制方式从当前位置,以系统设定的速度快速移动到坐标系的另一点。快速运动到接近定位点时,通过 1～3 级降速来实现精确定位。G00 是模态指令。

程序格式:

$$N\_\ G00\ X\_\ Y\_\ Z\_\ ;$$

其中,X、Y、Z 指定终点坐标。

G00 指令只要求刀具或工件快速移动到位,对刀具或工件的运动轨迹不做严格要求,可以是直线、斜线或折线,具体轨迹一般由制造厂家确定。编程时应注意参考所用机床的说明书,避免刀具与工件等发生干涉碰撞;运动时也不宜进行切削加工(空行程运动),运动速度由机床系统设置的参数确定。G00 指令程序段中不需要指定进给速度 F,如果指定了,对本程序段无效,但可对后续程序段续效。

2) 直线插补指令(G01)

G01 指令用以控制两个坐标轴(或三个坐标轴)以联动的方式,按程序段中规定的进给速度 F,从刀具当前位置插补加工出任意斜率的直线,到达指定位置。G01 是模态指令。

程序格式:

$$N\_\ G01\ X\_\ Y\_\ Z\_\ F\_\ ;$$

其中,X、Y、Z 指定终点坐标,F 指定进给速度。

直线插补加工中,直线的起点是刀具的当前位置,无须指定。G01 指令程序段中必须指定进给速度 F;如果前面程序段已经指定,则本程序段续效。

3) 圆弧插补指令(G02、G03)

圆弧插补指令用以控制两个坐标轴以联动的方式,按程序中规定的进给速度 F,从刀具当前位置插补加工出任意形状的圆弧,到达指定位置。如图 3-12 所示,在刀具当前位置(A)与指定位置(B)间插补加工某一确定半径值的圆弧,共有四种可能的路径,其中 AB 右侧两种路径(1 和 2)为顺时针圆弧(简称顺圆弧),左侧两种路径(3 和 4)为逆时针圆弧(简称逆圆弧)。编程时,顺圆弧用 G02 指令,逆圆弧用 G03 指令。G02 和 G03 都是模态指令。

圆弧顺、逆方向判别方法:如图 3-13 所示,沿垂直于要加工的圆弧所在平面(如 XOY 平面)的坐标轴(如 Z 轴)从正方向往负方向看:刀具相对于工件轮廓顺时针转动就是顺圆弧,用 G02 指令;逆时针转动就是逆圆弧,用 G03 指令。需特别注意的是,用前置刀架卧式车床加工圆弧时,XOZ 坐标系中圆弧的顺逆方向与我们的习惯正好相反。

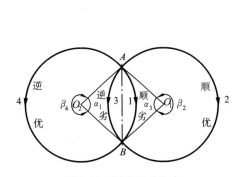

图 3-12 圆弧插补指令

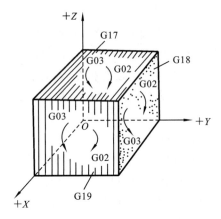

图 3-13 坐标平面选取指令

圆弧插补指令的程序格式有多种,按圆弧指定的方法不同,常用的有两种格式。

(1) 按半径指定法指定圆弧时的程序格式。

如图 3-12 所示,同为 G02 指令的顺圆弧仍有两种可能的路径(1 和 2),加工轨迹不唯一。分析 1 和 2 两路径,发现路径 1 的圆心角 $\alpha_1 \leqslant 180°$,为劣圆弧;而路径 2 的圆心角为 $180° < \beta_2 < 360°$,是优圆弧。逆圆弧情形相似。编程时,可用半径尺寸字 R 带"±"号来区别优、劣圆弧(劣圆弧用正半径值,优圆弧用负半径值),使加工轨迹唯一。

程序格式:

$$\text{N\_} \begin{Bmatrix} \text{G17} \\ \text{G18} \\ \text{G19} \end{Bmatrix} \begin{Bmatrix} \text{G02} \\ \text{G03} \end{Bmatrix} \begin{Bmatrix} \text{X\_Y\_} \\ \text{X\_Z\_} \\ \text{Y\_Z\_} \end{Bmatrix} \text{R\_F\_ ;}$$

其中,G17、G18、G19 指定圆弧所在的平面,G02、G03 指定圆弧顺、逆类型,X、Y、Z 指定终点坐标,R 指定圆弧优、劣类型及其半径值,F 指定进给速度。注意,半径指定法不能用来加工整圆。

(2) 按圆心指定法指定圆弧时的程序格式。

圆心指定法直接指定圆心位置,从而能使顺圆弧或逆圆弧中两种可能的加工轨迹唯一地确定。

程序格式:

$$\text{N\_} \begin{Bmatrix} \text{G17} \\ \text{G18} \\ \text{G19} \end{Bmatrix} \begin{Bmatrix} \text{G02} \\ \text{G03} \end{Bmatrix} \begin{Bmatrix} \text{X\_Y\_} \\ \text{X\_Z\_} \\ \text{Y\_Z\_} \end{Bmatrix} \begin{Bmatrix} \text{I\_J\_} \\ \text{I\_K\_} \\ \text{J\_K\_} \end{Bmatrix} \text{F\_ ;}$$

其中,G17、G18、G19 指定圆弧所在的平面,G02、G03 指定圆弧顺、逆类型,X、Y、Z 指定终点坐标,F 指定进给速度。不管在 G90 或 G91 状态,坐标字 I、J、K 指定的值都为圆弧圆心相对圆弧起点在 X、Y、Z 轴方向上的增量值。I、J、K 为零时可以省略。圆心指定法能用来加工整圆。

4) 暂停指令(G04)

G04 指令可使刀具做短暂的无进给光整加工,经过指令规定的暂停时间后,再继续执行下一程序段。用于车槽、钻镗孔,也可用于拐角轨迹控制。G04 是非模态指令。

程序格式：

$$N\_ \ G04 \ \begin{Bmatrix} X\_ \\ P\_ \end{Bmatrix};$$

如用地址码 X,后面数值带小数点,单位为 s;如用地址码 P,则后面用不带小数点的整数,单位为 ms。如 G04 X5.0 表示暂停 5 s,G04 P1000 表示暂停 1 s。对于有些机床,P后面的数字表示刀具或工件空转的圈数。SINUMERIK 系统暂停时间地址码用 F,也有系统用 U、K 作为地址码。

2. 与尺寸单位和坐标值有关的指令

1) 英制/公制编程指令(G20~G21)

G20 指令为英制编程(单位为英寸),G21 指令为公制编程(单位为 mm),两者为同一组模态指令。机床出厂前一般设定为 G21 状态。在一个程序内,不能同时使用 G20 和 G21 指令,且必须在坐标系确定前指定。G20 和 G21 指令断电前后一致,即断电前使用 G20 或 G21 指令,上电后仍有效,除非重新设定。需特别注意的是,与加工有关的参数(如坐标值、进给速度、螺纹导程、刀具补偿值等)的单位须与编程单位制一致。

2) 绝对尺寸指令与增量尺寸指令(G90~G91)

数控铣床中:G90 表示程序段的坐标字按绝对坐标编程(简称绝对编程);G91 表示程序段的坐标字按增量坐标(相对坐标)编程(简称增量编程)。一般数控系统将初始状态(开机时状态)自动设置为 G90 状态。

例 3-1 如图 3-14 所示,设 AB 段直线已加工完毕,刀具位于点 B,现欲加工 BC 段直线,则加工程序段为

    N0020 G90 G01 X40 Y10 F100;(绝对尺寸指令)

或   N0020 G91 G01 X30 Y-20 F100;(增量尺寸指令)

G90 和 G91 尺寸指令方式在不同程序段间可以切换,但在同一程序段中只能用一种。

数控车床的绝对尺寸和增量尺寸不用 G90、G91 指定,而用 X、Z 表示绝对尺寸,用 U、W 表示增量尺寸。如

    N0020 G01 U40 W-2 F100;

另外,车床可在一个程序段中并用绝对尺寸和增量尺寸,这种编程方式称为混合编程,如

    N0020 G01 X80 W-2 F100;

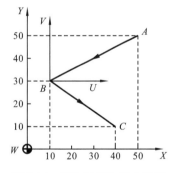

图 3-14 G90 与 G91 指令示例

注意:对于绝对编程,若后一程序段的某一尺寸值与上一程序段相同,可省略不写;对于增量编程,若后一程序段的某一尺寸值为零,可省略不写。

3. 与参考点有关的指令

机床参考点是机床上通过位置传感器确认的绝对位置基准点,是为建立机床坐标系而设定的固定位置点,其位置由各轴向的机械挡块来确定。除机床参考点外,一般数控机床还可用参数设置第二至四参考点,这三个参考点建立在机床参考点(第一参考点)之上,而且是虚拟的。

1) 返回参考点(G28、G30)

G28 指令用于返回机床参考点(等同于手动返回机床参考点),G30 指令用于返回第

二、三或第四参考点。G28 和 G30 是非模态指令。

程序格式：

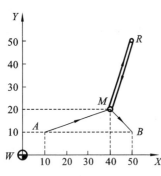

$$N\_ \begin{Bmatrix} G28 \\ G30\ P\_ \end{Bmatrix} X\_\ Y\_\ Z\_;$$

其中，X、Y、Z 为中间点位置坐标(绝对坐标/增量坐标)；P_为 P2、P3 或 P4，指返回第二、三或第四参考点。如程序段"N0060 G30 P3 X40.0 Y20.0;"执行过程如图 3-15 所示，为 $A \to M \to R$，刀具(工作台)将快速定位运动到中间点(M)，然后再从中间点回到第三参考点(R)。这样参考点操作有可能避开某些干涉点。G28/G30 指令中的坐标值将被系统作为中间点存储。

G28 一般用于加工结束后使工件移出加工区，以便卸下加工完毕的零件和装夹待加工的零件；G30 指令一般用在自动换刀时，换刀位置与机床参考点不同的场合。

图 3-15　G30 与 G29 指令示例

使用 G28/G30 指令时，应先取消刀具补偿功能。

2) 从参考点返回(G29)

G29 指令用于使刀具(工作台)从参考点经由中间点快速定位运动到指令位置，该指令必须在 G28/G30 后的程序段中立即给出。

程序格式：

$$N\_\ G29\ X\_\ Y\_\ Z\_;$$

其中，X、Y、Z 指定终点坐标(绝对坐标/增量坐标)，在增量值模式下，指定的是终点相对于中间点的坐标增量。中间点的位置由前面程序段中的 G28 或 G30 指令确定。如图 3-15所示，如有程序段"N0070 G29 X50.0 Y10.0;"，则执行过程为 $R \to M \to B$。

3) 返回参考点检查(G27)

G27 指令用于检查机床是否能准确返回参考点。

程序格式：

$$N\_\ G27\ X\_\ Y\_\ Z\_;$$

其中，X、Y、Z 指定参考点在工件坐标系中的坐标。执行动作是：刀具(工作台)以快速定位方式运动到(X,Y,Z)位置，然后检查该点是否为参考点。如果是，参考点灯点亮；如果不是，则发出一个报警，并中断程序运行。使用 G27 指令时，应先取消刀具补偿功能。

4) 螺纹切削(G32/G33)　G32/G33 指令为模态指令，可用于切削加工等螺距圆柱螺纹、等螺距圆锥螺纹和等螺距端面螺纹。G32 用于车削英制螺纹，G33 用于车削公制螺纹。程序格式：

$$N\_ \begin{Bmatrix} G32 \\ G33 \end{Bmatrix} X(U)\_\ Z(W)\_\ F\_;$$

其中，X(U)、Z(W)指定螺纹终点坐标，F 指定以螺纹导程给出的每转进给率。如果是单线螺纹，F 的值等于螺纹的螺距，单位为 mm/r。如车削圆锥螺纹，如图 3-16 所示：当斜角 $\alpha < 45°$时，螺纹导程以 Z 轴方向的长度来确定；当 $\alpha = 45° \sim 90°$时，以 X 轴方向的长度来确定。

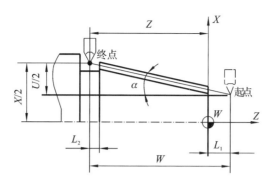

图 3-16　单行程螺纹切削

4. 与坐标系有关的指令

1）机床坐标系选择指令（G53）

G53 指令使刀具（工作台）快速运动到机床坐标系中指定的坐标位置。一般来说，该指令在 G90 模态下执行。G53 是非模态指令。

程序格式：

$$N\_(G90)\ G53\ X\_\ Y\_\ Z\_;$$

其中，X、Y、Z 指定绝对坐标，可使刀具快速定位到机床坐标系中该位置上。

2）工件坐标系选取指令（G54～G59）

G54～G59 指令用来选取工件坐标系。加工前，一般通过对刀将所设工件原点相对于机床原点的偏置值，以 MDI 方式输入原点偏置寄存器；加工中，通过程序指令 G54～G59 来从相应的存储器中读取数值，并按照工件坐标系中的坐标值运动。G54～G59 共六条指令，可设定六个不同的工件坐标系，适用于多种不同零件间隔重复批量生产而程序不变，或者一个工作台上同时加工几个工件时工件坐标系的设定。G54～G59 是模态指令，在机床重开机时仍然存在。

例 3-2　如果预置 1♯工件坐标系偏移量为 X－160.000，Y－380.000；预置 3♯工件坐标系偏移量为 X－350.000，Y－240.000。程序段如表 3-2 所示，则终点在机床坐标系中的坐标值如表中第二栏所示，执行过程如图 3-17 所示。

表 3-2　工件坐标系选取指令实例

程序段内容	终点在机床坐标系中的坐标值	注　释
⋮		
N0120 G90 G54 G00 X30.0 Y100.0;	X-130.0，Y-280.0	选择 1♯坐标系，快速定位
N0130 G01 X-122.0 F100;	X-282.0，Y-280.0	直线插补
N0140 G00 X0 Y0;	X-160.0，Y-380.0	快回 1♯工件坐标系原点
N0150 G53 X0 Y0;	X0，Y0	选择机床坐标系
N0160 G56 X30.0 Y100.0;	X-320.0，Y-140.0	选择 3♯坐标系，快速定位
N0170 G01 X-122.0;	X-472.0，Y-140.0	直线插补，F 为 100（模态）
N0180 G00 X0 Y0;	X-350.0，Y-240.0	快回 3♯工件坐标系原点
⋮		

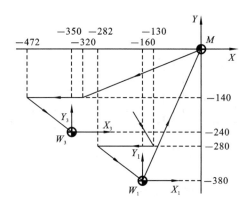

图 3-17 工件坐标系设定执行过程

3）工件坐标系设定指令

G50 和 G92 指令用来设定工件坐标系。车床使用 G50 指令，而铣床使用 G92 指令。G50、G92 是非模态指令，但由该指令建立的工件坐标系却是模态的，在机床重开机时消失。

程序格式：

$$N\_\ (G90)\ \begin{Bmatrix} G50 \\ G92 \end{Bmatrix}\ X\_\ Y\_\ Z\_;$$

机床执行上述程序时并不产生运动，只是设定工件坐标系，使得在这个工件坐标系中，当前刀具所在点的坐标值为 (X, Y, Z)。实际上，该指令也是给出了一个偏移量，此偏移量是所设工件坐标系原点在原来的机床（工件）坐标系中的坐标值，是间接给出的。从 G50/G92 的功能可以看出，这个偏移量也就是刀具在原机床（工件）坐标系中的坐标值与 X、Y、Z 指令值之差。如果多次使用 G50/G92 指令，则每次使用 G50/G92 指令给出的偏移量将会叠加。对于每一个预置的工件坐标系（G54～G59），这个叠加的偏移量都是有效的。

例 3-3 如果预置 1♯工件坐标系偏移量为 X−160.000，Y−160.000；预置 5♯工件坐标系偏移量为 X−350.000，Y−260.000。程序段如表 3-3 所示，则终点在机床坐标系中的坐标值如表中第二栏所示，执行过程如图 3-18 所示。

表 3-3 工件坐标系设定指令实例

程序段内容	终点在机床坐标系中的坐标值	注　释
⋮		
N0220 G90 G54 G00 X0 Y0;	X-160.0, Y-160.0	选择 1♯坐标系，快速定位到工件原点
N0230 G92 X90.0 Y150.0;	X-160.0, Y-160.0	刀具不运动，建立新工件坐标系 1p♯，新坐标系中当前点坐标值为 X90.0 Y150.0
N0240 G00 X0 Y0;	X-250.0, Y-310.0	快速定位到新工件坐标系原点 W_{1p}
N0250 G58 X0 Y0;	X-440.0, Y-410.0	选择 5♯坐标系（实质是 5p♯坐标系，因为前段程序已用 G92 偏移），快速定位到坐标系原点 W_{5p}
N0260 X90.0 Y150.0;	X-350.0, Y-260.0	快速定位到原 5♯坐标系原点 W_5
⋮		

注意:

(1) 用 G50/G92 设置工件坐标系,应特别注意起点和终点必须一致,即程序结束前,应使刀具移到 X、Y、Z 指令字中的坐标点,这样才能保证重复加工不乱刀。

(2) 该指令程序段要求 X、Y、Z 坐标值必须齐全,不可缺少,并且只能使用绝对坐标值,不能使用增量坐标值。

(3) 在一个零件的全部加工程序中,根据需要,可重复设定或改变工件原点。

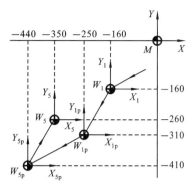

图 3-18   工件坐标系设定执行过程

(4) 虽然 G50/G92 和 G54~G59 都能设定工件坐标系,但 G50/G92 用于通过程序来设定、选用工件坐标系;而 G54~G59 用来调用在加工前就已设定的工件坐标系。

4) 坐标平面选取指令(G17、G18、G19)

坐标平面选取指令是用来选择圆弧插补的平面和刀具半径补偿平面的。对于三坐标运动机床,特别是二轴半机床,常需用这些指令指定机床平行于哪一平面运动。如图 3-13所示,G17、G18、G19 指令分别表示平行于 XOY、XOZ、YOZ 平面进行加工。如果平行于 XOY 平面运动,G17 可以省略;而车床总是平行于 XOZ 平面运动,故无须编写 G18。

3.3.2   辅助功能 M 指令

辅助功能 M 指令由地址码 M 及其后的两位数字组成,是控制机床辅助动作的指令,从 M00~M99 共 100 种。FANUC 数控系统的 M 指令参见附录 A 中表 A-4。

M 指令也有模态指令与非模态指令之分,按其逻辑功能也分成组,如 M03、M04、M05 为同一组。同一组的 M 指令不可在同一程序段中同时出现。非模态指令仅在其出现的程序段中有效。

下面简单介绍常用的 M 指令含义。

(1) M00   程序停止指令。在完成程序段的其他指令后,用以停止主轴转动、进给运动和切削液供给,并停止执行后续程序。如想要在加工中使机床暂停,以进行必需的手动操作(如检验工件、调整、排屑等),可使用 M00 指令。手动操作完成后,按启动键即可继续执行后续程序。

(2) M01   程序选择停止指令。与 M00 相似,所不同的是,只有操作面板上的"选择停"开关处于接通状态时,M01 指令才起作用。常用于关键尺寸的抽样检验或临时暂停。按启动键可继续执行后续程序。

(3) M02 和 M30   程序结束指令。在完成程序段的所有指令后,要使主轴转动、进给运动和切削液供给停止,可采用此指令。一般用在最后一个程序段中,表示加工结束。M02 指令不能使程序执行位置恢复为程序起始位置,而 M30 能使程序执行位置恢复为起始位置。

(4) M03、M04 和 M05   分别为主轴正转、反转和停转指令。所谓主轴正转是指主轴

转向与 C 轴正方向一致,即相对 Z 轴符合右手螺旋定则。如果主轴转向与 C 轴正方向相反,则是反转。一般情况下,主轴停转的同时也进行制动,并关闭切削液开关。M03 和 M04 需与 S 指令一起使用,主轴才能转动。

(5) M06 换刀指令。常用于加工中心刀库换刀前的准备动作,不包括刀具选择,也可以自动关闭切削液开关和使主轴停转。

(6) M07、M08 和 M09 分别为 2 号切削液开关开、1 号切削液开关开和切削液开关关指令。2 号切削液一般是雾状切削液,1 号切削液一般是液状切削液。M09 用来注销 M07 和 M08 指令。

(7) M10 和 M11 用于实现机床滑座、工件、夹具、主轴等运动部件的卡紧和松开。

(8) M19 主轴准停指令。用于指定主轴定向停止在预定角度位置上。

(9) M98 和 M99 分别为子程序调用和子程序结束指令。如图 3-11 所示,子程序以 M99 结束,不能以 M02 或 M30 结束。主程序中调用子程序格式为:

$$N\_\ M98\ P\_;$$

其中,P 指定子程序的编号。

3.3.3 F、S、T 指令

1. F 指令

F 指令为进给速度功能指令,用来指定各运动坐标轴及其任意组合的进给速度或螺纹导程。F 指令是模态指令。根据与之配合使用的 G 指令的不同,采用 F 指令时有以下两种速度表示法。

(1) 每分钟进给量,单位为 mm/min 或(°)/min。

程序格式:

$$N\_ \begin{Bmatrix} G98 \\ G94 \end{Bmatrix} F\_;$$

其中,G98 指令用于车床,G94 指令用于铣床。地址码 F 后跟的数值就是进给速度的大小。直线进给时进给速度的单位为 mm/min,如 G94 F100 表示铣床进给速度为 100 mm/min;回转进给时进给速度的单位为 1°/min,如 G94 F10 表示铣床进给速度为 10°/min。

(2) 每转进给量,单位为 mm/r。

程序格式:

$$N\_ \begin{Bmatrix} G99 \\ G95 \end{Bmatrix} F\_;$$

其中,G99 指令用于车床,G95 指令用于铣床。如 G95 F1.5 表示铣床主轴每转一圈进给 1.5 mm。

G98(G94)与 G99(G95)是同一组模态指令,可以互相取消。G98/G94 为初始化指令。

2. S 指令

主轴转速功能指令,可用来指定主轴的转速(现代机床也多采用直接指定法),由地址码 S 及其后的若干位数字组成。S 指令也是模态指令。根据与之配合使用的 G 指令的不同,采用 S 指令时有两种转速表示法。

（1）恒转速，单位为 r/min。

程序格式：

$$N\_\ G97\ S\_;$$

其中，G97 表示恒转速控制，地址码 S 后跟的数值就是主轴转速，如 G97 S800 表示主轴转速为 800 r/min。

（2）表面恒线速，单位 m/min。

程序格式：

$$N\_\ G96\ S\_;$$

其中，G96 表示表面恒线速控制，地址码 S 后跟的数值就是表面恒切削速度，如 G96 S200 表示表面恒切削速度为 200 m/min。

G96 和 G97 是同一组模态指令，可以互相取消。G97 为初始化指令。

特别指出，进给速度和主轴转速可通过数控机床操作面板上的进给速度倍率开关和主轴转速倍率开关进行调整，倍率开关通常在 0～200% 之间设有众多挡位，实际速度则是编程速度与速度倍率之积。

另外，S 指令还可与用来限定主轴最高转速的 G 指令（车床用 G50，铣床用 G92）配合使用，以限制主轴的最高转速。

程序格式：

$$N\_\ \begin{Bmatrix} G50 \\ G92 \end{Bmatrix} S\_;$$

若后续程序设定转速超过 S 指令限定的主轴最高转速（r/min），则被钳制在最高转速。

3. T 指令

T 指令为刀具功能指令。在有自动换刀功能的数控机床上，该指令用以选择所需的刀具号或刀补号。T 指令由地址码 T 及其后的两位或四位数字组成，由不同系统自行确定和定义。M06 要求机床自动换刀，而所换的刀具号则由 T 指令来指定。例如：T03 M06 表示将当前刀具换为 03 号刀具；T0302 表示选用 03 号刀具和 02 号刀补值；T0300 表示取消 03 号刀具的刀补值。

例 3-4　在数控铣床上加工如图 3-19 所示零件，请用增量编程方式编制数控加工程序（不考虑刀具补偿）。

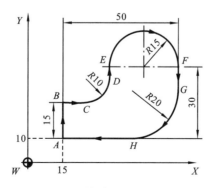

简单编程
综合实例
CIMCO
模拟仿真

图 3-19　简单编程综合实例

解　采用 $\phi 8$ 立式铣刀，以工件原点为起刀点，程序如表 3-4 所示。

表 3-4　简单编程综合实例程序

程　序　段	说　　明
O0020	程序号
N0010 G91 G94 G97 G21 G17;	设定初始化指令
N0020 G92 X0 Y0;	建立工件坐标系
N0030 G00 X15.0 Y10.0 S500 M03 M08;	快进到接近 A
N0040 G01 Y15.0 F100;	直线工进到 B
N0050 X10.0;	直线工进到 C
N0060 G03 X10.0 Y10.0 R10.0 F80;	逆圆弧工进到 D
N0070 G01 Y5.0 F100;	直线工进到 E
N0080 G02 X30.0 R15.0 F80;	逆圆弧工进到 F
N0090 G01 Y-10.0 F100;	直线工进到 G
N0100 G02 X-20.0 Y-20.0 R20.0 F80;	顺圆弧工进到 H
N0110 G01 X-30.0 F100;	直线工进到 A
N0120 G00 X-15.0 Y-10.0 M09 M05;	取消刀偏,回至原点
N0130 M02;	程序结束

3.4　数控车床程序编制

数控车床(CNC lathe)主要用于加工轴类、套类和盘类等回转体零件,可通过程序控制自动完成端面、内/外圆柱面、锥面、圆弧面、螺纹等内容的切削加工,并可进行切槽、切断、钻孔、扩孔、铰孔等加工。

3.4.1　概述

1. 数控车床的分类

1) 卧式数控车床

卧式数控车床(见图 1-8(b))精度高,主轴系统结构先进、转动平稳,具有较高的切削性能。可实现自动控制,能够车削加工多种零件的内/外圆表面、端面、槽、任意锥面、球面,以及公制、英制螺纹,圆锥螺纹等,适合大批量生产。

2) 立式数控车床

立式数控车床(见图 1-8(a))简称为数控立车。其车床主轴垂直于水平面,圆形工作台用来装夹工件。这类机床主要用于加工径向尺寸大、轴向尺寸相对较小的大型复杂零件。

2. 数控车削的编程特点

(1) 被加工零件的径向尺寸图样标注和测量值大多以直径值表示,故一般绝对编程时 X 以直径值表示,增量编程时 U 以径向实际位移量的两倍值表示,并附上方向符号(正向省略)。

(2) 由于车削加工常用棒料作毛坯,加工量较大,为简化编程,数控系统常备有不同形式的固定循环,如内/外圆柱面循环、内/外圆锥面循环、切槽循环、端面切削循环、内/外螺纹加工循环等功能,可进行多次重复循环切削。

3.4.2　数控车床的刀具补偿

数控车床的刀具补偿可分为两类,即刀具位置补偿和刀尖圆弧半径补偿。

1. 刀具位置补偿

刀具位置补偿亦称刀具长度补偿,是刀具几何位置偏移及磨损补偿,可用来补偿不同刀具之间的刀尖位置偏移。

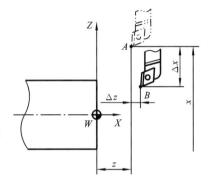

如图 3-20 所示,在编程与实际加工中,一般以其中一把刀具为基准,并以该刀具的刀尖位置 A 为依据来建立工件坐标系。当其他刀具转到加工位置时,由于刀具几何尺寸差异及安装误差,刀尖的位置 B 相对于点 A 就有偏移量 Δx、Δz。这样,原来以对刀点 A 设定的工件坐标系对这些刀具就不适用了。利用刀具位置补偿功能可以对刀具轴向和径向偏移量 Δx、Δz 实行修正,将所有刀具的刀尖位置都移至对刀点 A。每把刀具的偏移值(或称补偿值)事先用手工对刀和测量工件加工尺寸的方法测得,并输入相应的存储器。

图 3-20　刀具位置补偿

此外,由于刀具磨损或重新安装造成刀尖位置有偏移时,只需要修改相应存储器中的位置补偿值,而无须更改程序。

2. 刀尖圆弧半径补偿

为提高刀具强度和降低加工表面粗糙度,车刀刀尖常刃磨成半径较小的圆弧,而编程时,常以刀位点(理想刀尖)来进行,如果直接按零件轮廓编程,在切削圆锥面或圆弧面时,将引起过切或欠切现象,如图 3-21 所示。

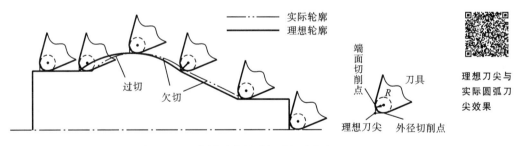

图 3-21　刀尖圆弧半径引起过切或欠切

欲避免过切或欠切,有两种方法:①加工前计算出刀位点运动轨迹,再编程加工。这种方法数学处理量大,在老式数控系统或自动编程中有所应用。②按零件轮廓的坐标数据编程,由系统根据工件轮廓、刀尖半径及刀尖方位自动计算出刀具中心轨迹。现代数控系统都具备刀尖圆弧半径补偿功能,因此这种方法在手工编程中应用广泛。

使用刀尖圆弧半径补偿功能时,按零件的实际轮廓编程,并在控制面板上手工输入刀尖圆弧半径及刀尖方位号,数控装置便能自动地计算出刀尖中心轨迹,并按刀尖中心轨迹运动,如图 3-22 所示。若刀具磨损或刀具重磨后刀具半径变小,只需手工输入改变后的刀具半径,而不需修改已编好的程序。

是否补偿刀尖圆弧半径以及采用何种方式补偿,可使用 G40、G41、G42 设定。如图 3-23
所示,沿垂直于加工平面的第三轴(即法向轴,如图 3-23 中 Y 轴)的反方向看去,再沿刀具运
动方向看:若刀具偏在工件轮廓左侧,就是刀尖圆弧半径左补偿,用 G41 指令;若刀具偏在工
件轮廓右侧,就是刀尖圆弧半径右补偿,用 G42 指令。G41、G42 都用 G40 指令取消。

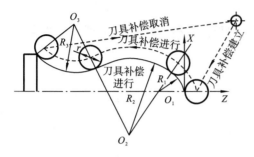
　　　　图 3-22　刀尖圆弧半径补偿

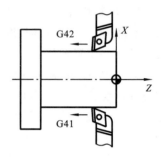
图 3-23　刀尖圆弧半径补偿指令判断

程序格式:

$$N\_ \begin{Bmatrix} G41 \\ G42 \\ G40 \end{Bmatrix} \begin{Bmatrix} G00 \\ G01 \end{Bmatrix} X(U)\_\ Z(W)\_\ ;$$

刀尖圆弧半径补偿执行过程如图 3-22 所示,有以下三步。

(1) 刀具补偿建立　刀尖圆弧中心从与编程轨迹重合过渡到与编程轨迹偏离一个刀
具半径值。

(2) 刀具补偿进行　执行有 G41、G42 指令的程序段后,刀尖圆弧中心始终与编程轨
迹相距一个刀具半径值的偏置量。

(3) 刀具补偿取消　刀具离开工件,刀尖圆弧中心轨迹又过渡到与编程轨迹重合的
过程。

3. 刀具补偿值的设定

如前文所述:刀具位置补偿用以补偿不同刀具之间的刀尖位置偏移,包括 X 向和 Z
向偏移;刀尖圆弧半径补偿用以补偿由于刀尖圆弧半径及刀尖位置方向所造成的加工误
差。刀尖圆弧半径补偿量用 R 表示,刀尖方位号用 T 表示,如图 3-24 所示。加工工件前,
可用操作面板上的功能键 OFFSET 分别设定、修改每把刀具对应的刀具补偿号中的 X、
Z、R、T 参数,如图 3-25 所示。

4. 刀具补偿功能的实现

刀具补偿功能(刀具位置补偿和刀尖圆弧半径补偿)是由程序中指定的 T 代码和刀
尖圆弧半径补偿代码共同实现的。

T 指令用于刀具补偿时由四位数字组成,其中前两位数字为刀具号,后两位数字为刀
具补偿号。如 T0103 表示调用 1 号刀具,选用 3 号刀具补偿。刀具补偿号实际上是刀具
补偿寄存器的地址号,可以是 00～32 中任意一个数;刀具补偿号为 00 时,表示不进行补
偿或取消刀具补偿。如图 3-25 所示,对应于每个刀具补偿号,都有 X、Z、R、T 参数。补偿
寄存器中预置的刀具位置和刀尖圆弧半径,包括基本尺寸和磨损尺寸两分量,控制器处理
这些分量,计算并得到最后尺寸(总和长度、总和半径)。在激活补偿寄存器时这些最终尺
寸生效,即补偿是按总和长度及总和半径进行的。

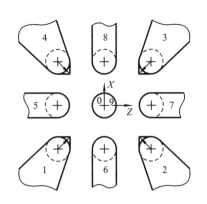

工件补正/现状			O0010	N0200
番号	X	Z	R	T
C01	−225.005	−105.966	000.500	03
C02	−219.255	−103.326	002.500	08
C03	−217.305	−102.165	001.060	01
C04	−210.306	−106.008	003.100	07
C05	−206.011	−100.561	002.050	02
C06	−218.321	−103.208	002.000	08
C07	−217.361	−102.207	001.405	04
C08	−221.062	−100.560	003.500	05

现在位置(相对坐标)

　　　　　　　U　0.000　　　　W　0.000

ADRS　MX　25.300　　　　　　　S 0　　　T

JOG　****　***　***

[磨耗]　[现状]　[SETTING]　[坐标系]　[(操作)]

图 3-24　采用后置刀架时假定刀尖方位号　　　　　图 3-25　刀具偏置与刀具方位界面

刀具补偿的实现过程是:假如某个程序段中的 T 指令为 T0102,则数控系统自动按 02 号存储器中的刀具补偿值修正 01 号刀具的位置偏移和进行刀尖圆弧半径的补偿,并根据程序段中的 G41/G42 指令来确定刀尖圆弧半径补偿的方向是左偏置还是右偏置。

3.4.3　简化编程功能指令

为简化数控车床编程,数控系统针对数控加工常见动作过程,按规定的动作顺序,以子程序形式设计了指令集,用 G 代码直接调用,分别对应不同的加工循环动作。

1. 单一固定循环

1) 外径/内径车削固定循环(G90)

外径/内径车削固定循环指令 G90(三菱系统用 G77,华中系统用 G80)是模态指令。该循环指令可实现圆锥面车削循环和圆柱面车削循环功能,用于零件的内、外圆锥面和内、外圆柱面的车削加工。

程序格式:

N_G90 X(U)_ Z(W)_ I_ F_;(内、外圆锥面)

N_G90 X(U)_ Z(W)_ F_;(内、外圆柱面)

外圆锥面车削固定循环走刀路线如图 3-26(a)所示,为梯形循环,刀具从循环起点先沿 X 轴快速进刀,再沿圆锥面进给切削,后沿 X 轴工进退刀,最后沿 Z 轴快速返回循环起点。图中虚线表示快速移动,实线表示按 F 指定的进给速度移动;X、Z 指定圆柱面切削终点(图中点 E)坐标值,U、W 指定圆柱面切削终点相对于循环起点的增量值;I 指定圆锥面车削始点与车削终点的半径差,起点坐标大于终点坐标时,I 值为正,反之为负。外圆柱面车削循环走刀路线如图 3-26(b)所示,为矩形循环,可认为是外圆锥面车削循环的特例(I 值为 0)。内圆锥面/圆柱面车削循环走刀路线及编程与外圆锥面/圆柱面相似。

2) 端面车削固定循环(G94)

端面车削固定循环指令 G94(三菱系统用 G79,华中系统用 G81)也是模态指令。该循环指令可实现锥形端面车削固定循环和垂直端面车削固定循环功能。

程序格式:

N_G94 X(U)_ Z(W)_ K_ F_;(锥形端面)

N_G94 X(U)_ Z(W)_ F_;(垂直端面)

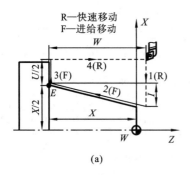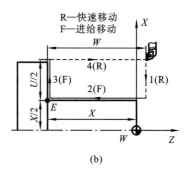

(a)　　　　　　　　　　(b)

图 3-26　外径车削固定循环

其中 X(U)、Z(W)、F 的含义同 G90 指令。

端面车削固定循环走刀路线如图 3-27 所示,与 G90 类似,为梯形或矩形循环,刀具从循环起点先沿 Z 轴快速进刀,再沿 X 轴(或锥端面)进给切削,后沿 Z 轴工进退刀,最后沿 X 轴快速返回循环起点。图 3-27 中,K 为端面车削始点与端面车削终点在 Z 方向的坐标增量,起点坐标大于终点坐标时,K 为正,反之为负。垂直端面车削固定循环是锥形端面车削固定循环的特例($K=0$)。

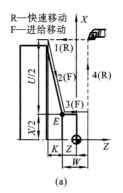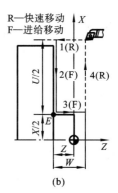

(a)　　　　　　　　　　(b)

图 3-27　端面车削固定循环

2. 复合固定循环

车削加工相邻轴段直径相差较大的阶梯轴时,由于加工余量较大,往往需要多次切削,且每次加工的轨迹相差不大。利用复合固定循环功能,只要编出精加工走刀路线(最终走刀路线),依程序格式设定粗车时每次的背吃刀量、精车余量、进给量等参数,系统就会自动计算出粗加工走刀路线,控制机床自动重复切削直到完成工件全部加工为止,这样可大大简化编程。

1) 外径/内径粗车复合循环(G71)

G71 指令适用于采用圆柱毛坯料时粗车外径和采用圆筒毛坯料时粗车内径,特别是在加工余量较大的情况下。

程序格式:

N_ G71 U(Δd) R(e);

N_ G71 P(ns) Q(nf) U(Δu) W(Δw) F_ S_ T_;

其中地址码的含义见表 3-5。G71 粗车外径加工走刀路线如图 3-28 所示,C 是粗加工循环的起点,A 是毛坯外径与端面轮廓的交点。走刀路线为 C→D→E→F→G→…→H→

$I \rightarrow A$，按图中箭头所示方向进刀和退刀；每次 X 轴上的进给量为 Δd，从切削表面沿 45° 退刀的距离为 e，Δw 和 $\Delta u/2$ 分别为轴向和径向精车余量。图中直线 AB、AA' 与粗加工最后沿轮廓面运动轨迹 HI 间包容的区域即为粗加工 G71 循环切削内容；粗加工之后的精加工(G70)走刀路线为 $A \rightarrow A' \rightarrow B$。

表 3-5　车削固定循环程序段中地址码的含义

地　址	含　义
ns	指定精加工程序第一个程序段的段号
nf	指定精加工程序最后一个程序段的段号
Δi	粗车时，径向(X 轴方向)切除的余量(半径值)
Δk	粗车时，轴向(Z 轴方向)切除的余量
Δu	径向(X 轴方向)的精车余量(直径值)
Δw	轴向(Z 轴方向)的精车余量
Δd	每次车削深度(外径和端面粗车循环)或粗车循环次数(固定形状粗车循环)
e	退刀量

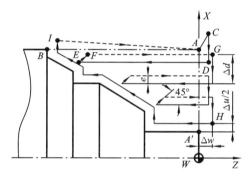

外径（内径）粗车复合循环走刀路线

图 3-28　外径粗车复合循环

2) 端面粗车复合循环(G72)

G72 指令适用于棒料毛坯端面的粗车，特别是在加工余量较大的情况下。

程序格式：

N_ G72 W(Δd) R(e)；

N_ G72 P(ns) Q(nf) U(Δu) W(Δw) F_ S_ T_；

端面粗车复合循环走刀路线

其中地址码含义如表 3-5 所示。G72 与 G71 指令类似，不同之处在于刀具是按径向进行车削循环的。如图 3-29 所示，走刀路线为：$C \rightarrow D \rightarrow E \rightarrow F \rightarrow G \rightarrow \cdots \rightarrow H \rightarrow I \rightarrow A$。粗加工之后的精加工(G70)走刀路线为：$A \rightarrow A' \rightarrow B$。

3) 固定形状粗车复合循环(G73)

G73 指令适用于毛坯轮廓形状与零件轮廓形状基本接近时的粗车。

程序格式：

N_ G73 U(Δi) W(Δk) R(d)；

N_ G73 P(ns) Q(nf) U(Δu) W(Δw) F_ S_ T_；

固定形状粗车复合循环走刀路线

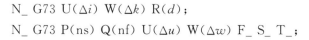

其中地址码含义如表 3-5 所示。如图 3-30 所示,走刀路线为:$C \rightarrow D \rightarrow E \rightarrow F \rightarrow \cdots \rightarrow G \rightarrow H \rightarrow A$。粗加工之后的精加工(G70)走刀路线为:$A \rightarrow A' \rightarrow B$。

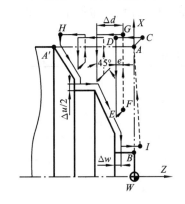

图 3-29　端面粗车复合循环

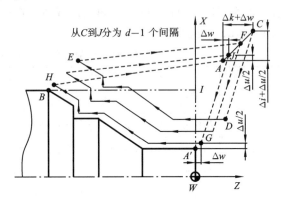

图 3-30　固定形状粗车循环

4) 精车循环(G70)

G70 精车循环指令用于在粗车复合循环(G71、G72 或 G73)后进行精车。

程序格式:

$$N\_\ G70\ P(ns)\ Q(nf)\,;$$

其中地址码含义如表 3-5 所示。必须先使用 G71、G72 或 G73 指令后,才可使用 G70 指令。在精车循环期间,刀尖圆弧半径补偿功能有效。

特别注意:在粗车复合循环状态下,优先按 G71、G72、G73 指令中的 F、S、T 值加工,若 G71、G72、G73 中不指定 F、S、T 值,则在 G71 程序段前所给定的 F、S、T 值有效;在精车循环状态下,优先按 ns~nf 程序段中的 F、S、T 值加工,若 ns~nf 程序段中未指定 F、S、T 值,则默认采用粗加工时的 F、S、T 值。

3. 螺纹加工循环指令

1) 简单螺纹切削单一循环(G92)

简单螺纹切削单一循环指令 G92(三菱系统用 G78,华中系统用 G82)是模态指令,所指定的切削方式为直进式。

程序格式:

$$N\_\ G92\ X(U)\_\ Z(W)\_\ I\_\ F\_\,;(圆锥螺纹)$$

$$N\_\ G92\ X(U)\_\ Z(W)\_\ F\_\,;(圆柱螺纹)$$

其中,X(U)、Z(W)指定螺纹终点坐标,F 指定以螺纹导程给出的每转进给率,如果是单线螺纹,则为螺纹的螺距(单位为 mm/r),I 指定锥螺纹切削起点与切削终点半径的差值。I 值正负判断方法与 G90 中相同。对于圆柱螺纹,I 值为 0,故可以省略 I。螺纹车削到接近螺尾处,以接近 45° 退刀,退刀部分长度 r 可以通过机床参数控制在(0.1~12.7)L(L 为螺纹导程)之间。刀具从循环起点,按图 3-31 与图 3-32 所示走刀路线,从循环起点 A 开始,按 $A \rightarrow B \rightarrow C \rightarrow D \rightarrow A$ 进行自动循环,最后返回到循环起点。图中虚线表示快速移动,实线表示按 F 指定的进给速度移动。

2) 螺纹切削复合循环(G76)

G76 为螺纹切削复合循环指令,其较 G32/G33、G92 指令用法简单,在程序中只需指

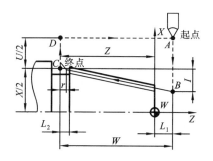

图 3-31　简单圆柱螺纹切削循环

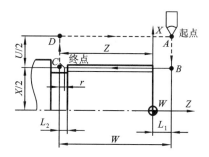

图 3-32　简单圆锥螺纹切削循环

定一次有关参数,则螺纹加工过程即可自动进行。螺纹切削复合循环采用斜进式切削方式,一般适用于大螺距低精度螺纹的加工。

程序格式:

$$N\_\ G76\ P(m)(r)(\alpha)\ Q(\Delta d_{min})\ R(d);$$

$$N\_\ G76\ X(U)\_\ Z(W)\_\ R(i)\ P(k)\ Q(\Delta d)\ F(L);$$

其中:m 表示精车重复次数($1 \sim 99$);r 表示螺纹尾端倒角值,在($0.1 \sim 9.9$) L 之间,以 $0.1\ L$ 为一单位(即为 0.1 的整数倍),用 $00 \sim 99$ 两位数字指定,其中 L 为螺纹导程;α 表示刀尖角度,从 $80°$、$60°$、$55°$、$30°$、$29°$、$0°$ 六个角度中选择;Δd_{min} 表示最小切削深度(半径值);d 表示精加工余量(半径值);Δd 表示第一刀粗切深度(半径值);U、W 指定螺纹根部终点的坐标值;i 表示锥螺纹的半径差,$i=0$ 则为直螺纹;k 表示螺纹高度(半径值)。P、Q 不支持小数点输入。指令执行过程如图 3-33 所示。

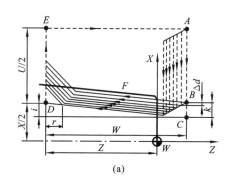

(a)

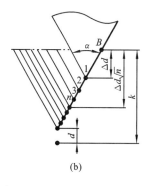

(b)

图 3-33　螺纹切削复合循环

3.4.4　数控车床编程实例

数控车床实例 CIMCO 模拟仿真

例 3-5　在 FANUC Series Oi Mate-TC 系统数控车床上加工如图 3-34 所示轴类零件,毛坯为 45 钢棒料,试编制数控加工程序。

解　(1)加工工艺分析。

查 GB/T 702—2017,毛坯采用直径 $D=42$ mm 的热轧圆钢。采用工序集中方法一次装夹加工,毛坯长度定为 121 mm,其中右端面留 1 mm 加工余量,左端留 30 mm 用于装夹及保证车床安全距离。轴类零件需按其(毛坯)长度 L 确定装夹方法,对于 $L/D<4$ 的短轴类零件,采用液压卡盘装夹一端来进行车削加工;对于 $4 \leqslant L/D<10$ 的长轴类零件,

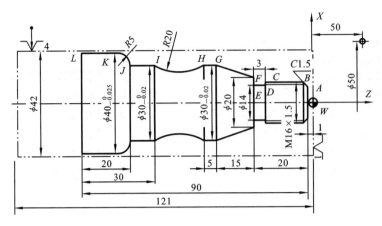

图 3-34　数控车床编程实例

在工件的一端用卡盘夹持,在尾端用活顶尖顶紧工件安装。本零件 $L/D=2.88$,故采用液压卡盘装夹一端来进行车削加工。

根据先粗后精和先主后次的原则确定工艺方案和走刀路线:车右端面→粗车外廓→精车外廓→切退刀槽→车 M16 螺纹→切断。其中精车外廓详细走刀路线为:倒角→车螺纹外径圆柱面→车 $\phi20$ 右端面→车圆锥面→车 $\phi30$ 圆柱面→车 $R20$ 圆弧面→车 $\phi30$ 圆柱面→车 $R5$ 圆弧面→车 $\phi40$ 圆柱面。

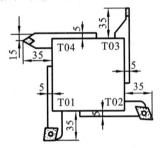

图 3-35　刀具布置图

(2)选择刀具及确定切削参数。

共选用四把刀具,均采用硬质合金涂层机夹刀片。刀具布置如图 3-35 所示。各刀具切削参数应根据工件、机床等因素查阅相关手册确定,也可由经验确定。本例各刀具切削参数确定如表 3-6 所示。

表 3-6　切削参数表

刀具号	刀 具 名 称	主 轴 转 速	进 给 速 度
T01	外圆左偏粗车刀	800 r/min 或 100 m/min	0.15 mm/r 或 120 mm/min
T02	外圆左偏精车刀	1 000 r/min	0.08 mm/r 或 157 mm/min
T03	切槽刀,刃宽 3 mm	60 m/min	0.05 mm/r
T04	螺纹车刀	400 r/min	1.5 mm/r

(3)数学处理。

建立工件坐标系如图 3-34 所示,工件原点设在毛坯右端面与轴线交点处。起刀点、换刀点设在(50,50)处。

①计算零件各基点位置坐标值:$A(13.0,-1.0)$;$B(16.0,-2.5)$;$C(16.0,-18.0)$;$D(14.0,-18.0)$;$E(14.0,-21.0)$;$F(20.0,-21.0)$;$G(29.99,-36.0)$;$H(29.99,-41.0)$;$I(29.99,-61.0)$;$J(29.99,-71.0)$;$K(39.988,-76.0)$;$L(39.988,-91.0)$。

②确定螺纹结构尺寸。查阅 GB/T 196—2003,确认 M16×1.5 螺纹大径为 16 mm、小径为 14.376 mm。也可通过近似公式来计算。

（4）编制数控车削加工程序（见表 3-7）。

表 3-7　数控车床编程实例

程　　序	说　　明
O0030	程序号
N0010 G90 G97 G21 G40；	设定初始化指令
N0020 G50 X50.0 Z50.0 T0101；	设定工件坐标系
N0030 G00 X50.0 Z10.0 S800 M04；	选 01 号刀具和 01 号刀具补偿值，预启动
N0040 G50 S1800；	限制主轴最高转速
N0050 G96 S100；	设定粗车时主轴采用 100 m/min 的恒线速度
N0060 G98 F120；	设定进给速度为 120 mm/min
N0070 G41 G00 X45.0 Z2.0 M08；	刀尖圆弧半径左补偿
N0080 G94 X-0.5 Z-1.0 F120；	车工件左端面循环，F120 可以省略
N0090 G40 G00 X50.0 Z2.0；	取消刀具补偿
N0100 G42 G99 G00 X45.0 Z0.0；	刀具半径右补偿，快进至粗车循环起始点
N0110 G71 U2.0 R0.5；	G71 外径粗车复合循环
N0120 G71 P0120 Q0220 U0.5 W0.25 F0.15；	
N0130 G00 X11.0；	开始定义精车轨迹，Z 轴不移动
N0140 G97 G01 X16 Z-2.5 F0.08 S1000；	倒角 C1.5，工进到点 B
N0150 Z-21.0；	车螺纹 φ16 mm 外圆
N0160 U4.0；	工进到点 F
N0170 U9.99 W-15.0；	工进到点 G
N0180 W-5.0；	工进到点 H
N0190 G02 X29.99 Z-61.0 R20.0；	工进到点 I
N0200 G01 W-10.0；	工进到点 J
N0210 G03 U9.998 W-5.0 I0.0 K-5.0；	工进到点 K
N0220 G01 Z-92.0；	工进到点 L
N0230 G01 U3.0；	径向退刀，完成精车程序段
N0240 G00 G40 X50.0 Z50.0 T0100 M05 M09；	快速返回换刀点，取消刀具补偿
N0250 X60.0 T0202 M04；	选用 02 号刀具和 02 号刀具补偿值
N0260 G42 G00 Z0.0 M08；	快进至循环起点，刀具半径右补偿
N0270 G70 P0120 Q0220；	精车循环
N0280 G00 G40 X100.0 Z100.0 T0200 M05 M09；	快速返回换刀点，取消刀具补偿
N0290 G96 S60；	设定以 60 m/min 的恒线速度切槽
N0300 G99 G00 X25.0 T0303 M04；	选用 03 号刀具和 03 号刀具补偿值
N0310 G42 Z-21.0 M08；	快进至切槽起点，刀具半径右补偿
N0320 G01 X12.0 F0.05；	切槽

续表

程　序	说　明
N0330 G01 X22.0 F0.2;	退刀
N0340 G00 G40 X50.0 Z50.0 T0300 M05 M09;	快速返回换刀点,取消刀具补偿
N0350 G97 S400;	设定主轴采用 400 r/min 的恒转速
N0360 X20.0 T0404 M04;	选用 04 号刀具和 04 号刀具补偿值
N0370 G42 G00 Z2.0 M08;	快进至螺纹循环起点,刀具半径右补偿
N0380 G92 X15.2 Z-19.5 F1.5;	螺纹切削第一次循环,切深为 0.4 mm
N0390 X14.6;	螺纹切削第二次循环,切深为 0.3 mm
N0400 X14.376;	螺纹切削第三次循环,切深为 0.112 mm
N0410 G00 G40 X50.0 Z50.0 T0400 M05 M09;	快速返回换刀点,取消刀具补偿
N0420 G96 S60;	设定以 60 m/min 的恒线速度切槽
N0430 G00 X45.0 T0303 M04;	选用 03 号刀具和 03 号刀具补偿值
N0440 G42 Z-94.0 M08;	快进至切断起点,刀具半径右补偿
N0450 G01 X-0.5 F0.05;	切断
N0460 G00 G40 X50.0 Z50.0 T0300 M05 M09;	快速返回起刀点,取消刀具补偿
N0470 M30;	程序结束

3.5 数控铣床程序编制

数控铣床(CNC milling machine)具有多坐标联动功能,可以加工具有各种平面轮廓和曲面轮廓的零件,如凸轮、模具、叶片、螺旋桨等;此外,数控铣床也可进行钻孔、扩孔、铰孔、攻螺纹、镗孔等加工。

3.5.1 概述

1. 数控铣床的分类

数控铣床种类很多,按控制坐标的联动数可分为二轴半、三轴、三轴半、四轴、五轴等联动数控铣床;按机床主轴可分为立式和卧式数控铣床。

2. 数控铣削的编程特点

(1) 数控铣床上没有刀库和自动换刀装置,如需换刀,则由人工手动进行。

(2) 数控铣床常具有多种特殊插补功能,如圆柱插补、螺旋线插补等,一般还可采用极坐标、镜像、比例缩放编程指令等,可通过两个或更多个坐标轴联动,加工任意平面轮廓及复杂的空间曲面轮廓;另外,数控铣床常备有多种固定循环功能,如孔加工固定循环指令。编程时要充分合理地选用这些功能,以提高加工精度和效率。

3.5.2 数控铣床的刀具补偿

数控铣床的刀具补偿可分为两类,即刀具长度偏置(或称刀具长度补偿)和刀具半径补偿。

1. **刀具长度偏置指令(G43、G44、G49)**

在数控铣床或加工中心上,刀具长度偏置指令一般用于刀具轴向(Z向)的补偿,它可使刀具在Z向上的实际位移量比程序给定值增加或减少一个偏置量,则当刀具长度尺寸发生变化时,可以在不改变程序的情况下,通过改变偏置量,加工出所要求的零件尺寸。应用刀具长度偏置指令,编程时,不必考虑刀具的实际长度及各刀具不同的长度尺寸,加工前用MDI方式将各刀具的长度偏置值(实际刀具长度与编程时设置的刀具长度之差)输入数控系统相应刀具长度偏置值存储器中,加工时系统通过指定偏置号(H指令)选择刀具长度偏置值存储器,即可正确加工。当由于刀具磨损、更换刀具等原因,刀具长度尺寸发生变化时,只需修正刀具长度偏置量即可,而不必调整程序或刀具。

程序格式:

$$N\_ \begin{Bmatrix} G43 \\ G44 \end{Bmatrix} Z\_ H\_ ;$$

其中,G43表示正偏置,即将Z坐标尺寸字与H指令中长度偏置的量相加,按其结果进行Z轴运动,如3-36所示。G44表示负偏置,即将Z坐标尺寸与H中长度偏置的量相减,按其结果进行Z轴运动。G49表示取消刀具长度偏置,用来撤销G43和G44指令。有的数控系统用G40指令取消刀具长度偏置;也可用H00取消。

刀具长度偏置值存储器中存入的刀具长度偏置值可正可负,图3-36所示为正值情况;若为负值,则G43、G44指令使刀具向图示对应的反方向移动一个刀具长度偏置值,执行结果正好与图示情况相反。

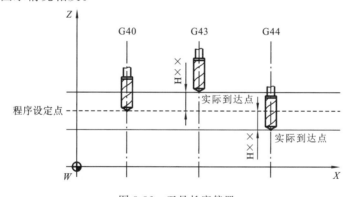

图3-36　刀具长度偏置

2. **刀具半径补偿指令(G41、G42、G40)**

(1)**刀具半径补偿概念**　实际的铣刀或钻头等都是有半径的,加工平面内零件轮廓时,刀位点不能简单地沿零件轮廓曲线运动,否则,将使工件尺寸缩小(或放大)一个刀具半径值。刀位点的运动轨迹即走刀路线应该与零件轮廓曲线有一个刀具半径值大小的偏移量,如图3-37所示。刀具半径补偿功能就是要求数控系统能根据工件轮廓和刀具半径自动计算出刀具中心轨迹,在加工曲线轮廓时,只按被加工工件的轮廓曲线编程,同时在程序中给出刀具半径的补偿指令,就可加工出具有轮廓曲线的零件,使编程工作大为简化。

(2)**刀具半径补偿指令**　应用刀具半径补偿指令,按工件轮廓曲线编程,加工前,用MDI方式将各刀具的半径补偿值输入数控系统相应刀具半径补偿值存储器;加工时,系统通过指定补偿号(D指令)选择刀具半径补偿值存储器,即可正确加工(见图3-38)。

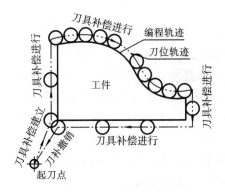

图 3-37　刀具半径补偿

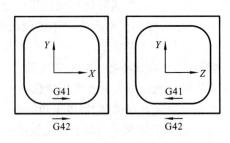

图 3-38　G41 和 G42 的方向判定

程序格式：

$$N\_ \begin{Bmatrix} G41 \\ G42 \end{Bmatrix} D\_;$$

其中，G41 表示刀具半径左补偿，G42 表示刀具半径右补偿。沿垂直于加工平面的第三轴的正方向看去，再沿刀具运动方向看，若刀具偏在工件轮廓的左侧，即是刀具半径左补偿，用 G41 指令；若刀具偏在工件轮廓的右侧，则是刀具半径右补偿，用 G42 指令。G40 为取消刀补，用来撤销 G41 和 G42 指令。G41、G42、G40 为同一组的模态指令；D 也为模态指令。

（3）刀具半径补偿过程　如图 3-37 所示，刀具半径补偿一般也有三步：刀具补偿建立、刀具补偿进行、刀具补偿撤销。

借助于刀具半径补偿功能，除了可免去刀具中心轨迹的人工计算外，还可以利用同一加工程序去适应不同的情况，如：进行粗、精加工余量补偿；刀具磨损后，重输刀具半径，以补偿磨损量；进行凹、凸模具的加工等。

3.5.3　简化编程功能指令

在铣削过程中，常常遇到加工结构相似或对称的情况，还有些加工动作顺序是固定的。为简化编程，数控系统一般提供简化编程功能指令，如图形变换功能指令、孔加工固定循环指令等。灵活应用这些指令，将极大地提高编程效率和正确率。

1. 图形变换功能指令

1）比例缩放功能指令(G51、G50)

G51 指令可使原编程尺寸按指定比例缩小或放大，也可将图形按指定规律进行镜像变换。G50 为比例缩放取消指令，用来撤销 G51 指令。G51、G50 为同一组模态指令。

（1）各轴以相同比例缩小与放大。

程序格式：

$$N\_ G51 \ X\_ Y\_ Z\_ P\_;（比例缩放指令）$$
$$\vdots \qquad\qquad （比例缩放编程）$$
$$N\_ G50; \qquad （取消比例缩放）$$

其中：X、Y、Z 指定比例缩放中心坐标值，若省略，则默认为刀具当前位置；P 指定缩放比例，最小输入增量为 0.001，范围为 0.001～999.999。

（2）各轴以不同比例缩小与放大。

程序格式：

$$N\_ \ G51 \ X\_ \ Y\_ \ Z\_ \ I\_ \ J\_ \ K\_; （比例缩放指令）$$
$$\vdots \qquad\qquad （比例缩放编程）$$
$$N\_ \ G50; \qquad\qquad （取消比例缩放）$$

其中：X、Y、Z 为比例缩放中心坐标值，若省略，则默认为刀具当前位置；I、J、K 分别指定与 X、Y、Z 轴对应的缩放比例，在 ±0.001～±9.999 范围内，且指定值不能带小数点（如比例为 1.000 时应输入 1000），I、J、K 指定负比例时为镜像加工。

注意：利用 G51 指令可将其后程序段中的图形按指定的比例缩放加工，但对偏移量无影响，即对刀具补偿值没有影响。

2）坐标旋转功能指令（G68、G69）

G68 指令可使图形按指定中心及方向旋转一定的角度。G69 为坐标旋转功能取消指令，用来撤销 G68 指令。G68、G69 为同一组模态指令。

程序格式：

$$N\_ \begin{Bmatrix} G17 \\ G18 \\ G19 \end{Bmatrix} G68\_ \begin{Bmatrix} X\_ \ Y\_ \\ X\_ \ Z\_ \\ Y\_ \ Z\_ \end{Bmatrix} R\_; \quad （坐标旋转指令）$$
$$\vdots \qquad\qquad （坐标旋转编程）$$
$$N\_ \ G69; \qquad\qquad （取消坐标旋转）$$

其中：X、Y、Z（任意两个，由平面选择指令 G17、G18 或 G19 确定）指定旋转中心坐标值，若 X、Y、Z 省略，则默认旋转中心为刀具当前位置；R 指定旋转角度（最小输入增量为 0.001°），其值范围为 −360.000°～360.000°，正值表示逆时针旋转，负值表示顺时针旋转。

例 3-6 如图 3-39 所示，平面上有四个三角形凸台，高为 5 mm，请编制加工这四个凸台的数控加工程序。

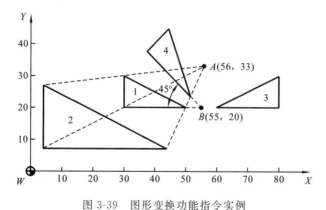

图 3-39 图形变换功能指令实例

解 设刀具起刀点为（0,0,10），主程序及子程序如表 3-8 所示。

表 3-8 图形变换功能指令实例程序

主 程 序	说 明
O0040	程序号
N0010 G90 G94 G97 G21 G40 G49；	设定初始化指令

续表

主 程 序	说 明
N0020 G92 X0 Y0 Z10;	建立工件坐标系
N0030 M98 P0050;	调用子程序,加工图形1
N0040 G51 X56.0 Y33.0 P2;	比例缩放
N0050 M98 P0050;	调用子程序,加工图形2
N0060 G51 X55.0 Y20.0 I-1000 J1000;	镜像加工
N0070 M98 P0050;	调用子程序,加工图形3
N0080 G50;	取消比例缩放
N0090 G17 G68 X55.0 Y20.0 R-45.000;	坐标旋转
N0100 M98 P0050;	调用子程序,加工图形4
N0110 G69;	取消坐标旋转
N0120 M30;	程序结束

子 程 序	说 明
O0050	
N0010 G41 G00 X30.0 Y20.0 D01 S1000 M03 M08;	快进,准备加工
N0020 G43 G01 Z-5.0 H01 F100;	下刀
N0030 Y30.0;	加工轮廓
N0040 X50.0 Y20.0;	
N0050 X30.0;	
N0060 G49 Z10.0;	抬刀
N0070 G40 G00 X0.0 Y0.0 M05 M09;	快速退回至起刀点
N0080 M99;	子程序结束

2. 孔加工固定循环指令

数控铣床、镗铣加工中心和车削中心一般都具备孔加工固定循环功能,包括钻孔、镗孔和攻螺纹等,使用一个程序段即可完成一个孔的全部加工动作。继续加工孔时,如果孔加工的动作无须变更,则程序中所有模态数据可以不给出,因而可大大简化程序,减少编程工作量。

1) 孔加工固定循环概念

孔加工固定循环都是由多个简单动作组合而成的。如图 3-40 所示,一个固定循环一般由以下六个动作顺序组成。

动作1:快速定位于初始点 B(在 X、Y 平面内)。

动作2:快速移动到加工表面上方参考点 R。

动作3:孔加工。

动作4:孔底动作,包括暂停、主轴准停、刀

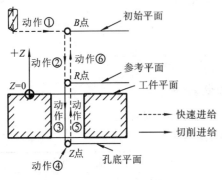

图 3-40　钻孔固定循环

具偏移等。

动作5:退回到参考点 R。

动作6:快速返回初始点 B。

在孔加工中有三个作用平面。

(1)初始平面　初始点 B 所在的与 Z 轴垂直的平面,称为初始平面。初始平面是为了安全操作而设定的一个平面。初始平面到工件表面的距离可以任意设定为一个安全高度。当使用同一把刀具加工若干个孔时,只有孔间存在障碍需要跳跃或全部加工完成时,才使刀具返回到初始平面上的初始点。

(2)参考平面　参考点 R 所在的与 Z 轴垂直的平面,称为参考平面,它是下刀时刀具自快进转为工进的高度平面,与工件表面的距离主要考虑工件表面尺寸的变化来确定,一般可取 2~5 mm。

(3)孔底平面　孔底点 Z 所在的与 Z 轴垂直的平面,称为孔底平面。加工盲孔时,孔底平面就是孔底部的 Z 轴高度;加工通孔时,一般刀具要伸出工件底面一段距离,主要保证在整个孔深上孔径都加工到尺寸;钻孔时还要考虑到钻尖对孔深的影响。

加工孔时可在 XOY、XOZ 或 YOZ 平面内定位,选择加工平面的指令有 G17、G18 和 G19,对应的孔轴线分别为 Z 轴、Y 轴和 X 轴。立式数控铣床加工孔时,加工平面仅能为 XOY,孔加工轴线为 Z 轴。下面主要讨论立式数控铣床孔加工固定循环指令。常用固定循环指令及其功能和动作如表 3-9 所示。

表 3-9　孔加工固定循环指令

G 指令	孔加工动作 ($-Z$ 方向)	孔 底 动 作	Z 轴返回动作 ($+Z$ 方向)	应 用
G73	间歇进给	—	快速移动	高速深孔往复排屑钻
G74	切削进给	暂停→主轴正转	快速移动	攻左旋螺纹
G76	切削进给	主轴准停→刀具偏移	快速移动	精镗孔
G80	—	—	—	取消孔加工固定循环
G81	切削进给	—	快速移动	钻孔
G82	切削进给	暂停	快速移动	钻孔、锪孔、镗孔
G83	间歇进给	—	快速移动	深孔往复排屑钻
G84	切削进给	暂停→主轴反转	切削进给	攻右旋螺纹
G85	切削进给	—	切削进给	镗孔
G86	切削进给	主轴停止	快速移动	镗孔
G87	切削进给	主轴准停→刀具偏移	快速移动	反镗孔
G88	切削进给	暂停→主轴停止	手动/快速	镗孔
G89	切削进给	暂停	切削进给	精镗阶梯孔

2)孔加工固定循环程序格式

根据不同的循环方式,固定循环的程序格式也不相同,具体内容应根据循环动作的要求予以定义。常用的固定循环程序格式为

$$N\_ \begin{Bmatrix} G90 \\ G91 \end{Bmatrix} \begin{Bmatrix} G98 \\ G99 \end{Bmatrix} \begin{Bmatrix} G73 \\ \vdots \\ G89 \end{Bmatrix} X\_ Y\_ Z\_ R\_ Q\_ P\_ F\_ K\_;$$

其中:G98 表示加工完成后返回初始点 B,G99 表示加工完成后返回参考平面(没有快速返回初始点动作),如图 3-41 所示;孔加工方式由固定循环指令 G73、G74、G76 和 G81~G89 中的任一个指定;X、Y 指定孔的位置坐标;Z 指定孔底坐标值(在 G90 模态下是绝对坐标值,在 G91 模态下是孔底相对参考平面的增量坐标值);R 指定参考面的 Z 坐标值(在 G90 模态下是绝对坐标值,在 G91 模态下是 R 平面相对 B 平面的增量坐标值);Q 指定每次切削深度(G73 或 G83),或规定孔底刀具偏移量(G76 或 G87);P 指定刀具在孔底的暂停时间,用整数表示,单位为 ms;F 指定切削进给速度;K 指定重复加工次数,为非续效代码,在 G90 模态下,可对原来的孔重复加工,在 G91 模态下,可依次加工出分布均匀的若干个孔,如仅加工一次,可省略 K1。

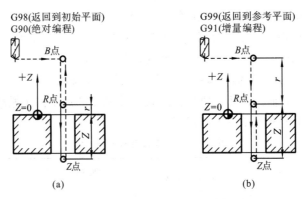

图 3-41　孔加工程序指令字意义

注意:G73、G74、G76 和 G81~G89 是模态指令,孔加工数据也是模态值;G80、G00、G01、G02、G03 等代码可以取消孔加工固定循环,除 F 代码指定数据外,全部钻削数据均被清除;使用固定循环指令前应使主轴回转;刀具长度补偿指令在刀具至点 R 时生效。

3)孔加工固定循环指令

(1)钻孔固定循环(G81)　G81 指令可用于一般的通孔加工,循环过程如图 3-42 所示。

程序格式:

$$N\_ \begin{Bmatrix} G90 \\ G91 \end{Bmatrix} \begin{Bmatrix} G98 \\ G99 \end{Bmatrix} G81\ X\_ Y\_ Z\_ R\_ F\_ K\_;$$

(2)带暂停的钻孔固定循环(G82)　该指令与 G81 指令的不同之处仅在于,采用该指令,刀具到达孔底位置时,会暂停一段时间再退刀。暂停能产生精切效果,因而该指令适合钻盲孔、锪孔、镗阶梯孔等。循环过程如图 3-43 所示。

程序格式:

$$N\_ \begin{Bmatrix} G90 \\ G91 \end{Bmatrix} \begin{Bmatrix} G98 \\ G99 \end{Bmatrix} G82\ X\_ Y\_ Z\_ R\_ P\_ F\_ K\_;$$

(3)深孔往复排屑钻固定循环(G83)　G83 指令用于深孔钻削,循环过程如图 3-44 所示。每次切至指定深度(Q 值)时,刀具都快速退回至 R 平面,然后快进到前次的切削终点上方,改为进给切削。Z 轴方向的间断进给有利于深孔加工过程中的断屑与排屑。

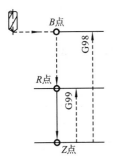
图 3-42　定点钻孔固定循环

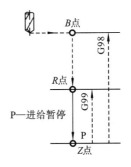
图 3-43　带暂停的钻孔固定循环

程序格式：

$$N\_ \begin{Bmatrix} G90 \\ G91 \end{Bmatrix} \begin{Bmatrix} G98 \\ G99 \end{Bmatrix} G83\ X\_\ Y\_\ Z\_\ R\_\ Q\_\ F\_\ K\_;$$

其中，Q 指定每次切削深度，是增量值且为正值，由程序给定。

末次切削深度为前面几次进刀后的剩余量，小于或等于 Q 值。图 3-44 中 d 为刀具每次由快进转为切削进给的那一点至前次切削终点的距离，由系统设定。

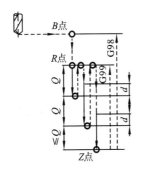
图 3-44　深孔往复排屑钻固定循环

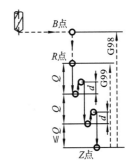
图 3-45　高速深孔往复排屑钻固定循环

（4）高速深孔往复排屑钻固定循环（G73）　G73 指令与 G83 指令相似，所不同的是，G73 循环中，每次切削深度达到 Q 值后，不是退回到 R 平面，而是退回一段由系统设定的距离 d，循环过程如图 3-45 所示。G73 循环退刀距离较 G83 循环时短，故其加工速度更快，但排屑效果稍差。

程序格式：

$$N\_ \begin{Bmatrix} G90 \\ G91 \end{Bmatrix} \begin{Bmatrix} G98 \\ G99 \end{Bmatrix} G73\ X\_\ Y\_\ Z\_\ R\_\ Q\_\ F\_\ K\_;$$

（5）攻螺纹固定循环（G84、G74）　G84 指令用于攻右旋螺纹。循环过程如图 3-46 所示，向下攻螺纹时主轴正转，在孔底暂停后变正转为反转，再退出。G74 指令用于攻左旋螺纹。循环过程如图 3-47 所示，与 G84 指令相似，只是主轴转向与前者正好相反。

程序格式：

$$N\_ \begin{Bmatrix} G90 \\ G91 \end{Bmatrix} \begin{Bmatrix} G98 \\ G99 \end{Bmatrix} \begin{Bmatrix} G84 \\ G74 \end{Bmatrix} X\_\ Y\_\ Z\_\ R\_\ P\_\ F\_\ K\_;$$

其中，P 指定螺纹导程。在切削螺纹期间速率修正无效，运动不会中途停顿，直到循环结束。

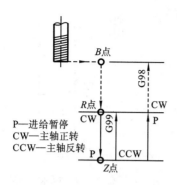

图 3-46　攻右旋螺纹固定循环

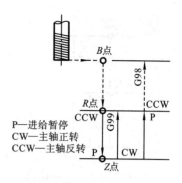

图 3-47　攻左旋螺纹固定循环

（6）镗孔固定循环（G85、G86）　G85、G86 指令用于镗孔循环。G85 镗孔循环过程如图3-48所示：主轴连续回转，镗刀以切削速度加工到孔底，然后又以同样的速度返回 R 平面（G99 模态下）或快回到 B 平面（G98 模态下）。G86 镗孔循环过程如图 3-49 所示。G86 镗孔循环与 G85 镗孔循环的区别在于，在 G86 镗孔循环过程中，加工到孔底时主轴会先停转，然后刀具才快速返回 R 平面或 B 平面，最后主轴再恢复转动。

程序格式：

$$N\_ \begin{Bmatrix} G90 \\ G91 \end{Bmatrix} \begin{Bmatrix} G98 \\ G99 \end{Bmatrix} \begin{Bmatrix} G85 \\ G86 \end{Bmatrix} X\_ Y\_ Z\_ R\_ F\_ K\_;$$

（7）精镗孔固定循环（G76）　G76 指令用于精镗孔循环。精镗孔循环过程如图 3-50 所示：刀具快速定位到点 B →快进到点 R →加工到孔底→进给暂停、主轴准停、刀具沿刀尖反方向偏移 Q →快速退刀到 R 平面或初始平面→主轴正转。这样可保证退刀时不划伤工件已加工表面。

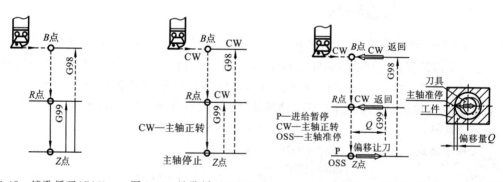

图 3-48　镗孔循环（G85）　　图 3-49　镗孔循环（G86）　　　图 3-50　精镗孔循环

程序格式：

$$N\_ \begin{Bmatrix} G90 \\ G91 \end{Bmatrix} \begin{Bmatrix} G98 \\ G99 \end{Bmatrix} G76\ X\_ Y\_ Z\_ R\_ Q\_ P\_ F\_ K\_;$$

其中，Q 指定刀具在孔底的偏移量。

（8）反镗孔循环（G87）　G87 指令用于反镗孔循环。反镗孔示意图如图 3-51（a）所示，反镗孔循环过程如图 3-51（b）所示：主轴正转，快速定位到点 B →主轴准停，刀具沿刀尖反方向偏移 Q →快进到孔底（点 R）→刀具沿刀尖正方向偏移 Q →主轴正转，沿 Z 轴正

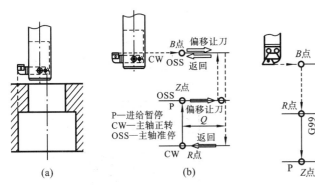

图3-51　反镗孔
(a)反镗孔示意图;(b)反镗孔循环

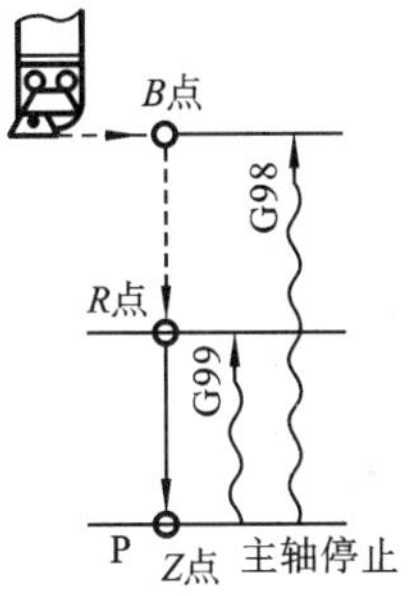

图 3-52　带手动的镗孔
固定循环

图 3-53　带暂停的精镗孔
固定循环

方向工进至点 Z→主轴准停→刀具沿刀尖反方向偏移 Q→快退到 B 平面→刀具沿刀尖正方向偏移 Q,主轴正转。

程序格式:

$$N\_\begin{Bmatrix} G90 \\ G91 \end{Bmatrix} G98\ G87\ X\_\ Y\_\ Z\_\ R\_\ Q\_\ P\_\ F\_\ K\_;$$

其中,Q 指定刀具的偏移量。该指令只能用在 G98 模态下,即刀具只能返回初始平面。

(9) 带手动的镗孔固定循环(G88)　G88 指令用于带手动的镗孔循环。带手动的镗孔循环过程如图3-52所示:刀具加工到孔底后,在孔底暂停,主轴停转,系统进入进给保持状态。此时,可用手动方式把刀具从孔中完全退出,然后转换为自动方式,按下循环启动键,刀具即快速返回 R 平面或 B 平面,主轴正转。

程序格式:

$$N\_\begin{Bmatrix} G90 \\ G91 \end{Bmatrix}\begin{Bmatrix} G98 \\ G99 \end{Bmatrix} G88\ X\_\ Y\_\ Z\_\ R\_\ P\_\ F\_\ K\_;$$

(10) 带暂停的镗孔固定循环(G89)　G89 指令用于带暂停的精镗孔循环。带暂停的精镗孔循环过程如图 3-53 所示。G89 镗孔循环与 G85 镗孔循环相似,二者的区别仅在于 G89 镗孔循环过程中镗刀在孔底时会暂停,以提高孔底精度。

程序格式:

$$N\_\begin{Bmatrix} G90 \\ G91 \end{Bmatrix}\begin{Bmatrix} G98 \\ G99 \end{Bmatrix} G89\ X\_\ Y\_\ Z\_\ R\_\ P\_\ F\_\ K\_;$$

(11) 取消孔加工固定循环(G80)　G80 指令用于取消孔加工固定循环,使机床回到执行正常操作状态。孔的加工数据,包括点 R、点 Z 的坐标等都被取消,但移动速率续效。除 G80 指令外,还可用 G00、G01、G02、G03 等指令取消孔加工固定循环。

3.5.4　数控铣床编程实例

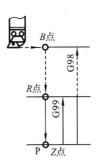

数控铣床实例 CIMCO 仿真

例 3-7　图 3-54 所示为盖类零件,其材料为 45 钢,上表面及 $\phi14$ mm、$\phi10$ mm 两孔已加工到尺寸,凸台周边轮廓完成了粗加工,留 2 mm 精加工余量。现利用 FANUC Series 0i Mate-MC 系统数控铣床精加工凸台周边轮廓,并钻削全部 $\phi8$ mm 孔,请编制数控加工程序。

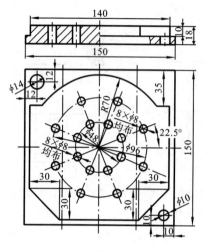

图 3-54　盖类零件图

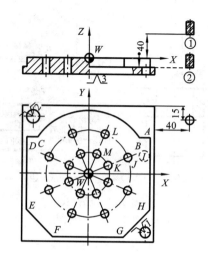

图 3-55　数学处理用图

解　(1)加工工艺分析。

如图 3-55 所示,由于粗加工中已钻出 $\phi14$ mm、$\phi10$ mm 两孔,在精加工中可以用一面两销方式定位,采用压板在工件四角从上往下压紧。建立工件坐标系如图 3-55 所示,起刀点、换刀点设在(115,60,40)处。

分两道工序进行加工。第一道工序精铣凸台周边轮廓。走刀路线为:起刀点①→下刀点②→精铣轮廓(沿 $A \to B \to C \to D \to E \to F \to G \to H \to A$)→抬刀→返回起刀点。第二道工序钻削两组 $\phi8$ mm 孔。这里可利用定点钻孔循环指令(G81)、坐标旋转功能指令(G68)和比例缩放功能指令(G51)的镜像功能进行简化编程。

(2)选择刀具及确定切削参数。

共选用两把刀具,精铣轮廓用 $\phi10$ mm 立铣刀,钻孔用 $\phi8$ mm 麻花钻。由于数控铣床没有自动换刀功能,加工过程中须操作人员手工换刀。各刀具切削参数应根据工件、机床等因素查阅相关手册确定,也可由经验确定。本例中各刀具切削参数如表 3-10 所示。

表 3-10　切削参数表

刀具号	刀具名称	主轴转速/(r/min)	进给速度/(mm/min)
T01	$\phi10$ mm 立铣刀	550	40
T02	$\phi8$ mm 麻花钻	250	20

(3)数学处理。

计算零件各基点在 XWY 平面内位置坐标值:$A(70.0,40.0)$;$B(57.446,40.0)$;$C(-57.446,40.0)$;$D(-70.0,40.0)$;$E(-70.0,-40.0)$;$F(-40.0,-70.0)$;$G(40.0,-70.0)$;$H(70.0,-40.0)$;$I(66.519,27.533)$;$J(44.346,18.369)$;$K(22.173,9.184)$。

(4)编制数控铣削加工程序。由于两道工序间需要手工换刀,每道工序可编制一个(主)程序。精铣凸台周边轮廓程序如表 3-11 所示;钻削两组 $\phi8$ mm 孔程序如表 3-12 所示。

表 3-11　精铣凸台周边轮廓程序

程　　序	说　　明
O0060	程序号(自动运行前,手工安装好 ϕ10 mm 立铣刀)
N0010 G90 G94 G97 G21 G40 G49;	设定初始化指令
N0020 G92 X115.0 Y60.0 Z40.0;	设定工件坐标系
N0030 G43 G00 Z-10.0 H01 S550 M03;	绝对编程,刀具长度偏置,下刀
N0040 G42 X90.0 Y40.0 D01 M08;	刀具半径右补偿,快进至接近工件
N0050 G01 X57.446 F40;	切线方向从点 A 切入,切削进给至点 B
N0060 G03 X-57.446 Y40.0 R70.0;	逆圆弧切削进给至点 C
N0070 G01 X-70.0 Y40.0;	切削进给至点 D
N0080 G91　　　　Y-80.0;	改为增量编程,切削进给至点 E
N0090 　　　X30.0　Y-30.0;	切削进给至点 F
N0100 　　　X80.0;	切削进给至点 G
N0110 　　　X30.0　Y30.0;	切削进给至点 H
N0120 　　　　　　Y85.0;	切削进给至点 A,并沿切线方向切出
N0130 G90 G49 G00 Z40.0 M09;	改为绝对编程,抬刀,取消刀具长度偏置
N0140 G40 X115.0 Y60.0 M05;	返回起刀点,取消刀具半径补偿
N0150 M30;	程序结束

表 3-12　钻削两组 ϕ8 mm 孔程序

主　程　序	说　　明
O0070	程序号(自动运行前,手工安装好 ϕ8 mm 麻花钻)
N0010 G90 G94 G97 G21 G40 G49 G80;	设定初始化指令
N0020 G92 X115.0 Y60.0 Z40.0;	设定工件坐标系
N0030 M98 P0071;	调用子程序 0071,钻第一象限四个孔
N0040 G51 X0.0 Y0.0 I-1000 J1000;	关于 Y 轴进行镜像加工
N0050 M98 P0071;	调用子程序 0071,钻第二象限四个孔
N0060 G51 X0.0 Y0.0 I-1000 J-1000;	关于工件原点进行镜像加工
N0070 M98 P0071;	调用子程序 0071,钻第三象限四个孔
N0080 G51 X0.0 Y0.0 I1000 J-1000;	关于 X 轴进行镜像加工

续表

主　程　序	说　明
N0090 M98 P0071;	调用子程序 0071,钻第四象限四个孔
N0100 G50;	取消比例缩放(镜像)
N0110 G00 X115.0 Y60.0 Z40.0;	返回起刀点
N0120 M30;	程序结束

一级子程序	说　明
O0071	程序号(钻削第一象限四个孔程序)
N0010 G90 G43 G00 Z30.0 H02;	绝对编程,刀具长度偏置,下刀至 B 平面
N0020 M98 P0072;	调用子程序 0072,钻点 J 和 K 处孔
N0030 G00 Z30.0;	刀具返回 B 平面
N0040 G17 G68 X0.0 Y0.0 R45.000;	坐标旋转 45°
N0050 M98 P0072;	调用子程序 0072,钻点 L 和 M 处孔
N0060 G69;	取消坐标旋转
N0070 G49;	取消刀具长度偏置
N0080 M99;	子程序结束

二级子程序	说　明
O0072	程序号(钻削点 J 和 K 处孔)
N0010 G90 G00 X66.519 Y27.533 S250 M03 M08;	在 XWY 平面内定位,准备重复钻孔固定循环
N0020 G91 G99 G81 X-22.173 Y-9.184 Z-23.0 R-27.0 F20 K2;	重复钻孔固定循环,钻点 J 和 K 处孔
N0030 G80;	取消孔加工固定循环
N0040 G90 M09 M05;	恢复绝对编程
N0050 M99;	子程序结束

3.6　加工中心程序编制

　　加工中心(machining center)是从数控铣床发展而来的,但具有数控铣床所不具备的刀库和自动换刀装置(ATC),因而,加工中心具有数控镗、铣、钻床的综合功能,可实现钻孔、铣、镗、铰、攻螺纹、切槽等多种加工功能。立式加工中心主轴(Z 轴)是竖直的,适合于加工盖板类零件及各种模具;卧式加工中心主轴(Z 轴)是水平的,主要用于箱体类零件的加工。

3.6.1 概述

1. 加工中心的结构

加工中心有各种类型,虽然结构各异,但总体上都由基础部件、主轴部件、数控系统、自动换刀系统和辅助装置等几大部分组成。

2. 加工中心的编程特点

(1) 加工中心具有刀库和自动换刀装置,可在一个工序中多次换刀,实现工序集中,能完成精度要求较高的铣、钻、镗、扩、铰、攻螺纹等复合加工,具有较高的加工精度、生产效率和质量稳定性。

(2) 加工中心虽然可以自动换刀,但在批量小、刀具种类不多时,宜手动换刀,以减少机床调整时间;一般加工批量大于 10 件、刀具更换频繁时才采用自动换刀方式。自动换刀要留出足够的换刀空间,注意避免发生撞刀事故。

(3) 加工中心编程时,对于不同工艺内容应编制不同的子程序,可选用不同的工件坐标系,主程序主要完成换刀及子程序的调用。这样便于各工序程序的独立调试,也便于调整加工顺序。除换刀程序外,加工中心的编程方法与数控铣床基本相同,编程时也要灵活利用其特殊插补功能和固定循环功能。

3.6.2 加工中心的自动换刀

加工中心的自动换刀功能包括选刀和换刀两部分内容。选刀是把刀库上被指定的刀具自动转到换刀位置,为下次换刀做准备,是通过选刀指令 T ×× 来实现的;换刀是把刀库上位于换刀位置的刀具与主轴上的刀具进行自动交换,是由换刀指令 M06 来实现的。通常选刀和换刀可分开进行,不同的加工中心,其选刀和换刀过程是不完全一样的。

数控加工
中心换刀

为节省时间,可在切削过程中选用下一把即将采用的刀具,即在换刀之前的某个程序段就进行选刀。控制机构接到选刀 T 指令后,进行自动选刀,被选中的刀具处于刀库最下方。

多数加工中心都规定了换刀点(定距换刀),一般立式加工中心规定换刀点位于机床 Z 轴零点(参考点)。主轴移到换刀点位置,控制机构接到换刀 M06 指令后,机械手才能执行换刀动作。

因此,可设计换刀程序如表 3-13 所示。

表 3-13 换刀程序

换刀程序	说 明
⋮	T01 刀具加工内容
N0120…T02;	T01 刀具切削加工时,选下一把将用刀具 T02
⋮	仍为 T01 刀具加工内容
N0190 G28 Z_ M05;	Z 轴返回参考点(换刀点),主轴停转
N0200 G28 X_ Y_;	X、Y 轴返回参考点,扩大换刀空间,以避免撞刀

续表

换 刀 程 序	说　明
N0210 M06;	将刀库中刀具 T02 与主轴中刀具 T01 交换
N0220 G43 G29 X_ Y_ Z_ H_ M03 T03;	刀具长度偏置,从参考点返回 T02 加工起始点,主轴启动,选用下一把刀具 T03
⋮	T02 刀具加工内容

总之,换刀动作必须在主轴停转条件下进行;换刀完毕启动主轴后,方可执行后续程序段的加工动作。换刀 M06 指令必须安排在用"新刀具"进行加工的程序段之前,而下一个选刀指令 T×× 常紧接着安排在这次换刀指令之后,以保证有足够时间选刀,而不占用加工时间。另外,换刀前还要取消刀具补偿。

3.6.3　加工中心编程实例

例 3-8　图 3-56 所示为板类零件,材料为 45 钢。现利用 FANUC Series Oi Mate-MC 系统立式加工中心,对其中 8 个螺纹孔进行钻、倒角和攻螺纹等加工,请编制数控加工程序。

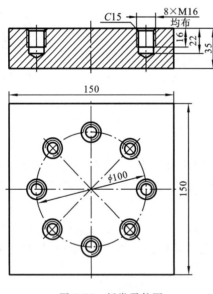

图 3-56　板类零件图

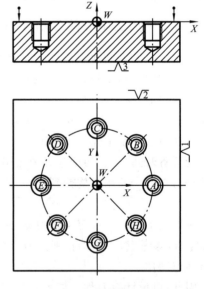

图 3-57　数学处理用图

解　(1)加工工艺分析。

如图 3-57 所示,可采用底面和两侧面进行定位,采用压板在工件四角从上往下压紧。由于零件简单,仅建立一个工件坐标系,如图 3-57 所示。

加工顺序为:钻中心孔→钻底孔→倒角→攻螺纹。因此,可以把各工序分别编制成子程序,在主程序中调用加工。每一工序中各孔的加工顺序为:A→B→C→D→E→F→G→H。

(2)选择刀具及确定切削参数。

每一工序选用一把刀具,共需四把刀具,加工过程中自动换刀。各刀具及切削参数应根据工件、机床等因素查阅相关手册确定,也可由经验确定。本例各刀具及切削参数确定如表 3-14 所示。

表 3-14　刀具及切削参数表

刀具号	刀 具 名 称	主轴转速/(r/min)	进 给 速 度
T01	中心钻	2 000	10 mm/min
T02	ϕ14 麻花钻	1 000	10 mm/min
T03	倒角钻头	2 000	20 mm/min
T04	M16 丝锥	200	2 r/min

（3）数学处理。

计算零件各基点在 XOY 平面内位置坐标值: $A(50.0,0.0)$; $B(35.355,35.355)$; $C(0.0,50.0)$; $D(-35.355,35.355)$; $E(-50.0,0.0)$; $F(-35.355,-35.355)$; $G(0.0,-50.0)$; $H(35.355,-35.355)$。底孔深 22 mm, 计算后得麻花钻刀位点应到达 -25.926 mm。

（4）编制数控加工程序。

采用主程序和子程序结构, 主程序主要完成换刀及子程序的调用, 子程序完成具体工艺内容。加工程序如表 3-15 所示。

表 3-15　加工中心编程实例程序

主　程　序	说　　　　明
O0080	程序号
N0010 G94 G97 G21 G40 G49 G80;	设定初始化指令
N0020 G54 G91 G28 Z0.0 T01;	选择工件坐标系, Z 轴返回参考点, 选中心钻 T01
N0030　　G91 G28 X0.0 Y0.0;	X、Y 轴返回参考点, 以避免撞刀
N0040 M06;	换中心钻 T01
N0050 G90 G43 G29 X0.0 Y0.0 Z40.0 H01 S2000 M03 M08 T02;	从参考点返回, T01 长度偏置, 启动主轴, 打开切削液开关, 选麻花钻 T02
N0060 M98 P0081;	调钻中心孔子程序 0081
N0070 G49;	取消刀具长度偏置
N0080 G91 G28 Z0.0 M05 M09;	Z 轴返回参考点, 主轴停转
N0090 G91 G28 X0.0 Y0.0;	X、Y 轴返回参考点, 以避免撞刀
N0100 M06;	换 ϕ14 mm 麻花钻 T02
N0110 G90 G43 G29 X0.0 Y0.0 Z40.0 H02 S1000 M03 M08 T03;	从参考点返回, T02 长度偏置, 启动主轴, 打开切削液开关, 选倒角钻 T03
N0120 M98 P0082;	调钻孔子程序 0082
N0130 G49;	取消刀具长度偏置
N0140 G91 G28 Z0.0 M05 M09;	Z 轴返回参考点, 主轴停转
N0150 G91 G28 X0.0 Y0.0;	X、Y 轴返回参考点, 以避免撞刀

续表

主　程　序	说　明
N0160 M06；	换倒角钻头 T03
N0170 G90 G43 G29 X0.0 Y0.0 Z40.0 H03 S2000 M03 M08 T04；	从参考点返回，T03 长度偏置，启动主轴，打开切削液开关，选丝锥 T04
N0180 M98 P0083；	调倒角子程序 0083
N0190 G49；	取消刀具长度偏置
N0200 G91 G28 Z0.0 M05 M09；	Z 轴返回参考点，主轴停转
N0210 G91 G28 X0.0 Y0.0；	X、Y 轴返回参考点，以避免撞刀
N0220 M06；	换 M16 丝锥 T04
N0230 G90 G43 G29 X0.0 Y0.0 Z40.0 H04 S200 M03 M08；	从参考点返回，T04 长度偏置，启动主轴，打开切削液开关
N0240 M98 P0084；	调攻螺纹子程序 0084
N0250 G49；	取消刀具长度偏置
N0260 G91 G28 Z0.0 M05 M09；	Z 轴返回参考点，主轴停转
N0270 G91 G28 X0.0 Y0.0；	X、Y 轴返回参考点，以便卸下工件
N0280 M30；	程序结束
钻中心孔子程序	说　明
O0081	程序号
N0010 G99 G81 X50.0 Y0.0 Z-2.0 R3.0 F10；	中心孔 A 钻孔循环
N0020 M98 P0085；	调孔位置二级子程序 0085，继续钻孔 B～H
N0030 G80；	取消孔加工固定循环
N0040 M99；	子程序结束
钻孔子程序	说　明
O0082	程序号
N0010 G99 G73 X50.0 Y0.0 Z-25.926 R3.0 Q5.0 F10；	孔 A 钻孔循环
N0020 M98 P0085；	调孔位置二级子程序 0085，继续钻孔 B～H
N0030 G80；	取消孔加工固定循环
N0040 M99；	子程序结束
倒角子程序	说　明
O0083	程序号
N0010 G99 G82 X50.0 Y0.0 Z-2.0 R3.0 P1500 F20；	孔 A 倒角循环
N0020 M98 P0085；	调孔位置二级子程序 0085，继续倒角孔 B～H

续表

倒角子程序	说　明
N0030 G80;	取消孔加工固定循环
N0040 M99;	子程序结束

攻螺纹子程序	说　明
O0084	程序号
N0010 G99 G84 X50.0 Y0.0 Z-16.0 R3.0 P1000 F2;	孔 A 攻螺纹循环
N0020 M98 P0085;	调孔位置二级子程序 0085,继续攻螺纹孔 B~H
N0030 G80;	取消孔加工固定循环
N0040 M99;	子程序结束

孔位置二级子程序	说　明
O0085	程序号
N0010 X35.355.0 Y35.355;	孔 B 位置
N0020 X0.0 Y50.0;	孔 C 位置
N0030 X-35.355 Y35.355;	孔 D 位置
N0040 X-50.0 Y0.0;	孔 E 位置
N0050 X-35.355 Y-35.355;	孔 F 位置
N0060 X0.0 Y-50.0;	孔 G 位置
N0070 X35.355 Y-35.355;	孔 H 位置
N0080 M99;	子程序结束

3.7 自动编程

数控编程的方法一般有手工编程、自动编程和 CAD/CAM 编程三大类。对于简单零件可以根据图样手工直接编程,但对于复杂的、具有三维曲线和曲面零件加工程序的编制,则需要大量复杂的计算工作,而且在许多情况下用手工编程是不可能完成编程工作的,因此计算机自动编程方法应运而生。随着计算机技术的发展,早期有 APT 自动编程方法面世,经过不断发展,现在已出现了多种成熟的 CAD/CAM 自动编程系统。本节主要介绍 APT 自动编程,CAD/CAM 编程将在第 9 章进行介绍。

APT 自动编程就是用专用的语言和符号来描述零件图样上的几何形状及刀具相对零件运动的轨迹、加工顺序和其他工艺参数。所编程序称为零件源程序。APT 自动编程过程主要分为以下四个阶段。

第一阶段是编写零件源程序。编写源程序就是用指定的数控语言描述工件的形状尺寸、刀具与工件的相对运动、切削用量、切削液开关的打开与关闭及其他工艺参数等。数控编程语言比数控代码更接近自然语言,所以编写零件源程序比直接编写数控加工程序简单,零件源程序的可读性也更好一些。这一阶段可以由人工完成,也可由计算机辅助完成。

第二阶段是编译阶段。编译阶段即语言处理阶段。即按源程序的顺序,一个符号一个符号地依次阅读程序并进行处理。首先分析语句的类型,当遇到几何定义语句时,则转入几何定义处理程序。根据几何单元名称将相应的几何类型和标准存入单元信息表,供计算阶段使用。其他语句也要处理成信息表的形式。

第三阶段是数值计算阶段。根据编译阶段处理的信息生成刀位数据文件,所谓刀位数据就是刀具在加工过程中的一系列坐标位置。该阶段的输出是刀位数据文件,刀位数据文件中除了刀位数据外,还包含必要的工艺信息,如切削用量、切削液开关的打开与关闭相关信息等。刀位数据文件包含生成数控代码的全部信息,但它不是数控代码,还不能被数控机床接受。

第四阶段是后置处理。根据计算阶段的信息,通过后置处理生成符合具体数控机床要求的零件加工程序。对具有不同数控装置的数控机床来说,所使用的数控指令代码形式是不同的。因此不同数控装置的机床应使用不同的后置处理程序。

国际上流行的数控编程语言系统有上百种,其中使用最广、影响最深、最具有代表性的是美国麻省理工学院(MIT)研制的 APT 语言。MIT 于 1955 年推出了 APT 系统;1958 年推出了 APT-Ⅱ,该系统可用于曲线自动编程;1961 年推出了 APT-Ⅲ,该系统可用于 3～5 坐标立体曲面自动编程;1970 年又推出 APT-Ⅳ,该系统可用于自由曲面编程。

例 3-9 工件如图 3-58 所示,试用 APT 语言编写该工件的外形铣削程序,轮廓加工铣深为 12 mm,刀具为 $\phi16$ 立铣刀,主轴转速设定为 700 r/min,进给速度设定为 60 mm/min。

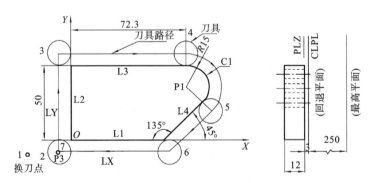

图 3-58 零件图和走刀路线

解 加工程序如表 3-16 所示。

表 3-16 加工程序

APT 加工程序	说　明
PARTNO APT DEMO PROGRAM	PARTNO 作为程序的标识,放在程序开头
MACHIN/FANUC	指定 APT 程序转换为 FANUC 数控系统的数控机床
TOLER/0.005	精度为 0.005 mm
$ $ ＊＊＊PART GEOMETRY＊＊＊	选择注释语句
LX＝LINE/XAXIS	定义直线 LX 平行于 X 轴

续表

APT 加工程序	说　　明
LY＝LINE/YAXIS	定义直线 LY 平行于 Y 轴
L3＝LINE/PARLEL，LX，YLARGE，72.3	定义直线 L3 平行于 X 轴，长为 72.3 mm
P1＝POINT/72.3，15，3.	定义点 P1 为(72.3，15，3)
C1＝CIRCLE/CENTER，P1，RADIUS，15	定义圆弧 C1 的圆心为 P1，半径为 15 mm
L4 ＝ LINE/ATANGL，45，LX，TANTO，C1，XLARGE	定义 L4 倾斜 45°并与圆弧 C1 相切
SEIPT＝POINT-100.，-100.，200.	把换刀点设定在点(-100，-100，200)处
PLZ＝PLANE/0，0，0	定义零点平面 PLZ 在工件前表面
HPL ＝ PALNE/PARLEL，PLZ，ZLARGE，250.	定义最高平面(从 PLZ 沿 Z 轴正向偏移 250 mm)
CLPL＝PLANE/PARLEL，PLZ，ZLARGE，3.	定义回退平面 CLPL(从 PLZ 沿 Z 轴正向偏移 3 mm)
P3 ＝ POINT/INTOF，(LINE/PARLEL，LX，YSMALL，8.)，(LINE/PARLEL，LY，XSMALL，8.)	定义点 P3 为两线交点，其中一条直线平行于 Y 轴距离原点-8 mm；另外一条直线平行于 X 轴距离原点-8 mm
＄＄＊＊＊TOOL MOTION＊＊＊	刀具运动
CUTTER/16	定义刀具直径为 16 mm
FEDRAT/60，MMPM	定义进给速度为 60 mm/min
LOADTL/1，SETOOL，0，0，100.	换 1 号刀，移动刀具到(0，0，100)
SPINDLE/700，CLW	主轴正转，转速为 700 r/min
COOLANT/FLOOD	切削液开关打开
RAPID；GOTO/PT3，NOZ	快速移动到点 P3，Z 轴没有运动
RAPID；GO/ON，CLPL	快速移动到回退平面
GODLTA/0，0，-15.	进给到 Z-15 处
TLLFT，GOLFT/LY，PAST，L3	沿 L2 加工到 L3 直线的起点
GORGT/L3，TANTO，C1	沿 L3 加工到 L3 和圆弧 C1 相切处
GOFWD/C1，TANTO，L4	沿圆弧 C1 加工到圆弧 C1 和直线 L4 相切处
GOFWD/L4，PAST，LX	沿直线 L4 加工到 L4 和 LX 的交点
GORGT/LX，PAST，LY	沿直线 LX 加工到 LX 和 LY 的交点
RAPID；GO/ON，HPL	快速移动到最高平面
SPINDL/OFF	主轴停止
COOLNT/OFF	切削液开关关闭
END	APT 程序结束
FINI	读取 APT 程序结束

思考题与习题

3-1 什么是数控编程? 数控编程分为哪几类? 手工编程的步骤是什么?

3-2 数控机床的坐标轴与运动方向是怎样规定的? 试画出下列机床的机床坐标系: ①卧式车床;②立式铣床;③牛头刨床。

3-3 机床坐标系与工件坐标系的含义分别是什么? 试阐述它们之间的关系。

3-4 什么是程序段? 数控系统现常用的程序段格式是什么?

3-5 准备功能 G 代码的模态和非模态有什么区别?

3-6 试举例说明绝对编程和增量编程的区别。

3-7 简述数控车床的刀具补偿原理,说明其补偿值的设定及实现方法。

3-8 简述数控铣床的刀具补偿的目的及原理,通过图示说明刀具半径补偿的过程。

3-9 通过图示说明外径/内径车削固定循环(G90)、端面车削固定循环(G94)与简单螺纹切削循环(G92)的走刀路线。

3-10 孔加工固定循环的基本组成动作有哪些? 并用图示说明。

3-11 指出与坐标系有关的指令 G92、G50 与 G54～G59 的区别。

3-12 何谓 APT 自动编程? 简述其主要过程。

3-13 编制图 3-59 所示轴类零件的数控加工程序。

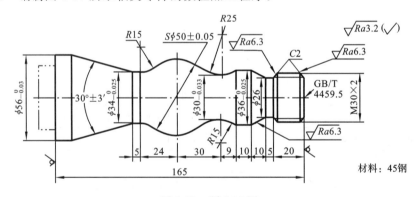

图 3-59 题 3-13 图

3-14 工件安装如图 3-60 所示,图中 $\phi100$ mm 外圆不需要加工,要求编制其数控加工程序。

3-15 用 $\phi20$ 立铣刀精铣图 3-61 所示零件轮廓,要求每次最大切削深度不超过 20 mm,其中中间两孔为已加工的工艺孔。试编制数控加工程序。

3-16 零件如图 3-62 所示,进行轮廓周边的粗加工和精加工,铣深 20 mm。试编制数控加工程序。

3-17 用立式加工中心加工如图 3-63 所示端盖上各孔,采用底面和两侧面定位、压板压紧。试编制数控加工程序。

3-18 用立式加工中心加工图 3-64 所示零件上各孔,要求先用中心钻点孔,再钻孔,然后攻螺纹。试编制数控加工程序。

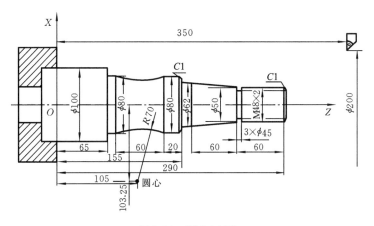

图 3-60　题 3-14 图

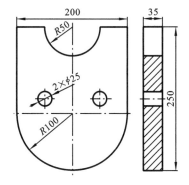

图 3-61　题 3-15 图

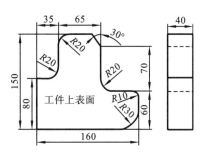

图 3-62　题 3-16 图

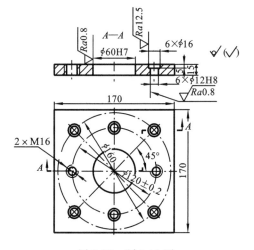

图 3-63　题 3-17 图

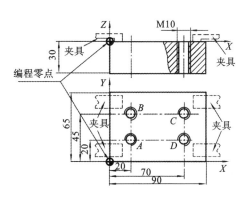

图 3-64　题 3-18 图

第 4 章　数控机床的工作原理

4.1　插　补

4.1.1　插补的概念

在数控机床中,刀具(或机床的运动部件)的最小移动量是一个脉冲当量。直线和圆弧是简单的、基本的曲线,机床上进行轮廓加工的各种工件,其轮廓曲线大部分由直线和圆弧构成。而刀具的运动轨迹是折线,而不是光滑的曲线。刀具不能严格地沿着要求加工的曲线运动,只能用折线轨迹逼近所要加工的曲线。机床数控系统依照一定方法确定刀具运动轨迹的过程称为插补(interpolation)。

机床的数控系统包括数控装置及伺服系统两大部分。伺服系统之所以能够带动机床按照人们预期的规律运动,主要是由于数控装置能够向各个坐标提供相互协调的进给脉冲。所以数控装置的关键问题,就是如何依据控制指令和数据进行脉冲数目分配的运算,即插补运算,并产生机床各坐标的进给脉冲。具体地说,插补计算就是数控装置根据输入的基本数据,通过计算确定工件轮廓的形状,边计算边根据计算结果发出进给脉冲,对应着每个进给脉冲,机床在相应的坐标方向上移动一个脉冲当量的距离,而加工出工件所需轮廓形状。所以说,插补就是在一个线段的起点和终点之间进行"数据密化"的工作。

无论是普通数控(硬件逻辑数控)系统,还是计算机数控系统,其都必须具备插补功能。在硬件逻辑系统中,插补工作由插补器借助专门设计的数字逻辑电路来完成,称为硬件插补。硬件插补速度快,但插补器升级不易,柔性较差。纯粹的硬件插补已被逐渐淘汰,目前只在特殊应用场合或要求较高的 CNC 装置的粗、精二级插补中使用。而在 CNC 系统中,插补功能由软件(程序)实现,称为软件插补。软件插补通过数控装置中的 CPU 执行相应的插补程序来实现,速度虽然没有硬件插补快,但成本低、柔性好、结构简单、可靠性好,是目前大部分数控装置采用的插补方式。

4.1.2　插补器和插补方法的分类

软件插补器的形式很多,从产生的数学模型来分,有一次(直线)插补器、二次(圆、抛物线、双曲线等)插补器、高次曲线插补器等。从插补器的基本原理来分,有以比例乘法为特征的数字脉冲乘法器、以步进比较为特征的逐点比较法插补器、以数字积分法进行运算的数字积分器、以目标点追踪为特征的单步追踪法插补器、以矢量运算为基础的矢量判别插补器等。

从插补的计算方法来分,插补主要分为基准脉冲插补和数据采样插补。

1. 基准脉冲插补

基准脉冲插补又称为行程标量插补或脉冲增量插补。这种插补方法的特点是每次插补结束只产生一个行程增量,以脉冲的形式输出给伺服电动机,适用于以步进电动机为驱动电动机的开环数控系统,以及特定的经济型数控系统。这类插补方法较简单,通常只通过加法和移位即可完成插补,故其易用硬件实现,而且运算速度较快。也有用软件实现基准脉冲插补的,这种方法主要用于一些中等精度或中等速度要求的数控系统。

基准脉冲插补方法包括:①数控脉冲乘法器插补法;②逐点比较法;③数字积分法;④矢量判别法;⑤比较积分法;⑥最小偏差法;⑦目标点跟踪法;⑧单步追踪法;⑨直接函数法;⑩加密判别和双判别插补法。

2. 数据采样插补

数据采样插补又称为时间标量插补或数字增量插补。这类插补方法的特点是数控装置产生的不是单个脉冲,而是标准二进制数。随着计算机技术和伺服技术的发展,以直流伺服电动机为驱动装置的闭环、半闭环系统成为数控系统的主流。在这种数控系统中,一般都采用数据采样插补算法。这种插补算法一般由两部分组成:一部分是精插补,由硬件实现;另一部分是粗插补,由软件实现。通过软件粗插补计算出一定时间内加工动点应该移动的距离,送到硬件插补器内,再经硬件精插补,控制电动机驱动运动部件,达到预定的要求。

数据采样插补采用时间分割的思想,根据程序给定的进给速度,将轮廓曲线分割为采样周期的进给段(轮廓步长),即用弦线或割线逼近轮廓轨迹。数据采样插补方法有很多,其中包括常用的:①线函数法;②展数字积分法;③二阶递归扩展数字积分插补法;④双数字积分插补法;⑤角度逼近圆弧插补法;⑥"改进吐斯丁"(improved Tustin method,ITM)法。

4.2 基准脉冲插补

在基准脉冲插补计算过程中,脉冲发生器不断向各个坐标点发出相互协调的进给脉冲,驱动各坐标轴的电动机运动。在数控系统中,一个脉冲所产生的坐标轴位移量称为脉冲当量,通常用δ表示。脉冲当量δ是脉冲分配的基本单位,按机床设计的加工精度选定。普通精度的机床取$\delta=0.01$ mm,较精密的机床取$\delta=1$ μm 或 0.5 μm。

这种插补法中,较为成熟并得到广泛应用的是逐点比较法和数字积分法。

4.2.1 逐点比较法

1. 用逐点比较法进行直线插补

按逐点比较法的原理,直线插补时,必须把动点的实际位置与给定轨迹的理想位置间的误差以"偏差"形式计算出来,然后根据偏差的正、负决定下一步的走向,以逼近给定轨迹。因此偏差计算是逐点比较法的关键。下面以第一象限平面直线为例来推导偏差计算公式。

如图 4-1 所示,在 XOY 平面的第一象限内,假设待加工零件轮廓的某一段为直线,若该直线加工起点为坐标原点 O,终点 A 的坐标为(X_e,Y_e)。设点 $P(X_i,Y_j)$ 为任一加工点,若点 P 正好处在 OA 上,则

$$\frac{X_i}{Y_j}=\frac{X_e}{Y_e}$$

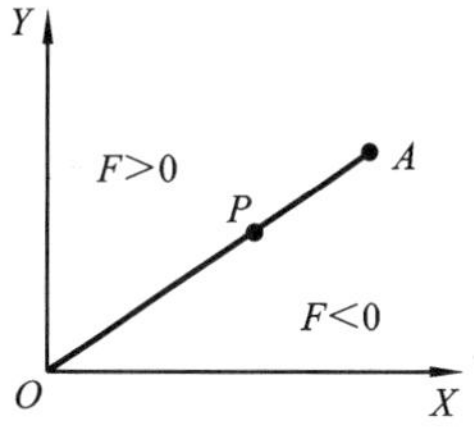

图 4-1　用逐点比较法进行直线插补

即 $$X_eY_j - X_iY_e = 0$$

如果加工轨迹脱离直线,则轨迹点的 X_i、Y_j 坐标不满足上述直线方程。可通过判断动点和直线的相对位置来决定其移动方向,从而减小动点与直线之间的偏差,完成插补运动。若加工点 $P(X_i,Y_j)$ 在直线 OA 的上方,则有

$$\frac{X_i}{Y_j} < \frac{X_e}{Y_e}$$

即 $$X_eY_j - X_iY_e > 0$$

若加工点 $P(X_i,Y_j)$ 在直线 OA 的下方,则有

$$\frac{X_i}{Y_j} > \frac{X_e}{Y_e}$$

即 $$X_eY_j - X_iY_e < 0$$

可以取偏差判别函数 F 为

$$F = X_eY_j - X_iY_e \tag{4-1}$$

用此式来判别动点和直线的相对位置时:

若 $F > 0$,点 $P(X_i,Y_j)$ 落在直线的上方,应向着 $+X$ 方向移动,动点才能靠近直线;

若 $F < 0$,点 $P(X_i,Y_j)$ 落在直线的下方,应向着 $+Y$ 方向移动,动点才能靠近直线;

若 $F = 0$,点 $P(X_i,Y_j)$ 落在直线上(这种情况可归入 $F > 0$ 的情况)。

这样,从坐标原点开始,走一步,算一算,判别 F,逐点接近直线 OA。当两个方向所走的步数和终点坐标 $A(X_e,Y_e)$ 值相等时,发出终点到达信号,停止插补。

为了便于计算机运行,设在第一象限中动点 (X_i,Y_j) 的 F 值为 $F_{i,j}$,用递推法将判别函数 F 简化为

$$F_{i,j} = X_eY_j - X_iY_e$$

当 $F_{i,j} \geq 0$ 时,动点沿 $+X$ 走一步,则有

$$X_{i+1} = X_i + 1$$

$$F_{i+1,j} = X_eY_j - X_{i+1}Y_e = X_eY_j - (X_i + 1)Y_e = X_eY_j - X_iY_e - Y_e$$

即 $$F_{i+1,j} = F_{i,j} - Y_e \tag{4-2}$$

当 $F_{i,j} < 0$ 时,动点沿 $+Y$ 走一步,则有

$$Y_{j+1} = Y_j + 1$$

$$F_{i,j+1} = X_eY_{j+1} - X_iY_e = X_e(Y_j + 1) - X_iY_e = X_eY_j - X_iY_e + X_e$$

即 $$F_{i,j+1} = F_{i,j} + X_e \tag{4-3}$$

由式(4-2)和式(4-3)可以看出,新加工点的偏差完全可以用前一加工点的偏差和 X_e、Y_e 递推出来。

综上所述,在采用逐点比较法进行直线插补的过程中,坐标轴每走一步要进行以下四个步骤。

(1)偏差判别 根据偏差值确定刀具相对加工直线的位置。

(2)坐标进给 根据偏差判别的结果,确定控制刀具沿哪个坐标轴移动一步。

(3)偏差计算 对新的加工点计算出能反映偏离加工直线位置情况的新偏差,为下一步偏差判别提供依据。

(4)终点判别 在计算偏差的同时,还要进行终点判别,以确定是否到达终点。终点判别方法有以下两种:

①设置 X、Y 两个减法计数器,加工开始时,在 X、Y 计数器中分别存入终点坐标 X_e 和 Y_e,当坐标轴沿 X(或 Y)方向进给一步时,就在 X(Y)计数器中减去 1,直到这两个计数器中的值都减到零,此时便到达终点;

②用一终点计数器,寄存 X、Y 两坐标,X、Y 坐标每进一步,从起点到终点的总步数 N 减去 1,直到 $N=0$,此时就到了终点。

由此可将第一象限直线插补方法归纳为:

当 $F_{i,j} \geq 0$ 时,沿 $+X$ 方向走一步,运算结果 $F \leftarrow F - Y_e$,$N \leftarrow N-1$;

当 $F_{i,j} < 0$ 时,沿 $+Y$ 方向走一步,运算结果 $F \leftarrow F + X_e$,$N \leftarrow N-1$;

其插补流程图如图 4-2 所示。

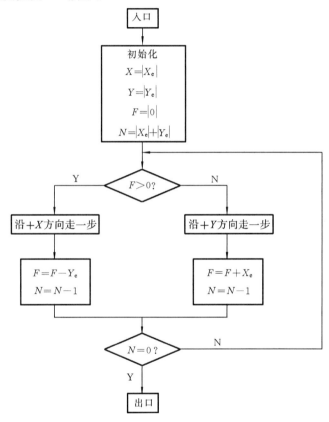

图 4-2 第一象限直线插补流程图

例 4-1 设欲沿直线 OA 进行插补,如图 4-3 所示,直线的起点坐标为坐标原点(0,0),终点 A 的坐标为(5,3)。用逐点比较法对该直线进行插补,并画出插补轨迹。

解 插补运算过程如表 4-1 所示,表中 X_e、Y_e 是直线终点坐标,n 为插补循环次数,N 为刀具沿 X 轴和 Y 轴进给的总步数,插补从直线起点开始,因为起点总是在直线上,所以 $F_{0,0}=0$。其插补过程如图 4-3 所示。

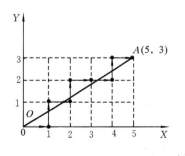

图 4-3 直线插补轨迹

表 4-1　逐点比较法直线插补运算过程

序号	偏差判别	进给方向	偏差计算	终点判别
0			$F_{0,0}=0,X_e=5,Y_e=3$	$n=0,N=8$
1	$F_{0,0}=0$	$+X$	$F_{1,0}=F_{0,0}-Y_e=0-3=-3$	$n=1<N$
2	$F_{1,0}=-3<0$	$+Y$	$F_{1,1}=F_{1,0}+X_e=-3+5=2$	$n=1+1=2<N$
3	$F_{1,1}=2>0$	$+X$	$F_{2,1}=F_{1,1}-Y_e=2-3=-1$	$n=2+1=3<N$
4	$F_{2,1}=-1<0$	$+Y$	$F_{2,2}=F_{2,1}+X_e=-1+5=4$	$n=3+1=4<N$
5	$F_{2,2}=4>0$	$+X$	$F_{3,2}=F_{2,2}-Y_e=4-3=1$	$n=4+1=5<N$
6	$F_{3,2}=1>0$	$+X$	$F_{4,2}=F_{3,2}-Y_e=1-3=-2$	$n=5+1=6<N$
7	$F_{4,2}=-2<0$	$+Y$	$F_{4,3}=F_{4,2}+X_e=-2+5=3$	$n=6+1=7<N$
8	$F_{4,3}=3>0$	$+X$	$F_{5,3}=F_{4,3}-Y_e=3-3=0$	$n=7+1=8=N$

前面所述的均为第一象限直线的插补方法。第一象限直线插补方法可做适当处理后推广到其余象限的直线插补。为使以上插补方法适用于不同象限的直线插补,在插补计算时,无论哪个象限的直线,都用其坐标绝对值计算。不同象限的插补方向如图 4-4 所示,由图中看出,当 $F \geqslant 0$ 时都是沿着 X 方向步进,不管是 $+X$ 向还是 $-X$ 向,都是 $|X|$ 增大的方向,沿 $+X$ 或 $-X$ 向可由象限标志控制(第一、四象限沿 $+X$ 向,第二、三象限沿 $-X$ 向)。同样,当 $F<0$ 时总是沿 Y 方向,不管是 $+Y$ 向还是 $-Y$ 向,都是 $|Y|$ 增大的方向,沿 $+Y$ 或 $-Y$ 向叫由象限标志控制(第一、二象限沿 $+Y$ 向,第三、四象限沿 $-Y$ 向)。

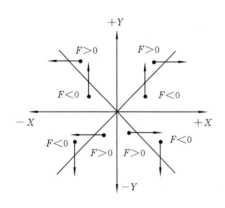

图 4-4　不同象限插补方向

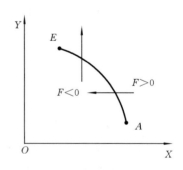

图 4-5　用逐点比较法进行圆弧插补

2. 用逐点比较法进行圆弧插补

用逐点比较法进行圆弧插补时,一般以圆心为原点,给出圆弧起点坐标 $E(X_0,Y_0)$ 和终点坐标 $A(X_e,Y_e)$。以第一象限逆圆弧插补为例,如图 4-5 所示。

设圆弧上任一点的坐标为 (X,Y),则有

$$(X^2+Y^2)-(X_0^2+Y_0^2)=0$$

选择判别函数 F 为

$$F=(X^2+Y^2)-(X_0^2+Y_0^2)$$

根据动点所在位置不同,有下列三种情况:

若 $F>0$,点 $P(X,Y)$ 落在圆弧外,则沿着 $-X$ 方向移动,动点才能靠近圆弧;

若 $F<0$,点 $P(X,Y)$ 落在圆弧内,则沿着 $+Y$ 方向移动,动点才能靠近圆弧;

若 $F=0$,点 $P(X,Y)$ 落在圆弧上(这种情况可归入 $F>0$ 的情况)。

每走一步,计算一次判别函数,作为下一步进给的判别标准,同时进行一次终点判断。

判别函数 F 值的计算也可用递推法由加、减运算逐点得到。

设第一象限动点 (X_i,Y_i) 的 F 值为 $F_{i,i}$,则有

$$F_{i,i} = (X_i^2 + Y_i^2) - (X_0^2 + Y_0^2)$$

当 $F_{i,i} \geqslant 0$ 时,动点沿 $-X$ 方向走一步,有

$$X_{i+1} = X_i - 1$$

则 $\qquad F_{i+1,i} = (X_i-1)^2 + Y_i^2 - (X_0^2+Y_0^2) = (X_i^2+Y_i^2) - (X_0^2+Y_0^2) - 2X_i + 1$

即 $\qquad\qquad\qquad\qquad F_{i+1,i} = F_{i,i} - 2X_i + 1 \qquad\qquad\qquad\qquad (4\text{-}4)$

当 $F_{i,i} < 0$ 时,动点沿 $+Y$ 方向走一步,有

$$Y_{i+1} = Y_i + 1$$

则 $\qquad\qquad F_{i,i+1} = X_i^2 + (Y_i+1)^2 - (X_0^2+Y_0^2)$

$$= (X_i^2+Y_i^2) - (X_0^2+Y_0^2) + 2Y_i + 1$$

即 $\qquad\qquad\qquad\qquad F_{i,i+1} = F_{i,j} + 2Y_i + 1 \qquad\qquad\qquad\qquad (4\text{-}5)$

由偏差递推公式(4-4)、式(4-5)可知,圆弧插补时,除加、减运算外,只有乘 2 运算,算法比较简单。但在计算偏差的同时,还要对加工点的坐标 (X_i,Y_i) 进行加 1 或减 1 运算,为下一点的偏差计算做好准备。和直线插补时一样,用逐点比较法进行圆弧插补时除偏差计算外,还要进行终点判别。第一象限逆圆弧插补流程如图 4-6 所示。

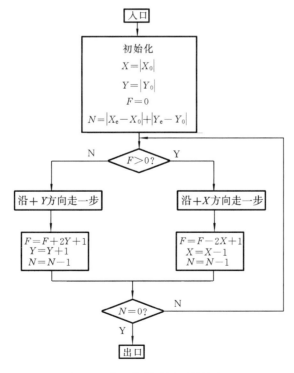

图 4-6 第一象限逆圆弧插补流程

例 4-2 设 $\overparen{AB}$ 为第一象限内半径为 10 的逆圆弧,起点为 $A(10,0)$,终点为 $B(6,8)$,圆心在 $O(0,0)$ 上,用逐点比较法圆弧插补加工该圆弧。

解 该圆弧的总步长为 $N=(10-6)+(8-0)=12$。开始加工时,刀具从 A 点开始,即在圆弧上,此时 $F_{10,0}=0$,加工运算过程见表 4-2。圆弧插补加工过程如图 4-7 所示。

表 4-2 圆弧插补运算过程

序号	偏差判别	进给	偏 差 计 算	终点判别
0			$F_{10,0}=0$	$N=12$
1		$-X$	$F_{9,0}=F_{10,0}-2\times10+1=0-20+1=-19$	$N=12-1=11$
2	$F_{9,0}=-19<0$	$+Y$	$F_{9,1}=F_{9,0}+2\times0+1=-19+1=-18$	$N=11-1=10$
3	$F_{9,1}=-18<0$	$+Y$	$F_{9,2}=F_{9,1}+2\times1+1=-18+2+1=-15$	$N=10-1=9$
4	$F_{9,2}=-15<0$	$+Y$	$F_{9,3}=F_{9,2}+2\times2+1=-15+4+1=-10$	$N=9-1=8$
5	$F_{9,3}=-10<0$	$+Y$	$F_{9,4}=F_{9,3}+2\times3+1=-10+6+1=-3$	$N=8-1=7$
6	$F_{9,4}=-3<0$	$+Y$	$F_{9,5}=F_{9,4}+2\times4+1=-3+8+1=6$	$N=7-1=6$
7	$F_{9,5}=6>0$	$-X$	$F_{8,5}=F_{9,5}-2\times9+1=6-18+1=-11$	$N=6-1=5$
8	$F_{8,5}=-11<0$	$+Y$	$F_{8,6}=F_{8,5}+2\times5+1=-11+10+1=0$	$N=5-1=4$
9	$F_{8,6}=0$	$-X$	$F_{7,6}=F_{8,6}-2\times8+1=0-16+1=-15$	$N=4-1=3$
10	$F_{7,6}=-15<0$	$+Y$	$F_{7,7}=F_{7,6}+2\times6+1=-15+12+1=-2$	$N=3-1=2$
11	$F_{7,7}=-2<0$	$+Y$	$F_{7,8}=F_{7,7}+2\times7+1=-2+14+1=13$	$N=2-1=1$
12	$F_{7,8}=13<0$	$-X$	$F_{6,8}=F_{7,8}-2\times7+1=13-14+1=0$	$N=1-1=0$

上面讨论了第一象限逆圆弧的插补运算,实际上圆弧所在的象限不同,逆顺不同,插补公式和动点走向也均不同,因而圆弧插补有八种情况,如图 4-8 所示。

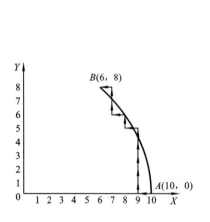

图 4-7 圆弧插补加工过程

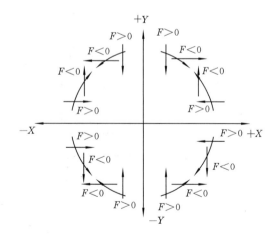

图 4-8 不同象限的动点趋势

4.2.2 数字积分法

数字积分法又称为数字微分分析法(digital differential analyzer,DDA),是利用数字积分的原理,计算刀具沿坐标轴的位移,使刀具沿着所加工的轨迹运动的一种插补法方法。数字积分法具有运算速度快、脉冲分配均匀、易实现多坐标联动等优点,应用较广泛。其缺点是速度调节不便,需要采取移动措施才能满足插补精度要求。由于计算机有较强的计算功能和灵活性,采用软件插补时,上述缺点易于克服。下面先介绍一下数字积分的原理,然后再介绍应用数字积分法进行直线和圆弧插补的具体算法。

1. 数字积分原理

如图 4-9 所示,设有一函数 $y = f(t)$,求此函数在 $t_0 \sim t_n$ 区间的积分,即求函数曲线与横坐标轴 t 在区间 (t_0, t_n) 内所围成的面积。此面积可近似地视为曲线下的许多小矩形面积之和,即

$$S = \int_{t_0}^{t_n} y \mathrm{d}t = \sum_{i=1}^{n} y_{i-1} \Delta t$$

式中,y_{i-1} 为 $t = t_{i-1}$ 时的 $f(t)$ 值。该式表明,求积分的过程可以用累加的方式来近似。数字运算时,Δt 一般取最小的基本单位"1"(相当于一个脉冲周期的时间),则上式简化为

$$S = \sum_{i=0}^{n} y_i$$

设置一个累加器,而且令累加器的容量为一个单位面积。用此累加器来实现这种累加运算,则累加过程中超过一个单位面积时累加器必然产生脉冲溢出,那么,累加过程中所产生的溢出脉冲总数就是要求的近似值,或者说是要求的积分近似值。

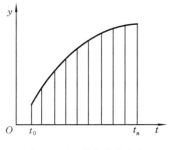

图 4-9 矩形公式的含义

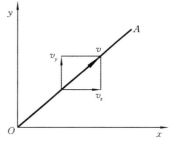

图 4-10 直线插补

2. 用数字积分法进行直线插补

假设要沿直线 OA 进行插补,其起点为坐标原点 O,终点为 $A(x_e, y_e)$,如图 4-10 所示。假定进给速度 v 是均匀的,则

$$\frac{v}{OA} = \frac{v_x}{x_e} = \frac{v_y}{y_e} = k$$

式中,k 为比例常数,则

$$v_x = kx_e$$
$$v_y = ky_e$$

可见,直线插补时,x 及 y 方向的进给速度都是常量。在 Δt 时间内,x 和 y 的位移增量为

$$\left. \begin{array}{l} \Delta x = v_x \Delta t = kx_e \Delta t \\ \Delta y = v_y \Delta t = ky_e \Delta t \end{array} \right\} \tag{4-6}$$

各坐标轴的位移量为

$$x = \int_0^t kx_e \, dt = k\sum_{i=1}^n x_e \Delta t = k\sum_{i=1}^n x_e$$
$$y = \int_0^t ky_e \, dt = k\sum_{i=1}^n y_e \Delta t = k\sum_{i=1}^n y_e$$ \qquad (4-7)

动点从原点走向终点的过程,可以看成各坐标轴每经过一单位时间间隔 Δt,分别以增量 kx_e 及 ky_e 同时累加的结果。据此,可以作出直线插补器,如图 4-11 所示。

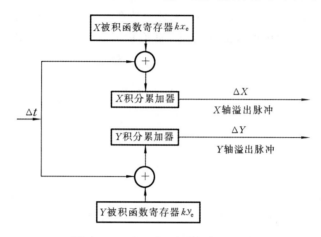

图 4-11 XOY 平面直线插补原理图

平面直线插补器由两个数字积分器组成,每个坐标的积分器由累加器和被积函数寄存器所组成。终点坐标值存储在被积函数寄存器中,其工作过程为:每发出一个插补迭代脉冲(即来一个 Δt 脉冲),使 kx_e 和 ky_e 向各自的累加器中累加一次,累加的结果有无溢出脉冲 Δx(或 Δy),取决于累加器的容量和 kx_e(或 ky_e)的大小。但是,一旦有溢出,X、Y 积分器的溢出脉冲 Δx、Δy 必然符合式(4-6)和式(4-7)。即积分值=溢出脉冲+余数。

若经过 m 次累加后,x、y 坐标轴分别(或同时)到达终点 (x_e, y_e)。因此有

$$x = \sum \Delta x = \sum_{i=1}^m kx_e \Delta t_i = x_e$$
$$y = \sum \Delta y = \sum_{i=1}^m ky_e \Delta t_i = y_e$$ \qquad (4-8)

式中,k、x_e、y_e 均为常数。Δt 取一个单位时间间隔,以 1 表示,所以式(4-8)变为

$$x = kx_e m \sum_{i=1}^m 1 = kx_e m = x_e$$
$$y = ky_e m \sum_{i=1}^m 1 = ky_e m = y_e$$ \qquad (4-9)

欲使式(4-8)成立,必有

$$mk = 1 \quad 或 \quad m = \frac{1}{k}$$ \qquad (4-10)

式(4-10)表明了比例常数 k 和累加次数 m 的关系,两者不能任意选择,即一旦确定了其中一个,另一个也就确定了。而 m 必须是整数,所以 k 必须为小数。

对于 k 的选择,主要考虑每次增量 δ_x 或 δ_y 不大于 1(因为保证坐标轴上每次分配进

给脉冲不超过一个），即

$$\delta_x = kx_e < 1 \quad 或 \quad \delta_y = ky_e < 1$$

式中，x_e 及 y_e 的最大允许值受系统中寄存器容量所限制，即假定寄存器有 n 位，则 x_e 及 y_e 的最大值为寄存器的最大容量应为 $2^n - 1$。为满足 $kx_e < 1$ 或 $ky_e < 1$ 的条件，有

$$kx_e = k(2^n - 1) < 1, \quad ky_e = k(2^n - 1) < 1$$

则

$$k < \frac{1}{2^n - 1}$$

一般取 $k = 1/2^n$。如果 $k = 1/2^n$，则有

$$\Delta x = kx_e = \frac{2^n - 1}{2^n} < 1 \quad 或 \quad \Delta y = ky_e = \frac{2^n - 1}{2^n} < 1$$

故累加次数

$$m = \frac{1}{k} = 2^n$$

因为 $k = \frac{1}{2^n}$，对一个二进制数来说，使 kx_e（或 ky_e）等于 x_e（或 y_e）乘以 $\frac{1}{2^n}$ 是很容易实现的，即 x_e（或 y_e）的值本身不变，只要把小数点左移 n 位即可。所以一个 n 位的寄存器存放 x_e（或 y_e）和存放 kx_e（或 ky_e）的数值是相同的，对于后者只认为小数点出现在最高位数前面，其他没有差异。这样，积分的方框图可表示为图 4-12，其中：J_{v_x} 为 x 的速度寄存器，也即 x 坐标被积函数寄存器，寄存数值 kx_e；J_{R_x} 为 x 坐标累加寄存器，寄存余数，又称为 x 坐标余数寄存器，寄存 $\sum \Delta x$ 的余数。累加结果大于 1 时，整数部分以溢出方式丢失，当出现溢出脉冲时，分配一个进给脉冲 Δx，使 x 移动一步；小数部分保存在余数寄存器中，留待下一次累加。

由上述可见，数字积分直线插补的物理意义是使动点沿速度矢量的方向前进，即

$$x = \int v_x \mathrm{d}t \quad \left(x = \sum \Delta x = \sum v_x \Delta t\right)$$

$$y = \int v_y \mathrm{d}t \quad \left(y = \sum \Delta y = \sum v_y \Delta t\right)$$

很明显，在直线插补时要实现 x、y 坐标同时插补，必须采用两个积分器同时分别进行。数字积分直线插补的终点判别比较简单，设一个位数为 n 的计数器 J_E，用加数器（事先清零）或减数器（事先置入累加次数 $m = 2^n$）来计算累加脉冲数，当插补（累加）2^n 次时，J_E 的最高位有溢出，即停止插补运算。

以上仅讨论了用数字积分法插补第一象限直线的原理和计算公式。进行其他象限的直线插补时，一般将其他各象限直线的终点坐标均取绝对值。这样，插补计算公式和流程与插补第一象限直线时一样，而脉冲进给方向总是使直线终点坐标绝对值增加的方向。

例 4-3   用数字积分法插补如图 4-13 所示的直线轨迹 OA，坐标点 $A(x_e, y_e) = (5, 3)$。

解   若被积函数寄存器 J_{v_x}、J_{v_y}，余数寄存器 J_{R_x}、J_{R_y} 及终点计数器 J_E 均为三位二进制数寄存器，则迭代（累加）次数 $m = 2^3 = 8$ 次时，插补完成，插补过程如表 4-3 所示。在插补前，J_E、J_{R_x}、J_{R_y} 均为零，J_{v_x}、J_{v_y} 分别存放 $x_e = 5$，$y_e = 3$。在直线插补过程中，J_{v_x}、J_{v_y} 中的数值始终保持不变。

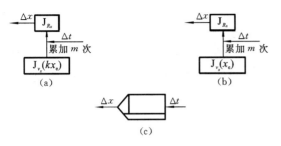

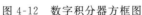

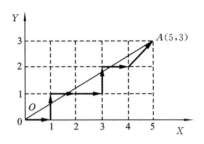

图 4-12　数字积分器方框图　　　　　　　图 4-13　DDA 直线插补

表 4-3　数字积分直线插补运算过程

累加次数(Δt)	x 积分器			y 积分器			终点计数器 J_E	备　注
	$J_{v_x}(x_e)$	J_{R_x}	溢出 Δx	$J_{v_y}(y_e)$	J_{R_y}	溢出 Δy		
0	101	000	—	011	000	—	000	初始状态
1	101	101	—	011	011	—	001	第一次迭代
2	101	010	1	011	110	—	010	Δx 溢出
3	101	111	—	011	001	1	011	Δy 溢出
4	101	100	1	011	100	—	100	Δx 溢出
5	101	001	1	011	111	—	101	Δx 溢出
6	101	110	—	011	010	1	110	Δy 溢出
7	101	011	1	011	101	—	111	Δx 溢出
8	101	000	1	011	000	1	000	Δx、Δy 溢出

3. 用数字积分法进行圆弧插补

从上面的叙述可知,数字积分直线插补的物理意义是使动点沿速度矢量的方向前进,这同样适合圆弧插补。以第一象限逆圆弧插补为例进行介绍,如图 4-14 所示。

设刀具沿圆弧 AB 移动。半径为 R,刀具切向速度为 v,点 $P(x,y)$ 为动点,由图可以看出,切向速度与分速度 v_x 和 v_y 应满足

$$\frac{v}{R} = \frac{v_x}{y} = \frac{v_y}{x} = k$$

式中,k 为比例系数。因为半径 R 为常数,切向速度 v 为匀速,所以有

$$v_x = ky$$

$$v_y = kx$$

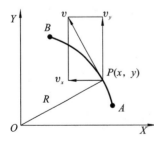

图 4-14　圆弧插补

可见,圆弧插补时,x 方向与 y 方向的进给速度为变量(动点坐标)。

在 Δt 时间内,x 和 y 的位移增量方程为

$$\left.\begin{array}{l}\Delta x = v_x\Delta t = ky\Delta t\\ \Delta y = v_y\Delta t = kx\Delta t\end{array}\right\} \tag{4-11}$$

也即

$$\left.\begin{array}{l}x = \displaystyle\int v_x\mathrm{d}t = \int ky\,\mathrm{d}t\\[2mm] y = \displaystyle\int v_y\mathrm{d}t = \int kx\,\mathrm{d}t\end{array}\right\} \tag{4-12}$$

将式(4-11)、式(4-12)分别与式(4-6)和式(4-7)进行比较,可以看出圆弧插补与直线插补的不同:

①直线插补时是常值(kx_e 和 ky_e)积分,而圆弧插补时为变量(ky 和 kx)积分。

②直线插补时,x 积分式中的被积函数为 kx_e,而圆弧插补时则被换成 ky。同样,直线插补时,y 积分式中的被积函数为 ky_e,而圆弧插补时则被换成 kx。

与直线插补时一样,取累加器容量为 2^n,$k=\dfrac{1}{2^n}$,n 为累加器、寄存器的位数。因此,可以用两个积分器来实现圆弧插补。但要注意:坐标值 y、x 存入寄存器 J_{v_x}、J_{v_y} 的对应关系与直线插补时不同,即 x 存入 J_{v_y},而 y 存入 J_{v_x};同时,J_{v_x}、J_{v_y} 寄存器中寄存的数值与直线插补时有本质的区别,直线插补时 J_{v_x}、J_{v_y} 中寄存的是终点坐标,为常数,而圆弧插补时寄存的是动点坐标,为变量。因此,在刀具移动过程中,必须根据刀具位置变化来改变寄存器 J_{v_x}、J_{v_y} 中的内容。在起点时 J_{v_x}、J_{v_y} 分别寄存起点坐标值 y_0、x_0;在插补过程中,J_{R_y} 每溢出一个 Δy 脉冲,J_{v_x} 寄存器应该加 1;反之,J_{R_x} 每溢出一个 Δx 脉冲,J_{v_y} 寄存器就应该减 1。减 1 的原因是:进行逆圆弧插补时,x 坐标沿负方向进给,动点 x 坐标不断减小。图4-15中分别用 $\oplus$ 和 $\ominus$ 表示修改动点坐标时这种加 1 和减 1 的关系。图 4-16 为第一象限逆时针走向的圆弧数字积分插补的逻辑符号图。

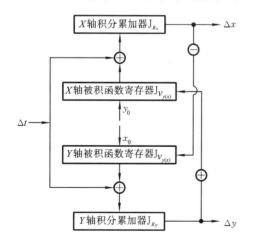
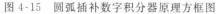

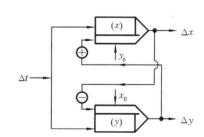

图 4-15　圆弧插补数字积分器原理方框图　　　　图 4-16　圆弧数字积分插补逻辑符号图

对于顺圆弧,以及其他象限的逆圆弧插补,运算过程和积分器结果基本上与第一象限逆圆弧插补是一致的。不同之处在于:控制各坐标轴 Δx、Δy 进给方向不同,以及修改 J_{v_x}、J_{v_y} 内容时是加 1 还是减 1 要由 y、x 坐标增减而定,见表4-4。

表 4-4　圆弧插补进给方向及函数值寄存器内容修正

项目	SR1	SR2	SR3	SR4	NR1	NR2	NR3	NR4
$J_{v_x}(y)$	⊖	⊕	⊖	⊕	⊕	⊖	⊕	⊖
$J_{v_y}(x)$	⊕	⊖	⊕	⊖	⊖	⊕	⊖	⊕
Δx	+	+	−	−	−	−	+	+
Δy	−	+	+	−	+	−	−	+

圆弧插补终点判别方法不能像直线插补那样用累加次数 m 来决定。一般采用两个终点计数器来分别累计两坐标的进给脉冲数,每走一步相应的终点坐标计数器便减 1,当两个计数器均减为 0 时便到达终点,发出插补完毕信号。

例 4-4　用数字积分法插补第一象限半径为 5 的逆圆弧,起点为 $S(4,3)$,终点为 $E(0,5)$,圆心为 $O(0,0)$,请进行插补计算并画出插补轨迹(脉冲当量为 1)。

解　因圆弧半径值为 5,取累加器、被积函数寄存器、终点计数器均为三位二进制数寄存器,即 $n=3$。将 $|x_S-x_e|=4$、$|y_S-y_e|=2$ 分别存入计数器 J_{E_x}、J_{E_y},插补运算过程见表 4-5,插补轨迹如图 4-17 所示。

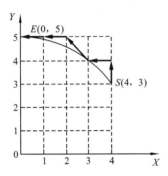

图 4-17　圆弧插补轨迹

表 4-5　数字积分直线插补运算过程

累加次数 (Δt)	X 积分器				Y 积分器			
	$J_{v_x}(y)$	J_{R_x}	Δx	J_{E_y}	$J_{v_y}(x)$	J_{R_y}	Δy	J_{E_y}
0	3	0	0	4	4	0	0	2
1	3	0+3=3	0	4	4	0+4=4	0	2
2	3	3+3=6	0	4	4	4+4=8+0	1	1
3	4	6+4=8+2	1	3	4	0+4=4	0	1
4	4	2+4=6	0	3	3	4+3=7	0	1
5	4	6+4=8+2	1	2	3	7+3=8+2	1	0
6	5	2+5=7	0	2	2	停止累加	0	0
7	5	7+5=8+4	1	1	2	—	—	—
8	5	4+5=8+1	1	0	1	—	—	—
9	5	停止累加	0	0	0	—	—	—

4.3　数据采样插补

随着计算机的引入,数控系统插补运算时间和计算复杂性之间的矛盾得到大大缓解,特别是以高性能直流伺服电动机和交流伺服电动机为执行元件的计算机闭环控制系统研制成功,为提高现代数控系统的综合性能创造了充分的条件。相应地,这些系统采用的插补方法是结合了计算机采样思想的数据采样法。对于闭环和半闭环控制的系统,脉冲当量较小,小于 0.01 mm,数控机床运行速度较高,可达 15 m/min。若采用基准脉冲插补,计算机要执行 20 多条指令,约 40 μs 的时间,而所产生的仅是一个控制脉冲,坐标轴仅移动一个脉冲当量,这样一来计算机根本无法执行其他任务,因此必须采用数据采样插补。

数据采样插补法实际上是一种时间分割法,也就是根据程序规定的进给速度,将工件的轮廓曲线分割为一定时间(一个插补周期)内的进给量(一条微小直线),即用一系列微小直线段来逼近轮廓轨迹。数据采样插补运算分两步:第一步为粗插补,其任务是计算出一个插补周期内各坐标位置的增量值(一般为距离值);第二步为精插补,其任务是对粗插补输出的位置增量进行基准脉冲插补。一般粗插补都用软件实现,精插补用硬件实现,但也有一些 CNC 系统精插补也用软件实现。

相邻两次粗插补之间的时间间隔称为插补周期 T;精插补读取粗插补输出位移量的时间间隔称为采样周期。

插补周期虽不直接影响进给速度,但对插补误差及提高运行速度有影响,插补周期的选择是一个重要问题。插补周期与插补运算时间有密切关系,一旦选定了插补算法,则完成该算法的时间也就确定了。在一个插补周期 T 内,计算机除了完成插补运算外,还必须实时地完成一些其他工作,如显示、监控和精插补等。所以插补周期 T 必须大于插补运算时间与完成其他实时任务时间之和,一般为 8~10 ms。此外,插补周期 T 还会对圆弧插补的误差产生影响。

插补周期与采样周期可以相同,也可以不同。若不相同,一般取插补周期为采样周期的整数倍。如美国 A-B 公司的 7360 CNC 系统的插补周期与位置反馈采样周期相同,均为 10.24 ms,而日本 FANUC 公司的 7M 数控系统中的插补周期 8 ms,位置反馈采样周期为 4 ms,即插补周期为采样周期的 2 倍。在这种情况下,插补程序每 8 ms 被调用 1 次,为下一个周期算出各坐标轴应该进给的增量长度;而位置反馈采样程序每 4 ms 被调用 1 次,所以必须将插补程序算好的坐标增量值除以 2 后再进行直线段的进一步"数据密化"(精插补)。

在直线插补时,由于坐标轴的脉冲当量很小,再加上位置检测反馈的补偿,可以认为轮廓步长 l 与被加工直线重合,不会造成轨迹误差。

圆弧长时,一般将轮廓步长 l 作为弦线或割线对圆弧进行逼近,因此存在最大半径误差 e_r,如图 4-18 和图 4-19 所示。

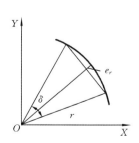

图 4-18　弦线逼近圆弧的径向误差

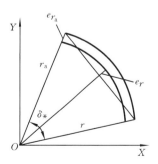

图 4-19　割线逼近圆弧的径向误差

采用弦线对圆弧进行逼近时,根据图 4-18 可知

$$r^2 - (r - e_r)^2 = \left(\frac{l}{2}\right)^2$$

$$2re_r - e_r^2 = \frac{l^2}{4}$$

舍去高阶无穷小量 e_r^2,则有

$$e_r = \frac{l^2}{8r} = \frac{(FT)^2}{8r}$$

式中:F 为进给速度;T 为插补周期。

若采用理想割线(内外差分弦)对圆弧进行逼近,因为内外差分弦使内、外半径的误差 e_r 相等,如图 4-19 所示,则有

$$(r + e_r)^2 - (r - e_r)^2 = \left(\frac{l}{2}\right)^2$$

$$e_r = \frac{l^2}{16r} = \frac{(FT)^2}{16r}$$

显然,当轮廓步长相等时,内外差分弦的半径误差是内接弦的一半;若令半径误差相等,则内外差分弦的轮廓步长 l 或步距角 δ 可以是内接弦的 $\sqrt{2}$ 倍,但由于前者计算复杂,很少应用。由以上分析可知,圆弧插补时的半径误差 e_r 与圆弧半径 r 成反比,而与插补周期 T 和进给速度 F 的平方成正比。当 e_r 给定时,可根据圆弧半径 r 选择插补周期 T 和进给速度 F。

1. 直线插补算法原理

设刀具在 XOY 平面内做直线运动,如图 4-20 所示,起点坐标为 $O(0,0)$,终点坐标为 $P_e(x_e, y_e)$,动点 $P(x_i, y_i)$ 沿直线移动的速度为 F,设插补周期为 T,则每个插补周期的进给步长为

$$\Delta L = FT$$

X 轴和 Y 轴的位移增量分别为 Δx、Δy,直线的长度为

$$L = \sqrt{x_e^2 + y_e^2}$$

从图 4-20 中可得

图 4-20　直线插补

$$\frac{\Delta x}{x_e} = \frac{\Delta L}{L}, \quad \frac{\Delta y}{y_e} = \frac{\Delta L}{L}$$

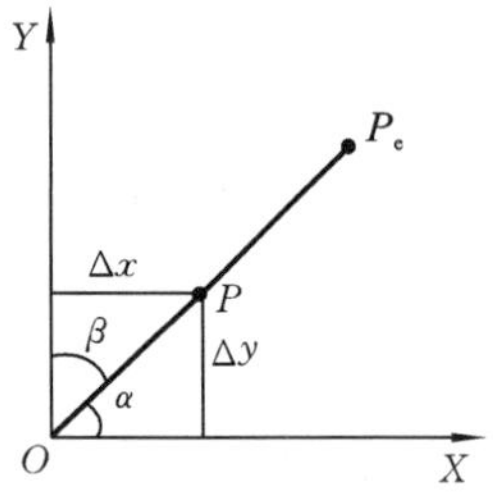

设

$$\frac{\Delta L}{L} = k$$

则

$$\Delta x = kx_e, \quad \Delta y = ky_e$$

而插补点 i 的动点坐标为

$$x_i = x_{i-1} + \Delta x = x_{i-1} + kx_e$$

$$y_i = y_{i-1} + \Delta y = y_{i-1} + ky_e$$

在实际数控系统中,对任一种曲线的插补都包含两部分工作内容。第一部分工作内容是插补准备,完成若干在插补计算过程中固定不变的常数的计算,如上述公式中的 $k = \frac{\Delta L}{L}$ 的计算就是在插补准备中完成的。插补准备工作应该在插补运算之前完成,且在每个加工程序段中只进行一次。第二部分工作内容就是插补计算,每个插补周期都要计算一

次,得到一个插补点(x_i,y_i)。

在直线插补中,根据插补准备和插补计算完成的内容不同,有几种计算方法,其中直线函数法是最常用的一种。

2. 圆弧插补算法原理

圆弧插补算法的基本思想是在满足精度要求前提下,用弦进给代替弧进给,即用直线逼近圆弧。这也是 System-7CNC 首先采用的时间分割法原理。

如图 4-21 所示,点 B 是继点 A 之后的插补瞬时点,二者的坐标分别为 $A(x_i,y_i)$、$B(x_{i+1},y_{i+1})$。所谓插补,在此是指由已加工点 A 求出下一个点 B,实质上是求在一个插补周期的时间内,x 轴和 y 轴的进给增量 Δx 和 Δy。图中弦 $\overline{AB}$ 正是圆弧插补时每个周期的进给步长 l。AP 是 A 点的切线,M 是弦的中点,E 为 AF 的中点,且 $ME\perp AF$、$OM\perp AB$。圆心角具有下面的关系,即

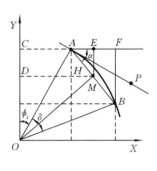

图 4-21　圆弧插补

$$\phi_{i+1}=\phi_i+\delta$$

式中:δ 为进给步长 l 所对应的角增量,称为步距角。

因为 $OA\perp AP$,则

$$\angle AOC=\angle PAF=\phi_i$$

又因为 AP 为切线,所以

$$\angle BAP=\frac{1}{2}\angle AOB=\frac{1}{2}\delta$$

$$\alpha=\angle BAP+\angle PAF=\phi_i+\frac{1}{2}\delta$$

在 $\triangle MOD$ 中,有

$$\tan\left(\phi_i+\frac{\delta}{2}\right)=\frac{DH+HM}{OC-CD} \tag{4-13}$$

将 $DH=x_i$,$OC=y_i$,$HM=\frac{1}{2}l\cos\alpha=\frac{1}{2}\Delta x$ 和 $CD=\frac{1}{2}l\sin\alpha=\frac{1}{2}\Delta y$ 代入式(4-13),则有

$$\tan\alpha=\tan\left(\phi_i+\frac{1}{2}\delta\right)=\frac{x_i+\frac{l}{2}\cos\alpha}{y_i-\frac{l}{2}\sin\alpha} \tag{4-14}$$

又因为

$$\tan\alpha=\frac{FB}{FA}=\frac{\Delta y}{\Delta x}$$

由此可以推出 (x_i,y_i) 与 Δx、Δy 的关系式为

$$\tan\alpha=\frac{x_i+\frac{1}{2}\Delta x}{y_i-\frac{1}{2}\Delta y}=\frac{x_i+\frac{l}{2}\cos\alpha}{y_i-\frac{l}{2}\sin\alpha}=\frac{\Delta y}{\Delta x} \tag{4-15}$$

式(4-15)充分表明了圆弧上任意相邻两插补点坐标之间的关系。只要找到计算 Δx(或 Δy)的恰当方法,就可以求出新的插补点坐标:

$$\begin{cases} x_{i+1} = x_i + \Delta x \\ y_{i+1} = y_i - \Delta y \end{cases}$$

关键是 Δx 和 Δy 的求解。在式(4-14)中,$\cos\alpha$ 和 $\sin\alpha$ 都是未知数,难以求解,所以必须采用近似算法,取 $\alpha = 45°$,先算出

$$\tan\alpha = \frac{x_i + \frac{l}{2}\cos\alpha}{y_i - \frac{l}{2}\sin\alpha} \approx \frac{x_i + \frac{l}{2}\cos45°}{y_i - \frac{l}{2}\sin45°}$$

再由关系式

$$\cos\alpha = \frac{1}{\sqrt{1 + \tan^2\alpha}}$$

求得

$$\Delta x = l\cos\alpha$$

再将 Δx 带入下式:

$$\frac{\Delta y}{\Delta x} = (x_i + \frac{1}{2}\Delta x)/(y_i - \frac{1}{2}\Delta y) \tag{4-16}$$

可求出 Δy。

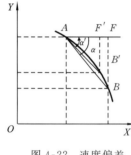

图 4-22　速度偏差

由于是近似计算,造成了 $\tan\alpha$ 的偏差,在 $\alpha = 0$ 处且进给速度较大时偏差较大。如图 4-22 所示,由于近似计算 $\tan\alpha$,用 α' 代替 α(在 $0°\sim45°$ 间,$\alpha' < \alpha$),使计算得到的 $\cos\alpha$ 的值偏大,因而影响到 Δx 之值,使之成为 $\Delta x'$,即 $\Delta x' = l'\cos\alpha' = AF'$。

但是这种偏差不会使动点离开圆弧轨迹,因为圆弧上任意相邻两点必须满足式(4-16)。或者说,只要平面上任意两点的坐标及增量满足式(4-16),则此两点必在同一圆弧上。因此,当已知 x_i、y_i 和 $\Delta x'$ 时,若按

$$\Delta y' = (x_i + \frac{1}{2}\Delta x')\Delta x'/(y_i - \frac{1}{2}\Delta y')$$

求出 $\Delta y'$,那么这样确定的 B' 点一定在圆弧上。这样采用近似算法仅是使 $\Delta x \to \Delta x'$,$\Delta y \to \Delta y'$,$AB \to AB'$,即 $l \to l'$。这种算法能够保证圆弧插补每一瞬时插补点均位于圆弧上,它仅造成每次插补进给量 l 的微小变化。实际进给速度的变化也小于指定进给速度的 1%,这种变化在实际切削加工中是微不足道的,是允许的,完全可以认为插补的速度是均匀的。

4.4　加工过程的速度控制

在机械加工中,对于不同尺寸、不同材质的零件,通常有不同的切削速度要求,并且需要保证电动机在变速过程中不产生冲击、失步、超载或振荡现象,因此,进给速度可调性控制就成为数控系统的一项重要功能。

数控系统的进给速度控制包括自动调节和手动调节两种方式。自动调节方式是指在加工过程中系统按零件程序中速度功能指令指定的 F 值进行进给速度控制;手动调节方式则是指加工过程中由操作者根据需要随时使用倍率旋钮对进给速度进行手动调节。

数控车床恒
线速度车削

因系统不同,进给速度的控制方法有很大差别。在开环系统中,坐标轴运动速度控制是通过控制向步进电动机输出的脉冲的频率来实现的。计算速度时,要根据指定的 F 值来确定脉冲频率。在半闭环和闭环系统中采用数据采样方法进行插补加工,是根据指定的 F 值,将轮廓曲线分割为采样周期的轮廓步长来计算速度。因此,进给速度的控制方法与系统采用的插补算法有关,基准脉冲插补与数据采样插补时的速度控制有所不同,下面分别加以介绍。

4.4.1　基准脉冲插补时的进给速度控制

采用基准脉冲插补法的数控系统是通过控制插补计算的频率来实现进给速度控制的,它要求进给速度稳定,有一定的调速范围。通常采用下述两种方法。

1. 程序计时法

用程序计时法进行进给速度控制时,首先要分析、计算每次插补运算所占用的时间,然后再用各种速度要求的进给脉冲间隔时间减去每次插补运算时间,得到 CPU 在每次插补运算后应等待的时间,利用 CPU 的空运转循环对这段等待的时间进行计时,即采用软件延时子程序延时。为了使进给速度可调,延时子程序的延时时间为一个基本单位,需将等待时间折合成基本单位的倍数。因此,由基本单位的不同循环次数,就可以得到不同的等待时间,从而得到与各种速度相对应的进给脉冲间隔时间。

例如,假设某数控系完成一次插补运算所需时间 $t_{插补}=20\ \mu s$,执行一次延时子程序可延时 10 μs。若要求进给速度为 20 000 脉冲当量/秒,则每一个进给脉冲间隔时间 $t_{进给}$ 应为 50 μs,则 CPU 需要等待的时间为

$$t_{等待} = t_{进给} - t_{插补} = (50-20)\ \mu s = 30\ \mu s$$

为使 CPU 等待 30 μs,CPU 可 3 次循环调用子程序。

另外,也可以通过采用置速度标志来实现程序计数。编制一个延时子程序,它能根据速度标志字的值延迟相应的时间,这样,可以根据不同的进给速度值,换算出相应的延迟等待时间。给进给标志字置相应的数值,调用延时子程序时,便可以得到不同的延迟时间。

程序计时法多用于点位直线控制系统,其中位置计算相当于插补计算。不同的空运转时间对应不同的进给速度。空运转等待时间越短,发出进给脉冲的频率越高,速度就越快。但是程序计时法实际上是把 CPU 作为计数器,延时过程中一直在循环等待,所以 CPU 的利用率较低。

2. 时钟中断法

时钟中断法只要求一种时钟频率,用软件控制每个时钟周期内的插补次数,以达到控制进给速度的目的。其速度要求用每分钟毫米数直接给定。

设 F 是以 mm/min 为单位的给定速度。为了换算出每个时钟周期应插补的次数(即发出的进给脉冲数),要选定一个适当的时钟频率,选择的原则是满足最高插补进给要求。考虑到计算机换算的方便,取一个特殊的 F 值(如 F＝256 mm/min)对应的频率 f。该频率对给定速度,每个时钟周期插补一次。当脉冲当量 δ 为 0.01 mm 时,有

$$f = \frac{256}{60 \times 0.01}s^{-1} = 426.67\ s^{-1}$$

故取时钟频率为 427 Hz。这样当进给速度为 256 mm/min 时,恰好每次时钟中断做一次

插补运算。

采用该方法时,要对给定速度进行换算。因为 $256 = 2^8$,用二进制表示为 100 000 000,所以可用两个 8 位寄存器分别寄存其低 8 位和高 8 位。寄存高 8 位的称为 $F_整$ 寄存器,寄存低 8 位的称为 $F_余$ 寄存器,当 $F = 256$ mm/min 时,就有 $F_整 = 1$,$F_余 = 0$。对任意一个以 mm/min 为单位给定的 F 值做除以 256 的运算后,即可得到相应的 $F_整$ 和 $F_余$。对二进制数并不需要做除法运算,只要对给定的 F 值进行将十进制数转换为二进制数的运算即可。结果的高 8 位为 $F_整$,低 8 位为 $F_余$。例如,当 $F = 600$ mm/min 时,进行将十进制数转换为二进制数的运算后,在计算机中得到图 4-23 所示的结果。

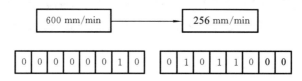

图 4-23　换算后的形式

根据给定速度换算的结果 $F_整$ 和 $F_余$ 即可进行进给速度的控制。以图 4-22 为例,第一次时钟中断时,$F_整$ 即是本次时钟周期中应插补的次数,插补 427 次(即用 427 Hz 频率插补),得到 $F_整 = 512$ mm/min。

同时,$F_余$ 不能对调,否则将使实际速度减小(512 mm/min＜600 mm/min)。$F_余$ 在本时钟周期内保留,并在下次时钟到来时做累加运算,若有溢出,应多做一次插补运算,并保留累加运算的余数。经 427 次插补后得到 $F_余 = 88$ mm/min,进给速度为 $F_整$ 和 $F_余$ 之和,即(512＋88) mm/min＝600 mm/min。

4.4.2　数据采样插补时的进给速度控制

在数控系统中,为了保证机床在启动或停止时不产生冲击、失步、超程或振荡现象,必须对进给电动机进行加减速控制。加减速控制多数采用软件来实现,这样就给系统带来很大的灵活性。加减速控制可以在插补前进行,也可以在插补后进行。在插补前进行的加减速控制称为前加减速控制,在插补后进行的加减速控制称为后加减速控制。

前加减速控制对合成速度——指令指定速度 F 进行控制,所以它的优点是不影响实际插补输出的位置精度。前加减速控制的缺点是需要预测减速点,这个减速点是要根据实际刀具位置与程序段终点之间的距离来确定的,而这种预测工作需要完成的计算量较大。

后加减速控制是对各运动轴分别进行加减速控制,不需要预测减速点,在插补输出为零时开始减速,并通过一定时间的延迟逐渐靠近程序段终点。后加减速控制的缺点是,由于该方法是对各运动轴分别进行控制,实际的各坐标轴的合成位置可能不准确。但这种问题仅在加减速过程中才会有,当系统进入匀速状态时,其影响就不存在了。

1. 前加减速控制

进行加减速控制,首先要计算出稳定速度和瞬时速度。所谓稳定速度是指数控系统处于稳定进给状态时,每插补一次(一个插补周期)的进给量。在数据采样系统中,编程指令指定的 F 值(mm/min),需要转换成每个插补周期的进给量。另外,为了调速方便,设置了快速和切削进给两种倍率开关,这样在计算稳定速度时还需要将这些因素考虑在内。

稳定速度的计算公式为

$$v_c = \frac{TKF}{60 \times 1\,000}$$

式中：v_c 为稳定速度，也即输入速度，mm/min；T 为插补周期，ms；K 为速度系数，它包括快速倍率、切削进给倍率等。

稳定速度计算完成后，还要进行速度限制检查，如果稳定速度超过由参数设定的最大速度，则取限制最大速度为稳定速度。

所谓瞬时速度是指数控系统在每个插补周期中的进给量。当系统处于稳定进给状态时，瞬时速度 $v_i = v_c$；当系统处于加速（或减速）状态时，$v_i < v_c$（或 $v_i > v_c$）。

1）线性加减速处理

当机床启动、停止或在切削加工中改变进给速度时，系统将自动进行加减速处理。加/减速率分为快速进给和切削进给两种，它们必须由机床参数预先设定好。设进给速度为 F（mm/min），加速到 F 所需要的时间为 t（ms），则加/减速度 a（μm/ms^2）可表示为

$$a = 1.67 \times 10^{-2}\frac{F}{t}$$

加速时，系统每插补一次都要进行稳定速度、瞬时速度计算和加减速处理。当计算出的稳定速度 v_c' 大于原来的稳定速度 v_c 时，则要加速。每加速一次，瞬时速率为

$$v_{i+1} = v_i + aT$$

新的瞬时速度 v_{i+1} 参加插补计算，对坐标轴进行分配。图 4-24 所示为加速处理流程。

减速时，系统每进行一次插补计算，都要进行终点判别，计算出离开终点的瞬时距离 s_i，并根据本程序的减速标志，检查是否已到达减速阈值 s，若已达到，则开始减速。当稳定速度 v_c 和设定的加/减速度 a 确定后，减速阈值 s 可由下式求得

$$s = v_c^2/2a$$

若本程序段要减速，其 $s_i \leqslant s$，则设置减速状态标志，开始减速处理。每减速一次，瞬时速度为

$$v_{i+1} = v_i - aT$$

新的瞬时速度 v_{i+1} 参加插补计算，以便对坐标轴进行速度分配。坐标轴一直减速到新的稳定速度或减速到 0。若要提前一段距离开始减速，将提前量 Δs 作为参数预先设置好，由下式计算：

$$s = v_c^2/2a + \Delta s$$

图 4-25 所示为减速处理流程。

在每次插补运算结束后，系统都要根据求出的各轴的插补进给量，来计算刀具中心离开本程序段终点的距离 s_i，然后进行终点判别。在即将要到达终点时，设置响应的标志。若本程序段要减速，则还需要检查是否已经到达减速阈值并开始减速。

2）终点判别处理

直线插补时，如图 4-26 所示，设刀具沿 OP 做直线运动，P 为程序段终点，A 为某一瞬时点。在插补计算中，已求得 X 和 Y 轴的插补进给量 Δx 和 Δy。因此，A 的瞬时坐标值为

$$x_i = x_{i-1} + \Delta x$$

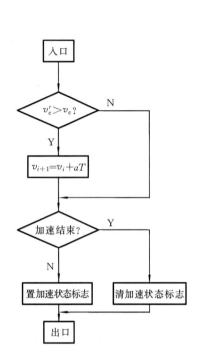

图 4-24　加速处理流程

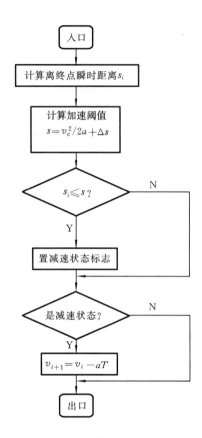

图 4-25　减速处理流程

$$y_i = y_{i-1} + \Delta y$$

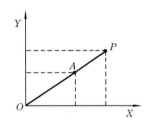

图 4-26　直线插补终点判别

设 x 为长轴,其增量值为已知,则刀具在 x 方向上离终点的距离为 $|x-x_i|$。因为长轴与刀具移动方向的夹角是定值,且 $\cos\alpha$ 的值已计算好,因此,瞬时点 A 离终点 P 的距离 s_i 为

$$s_i = |x-x_i| \frac{1}{\cos\alpha}$$

圆弧插补时,s_i 的计算分圆弧所对应圆心角小于 π 和大于 π 两种情况。

圆心角小于 π 时,瞬时点离圆弧终点的直线距离越来越小,如图 4-27 所示。$A(x_i,y_i)$ 为顺圆弧插补时圆弧上某一瞬时点,$P(x,y)$ 为圆弧的终点;AM 为 A 点在 X 方向上离终点的距离,$|AM|=|x-x_i|$;MP 为 A 点在 Y 方向上离终点的距离,$|MP|=|y-y_i|$,$AP=s_i$。以 MP 为基准,则 A 点离终点的距离为

$$s_i = |MP| \frac{1}{\cos\alpha} = |y-y_i| \frac{1}{\cos\alpha}$$

圆心角大于 π 时,设 A 点为圆弧 $\overset{\frown}{AD}$ 的起点,B 点为与终点间的弧长所对应的圆心角等于 π 的分界点,C 点为与终点之间的弧长所对应的圆心角小于 π 的某一瞬时点,如图 4-28所示。显然,此时瞬时点至圆弧终点的距离 s_i 的变化规律是:从圆弧起点 A 开始,插

补到 B 点时，s_i 越来越大，直到 s_i 等于直径为止；当插补到越过分界点 B 后，s_i 越来越小，与图 4-27 的情况相同。为此，计算 s_i 时先要判别 s_i 的变化趋势。若 s_i 变大，则不进行终点判别处理，直到越过分界点为止；若 s_i 变小，则要进行终点判别处理。

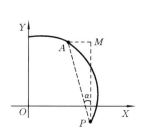

图 4-27　圆心角小于 π 时的圆弧
插补终点判别

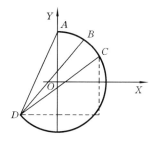

图 4-28　圆心角大于 π 时的圆弧
插补终点判别

2. 后加减速控制

常用的后加减速控制算法有指数加减速控制算法和直线加减速控制算法。

1）指数加减速控制算法

指数加减速控制的目的是使启动或停止时的速度突变，而随时间按指数规律上升或下降，如图 4-29 所示。指数加减速控制中速度与时间的关系为

加速时：
$$v(t) = v_c(1 - e^{-\frac{t}{T}})$$

匀速时：
$$v(t) = v_c$$

减速时：
$$v(t) = v_c e^{-\frac{t}{T}}$$

式中，T 为时间常数，v_c 为输入速度。

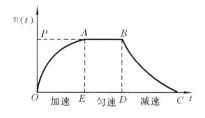

图 4-29　指数加减速

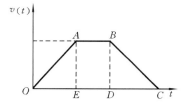

图 4-30　直线加减速

2）直线加减速控制算法

直线加减速控制使机床在启动或停止时，速度沿一定斜率的直线上升或下降。如图 4-30 所示，速度变化曲线是 $OABC$。

直线加减速控制过程如下。

（1）加速过程　如果输入速度 v_c 与输出速度 v_{i-1} 之差大于一个常值 KL，即 $v_c - v_{i-1}$ ＞KL，则使输出速度增加 KL 值，有

$$v_i = v_{i-1} + KL$$

式中，KL 为加减速的速度阶跃因子。显然，在加速过程中，输出速度沿斜率 $k' = \dfrac{KL}{\Delta t}$ 的直线上升。这里 Δt 为采样周期。

（2）加速过渡过程　如果输入速度 v_c 大于输出速度 v_i，但其差值小于 KL，即

$$0 < v_c - v_{i-1} < KL$$

改变输出速度，使其与输入相等，则

$$v_i = v_c$$

经过这个过程后，系统进入稳定速度状态。

（3）匀速过程　在这个过程中，保持输出速度不变，即

$$v_i = v_{i-1}$$

但此时的输出 v_i 不一定等于 v_c。

（4）减速过渡过程　如果输入速度 v_c 小于输出速度 v_{i-1}，但其差值不足 KL，即

$$0 < v_{i-1} - v_c < KL$$

改变输出速度，使其减小到与输入速度相等，则

$$v_i = v_c$$

（5）减速过程　如果输入速度 v_c 小于输出速度 v_{i-1}，且其差值大于 KL，即

$$v_{i-1} - v_c > KL$$

改变输出速度，使其减小 KL 值，则

$$v_i = v_{i-1} - KL$$

显然在减速过程中，输出速度沿斜率 $k' = -\dfrac{KL}{\Delta t}$ 的直线下降。

在直线加减速和指数加减速控制算法中，有一点非常重要，即保证系统不失步和不超程，这也就是说输入加减速控制器的总位移量等于该控制器输出的总位移量。对于图 4-30，必须使区域 OEA 的面积等于区域 DBC 的面积。为了做到这一点，以上所介绍的两种加减速算法都采用位置误差累加器来实现。在加速过程中，用位置误差累加器记住由于加速延迟而失去的位置增量之和；在减速过程中，又将位置误差累加器中的位置按一定规律逐渐放出，保证达到规定位置。

4.5　数控系统的译码

加工控制信息输入后，数控装置启动运行，在系统控制程序的作用下对数控程序进行预处理，即进行译码和预运算（刀补计算、坐标变换等）。

译码就是将输入的程序段按照一定的规则翻译成数控系统能够识别的数据形式，并按约定的形式存放在指定的译码结果缓冲器中。译码主要包括代码识别和功能解释。

1. 代码的识别

代码的识别是指将字符与各个内码数字相比较，若相同则输入该字符，并设置相应的程序。

2. 功能码的译码

代码识别后，紧接着要对功能代码进行处理。建立一个与数控加工程序缓冲器相对应的译码结果缓冲器。在数控系统的存储器中划出一个内存区域，并为数控程序中可能出现的各个功能代码都设置一个内存单元，存放对应的数值或特征字（见图 4-31），后续处理软件会根据加工需要到相应的内存单元中取出数控加工程序代码并执行。

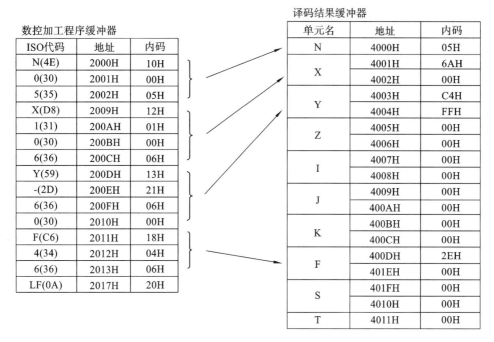

数控加工程序缓冲器

ISO代码	地址	内码
N(4E)	2000H	10H
0(30)	2001H	00H
5(35)	2002H	05H
X(D8)	2009H	12H
1(31)	200AH	01H
0(30)	200BH	00H
6(36)	200CH	06H
Y(59)	200DH	13H
-(2D)	200EH	21H
6(36)	200FH	06H
0(30)	2010H	00H
F(C6)	2011H	18H
4(34)	2012H	04H
6(36)	2013H	06H
LF(0A)	2017H	20H

译码结果缓冲器

单元名	地址	内码
N	4000H	05H
X	4001H	6AH
	4002H	00H
Y	4003H	C4H
	4004H	FFH
Z	4005H	00H
	4006H	00H
I	4007H	00H
	4008H	00H
J	4009H	00H
	400AH	00H
K	400BH	00H
	400CH	00H
F	400DH	2EH
	401EH	00H
S	401FH	00H
	4010H	00H
T	4011H	00H

图 4-31　与数控加工程序缓冲器相对应的译码结果缓冲器

4.6　机床与 PLC

可编程逻辑控制器(PLC)用于通用设备的自动控制时,称为可编程控制器;用于数控机床的外围辅助电气的控制时,又称为可编程机床控制器(PMC)。数控系统包括两大部分,一是数控装置,二是可编程控制器,它们在数控机床中所起的作用是不同的,两者的关系如图 4-32 所示。

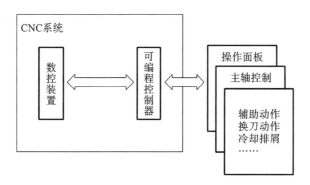

图 4-32　数控装置、可编程控制器及机床之间的关系图

数控装置与可编程控制器的作用分别如下:

刀具相对工件各坐标轴几何运动规律的控制任务是由数控装置来完成的。

机床辅助设备的控制由可编程控制器来完成。可编程控制器在数控机床运行过程中,根据其自身的内部标志以及机床的各控制开关、检测元件、运行部件的状态,按照程序设定的控制逻辑对诸如刀库运动、换刀机构的动作、切削液开关等进行控制。

思考题与习题

4-1　何谓插补？在数控机床中，刀具能否严格地沿着零件轮廓运动？为什么？

4-2　直线的起点为原点 $O(0,0)$，终点为 $A(9,4)$，试分别用逐点比较法和数字积分法对该直线进行插补，并画出插补轨迹。

4-3　半径为 10 的逆圆弧，起点为 $A(6,8)$，终点为 $B(10,0)$，圆心为 $O(0,0)$，试分别用逐点比较法和数字积分法对该圆弧进行插补，并画出插补轨迹。

4-4　简述数据采样插补法的原理和特点。

4-5　基准脉冲插补法和数据采样插补法在进给速度的控制方面有何区别？

4-6　数控装置与可编程控制器的作用范围有何不同？

第5章 计算机数控装置

数控装置是数控系统的核心,其主要功能是正确识别和解释数控加工程序,对解释结果进行各种数据计算和逻辑判断处理,完成各种输入、输出任务。其可以是由数字逻辑电路构成的专用硬件数控装置,也可以是计算机数控装置(见图 5-1)。数控装置将数控加工程序信息按两类控制量分别输出:一类是连续的控制量,送往驱动控制装置;另一类是离散的开关量,送往机床电气逻辑控制装置,控制机床各组成部分以实现各种数控功能。

图 5-1 计算机数控装置面板

5.1 CNC 系统的组成与特点

将计算机应用于机床数控系统,这是数控机床发展史上的一个重要里程碑,这是因为这一应用综合了现代计算机技术、自动控制技术、传感器及测量技术、机械制造技术等领域的最新成果,使机械加工技术达到了一个崭新的水平。计算机数控(CNC)与传统的硬件逻辑数控(NC)相比有很多优点,其中最根本的一点就是,许多 CNC 控制功能是由软件实现的,因而较硬件逻辑数控具有更多的柔性,即它很容易通过软件的改变来实现数控功能的更改或扩展。今天,硬件逻辑数控已被计算机数控所取代。CNC 系统由硬件和软件组成,其组成框图如图 5-2 所示。

根据上述组成框图和基本配置,CNC 系统有如下特点。

(1)灵活性好。硬件逻辑数控系统一旦提供了某些控制功能,这些功能就不能被改变,除非改变硬件。而 CNC 系统只要改变相应的软件即可,而不要改变硬件。

(2)具备通用性。在 CNC 系统中,硬件采用通用的模块化结构,易于扩展,并结合软件变化来满足数控机床的各种不同要求。接口电路由标准电路组成,给机床厂和用户带来了很大方便。这样,用一种 CNC 系统就能满足多种数控机床的要求,当用户要求某些特殊功能时,仅仅改变某些软件即可。

(3)可靠性高。在 CNC 系统中,零件数控加工程序在加工前一次性全部输入存储

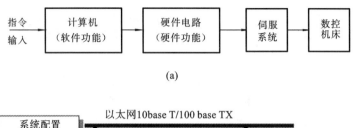

(a)

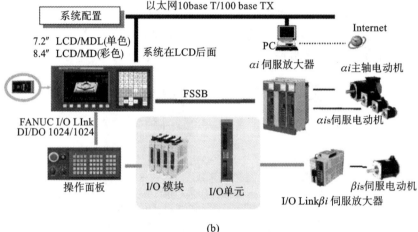

(b)

图 5-2 CNC 系统的组成框图和基本配置

(a)CNC 系统的组成框图；(b)CNC 系统的基本配置

注:FSSB 指 FANUC 串行伺服总线。

器,并经过模拟后才被调用加工,这就避免了在加工过程中因程序输入出错而产生的停机现象。许多功能都由软件完成,硬件结构大为简化,特别是大规模和超大规模集成电路的应用,使 CNC 系统可靠性得到很大的提高。

（4）数控功能多样化。CNC 系统利用计算机的快速处理能力,可以实现许多复杂的数控功能,如多种插补功能、动静态图形显示功能、数字伺服控制功能等。

（5）使用维护方便。有的 CNC 系统含有对话编程、图形编程、自动在线编程等功能,使编程工作简单方便。编好的程序通过模拟运行,很容易检查程序是否正确。CNC 系统中还含有诊断程序,使得维修十分方便。

5.2 CNC 系统的硬件结构

CNC 系统是按存储在其内的软件来进行工作的,其硬件只是其软件运行的平台。所以,CNC 软件功能越多或越强,就要有越强大的硬件环境的支撑,否则软件就无法正常运行。

数控系统的硬件由数控装置、输入/输出装置、驱动装置和机床电气逻辑控制装置等组成,这四部分之间通过 I/O 接口互连。

数控装置是数控系统的核心,其软件和硬件控制各种数控功能的实现。输入/输出装置主要有键盘、纸带阅读机、软盘驱动器、通信装置、显示器等,用以控制数据的输入/输出,监控数控系统的运行,进行机床操作面板及机床的机电控制/监测机构的逻辑处理和监控,并为数控装置提供机床状态和有关应答信号。机床电气逻辑控制装置接收数控装置发出的数控辅助功能控制命令,实现数控机床的顺序控制。在现代数控系统中,机床电气逻辑控制装置已经被可编程控制器取代。驱动装置一般是以轴为单元的独立装置,用以控制各轴的运动。

5.2.1 常规 CNC 系统的硬件结构

在 CNC 系统发展过程中,主要出现了以下三种形式的 CNC 系统硬件。

(1)总线式模块化结构的 CNC 系统硬件。在元器件上采用了 32 位 RISC(精简指令集计算机)芯片、协处理器及闪烁存储器等。这类产品用于多轴控制的高档数控机床。

(2)以单板或专用芯片及模板组成的结构紧凑的 CNC 系统硬件。随着电子元器件的发展,其体积可做得很小。这种 CNC 系统硬件发展很快,大量用于中档数控机床,已有向经济型发展的趋势。

(3)基于通用计算机(PC 或 IPC)而开发的 CNC 系统硬件。这种 CNC 系统硬件的优点是可以充分利用通用计算机丰富的软件资源,而且可以随着通用计算机硬件的升级而升级。

总之,前两种类型相对第三种而言可称为专用结构计算机,其特点是硬件印制电路板是由制造厂专门设计和制造的,因此不具有通用性。而第三种硬件通常无须专门设计,只要装入不同的控制软件,便可构成不同类型的 CNC 系统。这种硬件有较大的通用性,易于维修。

5.2.2 单微处理器结构和多微处理器结构

CNC 系统硬件结构分为单微处理器结构和多微处理器结构。

1. 单微处理器结构

在单微处理器结构中,只有一个微处理器,以集中控制、分时处理数控装置的各个任务。其他功能部件,如存储器、接口、位置控制器等都需要通过总线与微处理器相连。尽管有的 CNC 系统有两个以上的微处理器,但其中只有一个微处理器能够控制系统总线,占有总线资源,而其他微处理器成为专用的智能部件,不能控制系统总线,不能访问主存储器。它们组成主从结构,这种结构也被归为单微处理器结构。图 5-3 所示为单微处理器结构框图。

2. 多微处理器结构

CNC 系统的多微处理器结构,是指其中有两个或两个以上的微处理器能控制系统总线或主存储器进行工作的系统结构。多微处理器结构有紧耦合和松耦合两种形式。所谓紧耦合结构是指两个或两个以上的微处理器构成的功能模块之间采用的耦合(相关性强),有集中的操作系统,共享资源。所谓松耦合是指两个或两个以上的微处理器构成的功能模块之间采用的耦合(具有相对独立性或相关性弱),有多重操作系统,能有效地实现并行处理。现代 CNC 系统大多采用多微处理器结构,其原因是:

①在这种结构中,每个微处理器完成系统中规定的一部分功能,独立执行程序,因而,这种结构的 CNC 系统比单微处理器结构的 CNC 系统计算处理速度快。

②多微处理器的 CNC 系统大多采用模块化设计,使软、硬件模块形成一个特定的功能单元,称为功能模块。模块间有明确定义的接口,而且是固定的,这些接口成为工厂标准接口或工业标准接口,彼此可以进行信息交换。这样,便可以构成具有良好的适应性和

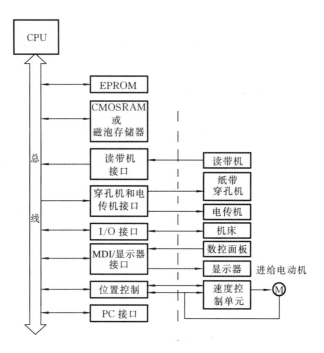

图 5-3 单微处理器结构框图

扩展性且结构紧凑的积木式 CNC 系统,有利于缩短设计、制造周期。

③在微处理器结构的 CNC 系统中,每个处理器分管各自的任务,形成若干模块,如果其中某个模块出了故障,其他模块仍能照常工作,不像单微处理器那样,一旦出故障,将引起整个系统瘫痪。而且插件模块更换方便,可使故障对系统的影响减到最低程度,提高了可靠性。多微处理器结构 CNC 系统的性价比要比单微处理器结构 CNC 系统的高得多,它更适合于多轴控制及要求高进给速度、高精度、高效率的场合。

1) 多微处理器结构 CNC 系统的典型结构

CNC 系统的多微处理器结构中,模块与模块间的相互连接和通信是在机柜内进行的。多微处理器结构 CNC 系统有共享总线和共享存储器的两种典型结构。

(1) 共享总线结构 这种结构的 CNC 系统把所有带 CPU 或 DMA(直接存储器存取)器件的主模块和不带 CPU 或 DMA 器件的各种 RAM/ROM(随机存取/只读存储器)或 I/O 从模块都插在配有总线插座的机柜内,共享严格定义和设计的标准系统总线。系统总线把各个模块有效地连接在一起,按照要求交换各种数据和控制信息,实现各种预定的功能。支持这种系统结构的总线有:SID 总线(支持 8 位和 16 位字长),Multibus 总线(Ⅰ型支持 16 位字长,Ⅱ型支持 32 位字长),S-100 总线(支持 16 位字长),VERSAbus 总线(支持 32 位字长)以及 VME 总线(支持 32 位字长)等。

在这种系统中,只有主模块有权控制系统总线,且在某一时刻只能有一个主模块占有总线,如有多个主模块同时请求使用总线就会产生争用系统总线的问题,这是不允许出现的。为此必须有仲裁电路来判别各模块的优先级,这种优先级顺序按每个主模块所担负任务的重要程度已预先安排好。系统总线仲裁电路通常有串行和并行两种裁决方式。

在串行方式中,各主模块的优先权由它们的链接位置来决定。某个主模块只有在比其优先权更高的主模块释放总线后,才能使用总线,同时通知它后面优先权较低的主模块不得使用总线。在并行方式下,通常采用优先权编码器和译码器等组成的专门逻辑电路来解决各主模块使用总线优先权的判别问题。

共享总线结构的各模块之间的通信主要依靠存储器来实现,即大多采用所谓公共存储器方式。公共存储器直接插在系统总线上,有总线使用权的主模块都能访问,可供任意两个主模块交换信息。

多微处理器共享总线结构框图如图 5-4 所示。共享总线结构具有形式简单、系统配置灵活,容易实现、无源总线造价低等优点,因而常被采用。其不足之处是各主模块使用总线时会引起"竞争"而占用仲裁时间,使信息传输效率降低,总线一旦出现故障会影响全局,故提高总线的可靠性十分重要。

(2)共享存储结构　这种结构的 CNC 系统采用多端口存储器来实现各微处理器之间的相互连接和通信,每个端口都配有一套数据、地址、控制线,以供端口访问。由多端口控制逻辑电路解决访问冲突。图 5-5 所示为具有四个微处理器的共享存储器结构框图。当功能复杂而要求微处理器数量增多时,会争用共享存储器而造成信息传输的阻塞,降低系统效率,故其功能扩展较为困难。

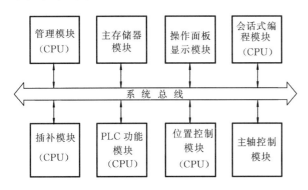

图 5-4　多微处理器共享总线结构框图

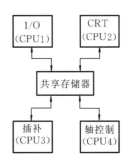

图 5-5　多微处理器共享存储器
　　　结构框图

2)多微处理器结构 CNC 系统的基本功能模块

现代 CNC 系统的模块化设计已日趋成熟,可根据具体情况合理划分模块。多微处理器结构 CNC 系统一般由以下六种基本功能模块组成。

(1)CNC 管理模块　它是管理和组织整个 CNC 系统有条不紊工作的模块,主要包括初始化、中断管理、总线裁决、系统出错识别和处理、系统硬件与软件诊断等功能。

(2)CNC 插补模块　它用于完成插补前的预处理,如零件程序的译码、刀具补偿、坐标位移量计算、进给速度处理等,然后进行插补计算,给定各坐标轴的位置值。

(3)位置控制模块　它用于对坐标给定值与由位置检测器测到的实际坐标值进行比较并获得差值,进行自动加/减速、回基准点、对伺服系统滞后量的监视和漂移补偿,最后得到速度控制的模拟电压(或速度的数字量),去驱动进给电动机。

(4)PLC(PMC)模块　零件程序中的开关量(S、M、T)和来自机床面板的信号在这个模块中进行逻辑处理,实现机床电气设备的启、停,刀具交换,转台分度,工件数量和运转时间的计数,以及各功能和操作方式之间的连锁等。

(5)命令与数据输入/输出和显示模块　它包括零件程序、参数和数据,各种操作命令的输入/输出,以及显示所需要的各种接口电路。

(6)存储器模块 这是指程序和数据的主存储器,或者是模块间数据传送用的共享存储器。

如需扩充功能,可增加相应的模块。

5.2.3 开放式 CNC 系统的硬件结构

技术、市场、生产组织结构等的快速变化,对数控系统的柔性和通用性提出了更高的要求:能根据不同的加工需求迅速、高效、经济地构筑面向客户的控制系统;逐渐减少数控机床生产厂对控制系统供应商的高依赖性;大幅度降低维护和培训成本;改变目前数控系统的封闭型设计,以适应未来车间面向任务和订单的生产组织模式,使底层生产控制系统的集成更为简便和有效。因此,必须认真地重新审视原有控制系统的设计模式,建立新的开放型的系统设计框架,使数控系统向模块化、平台化、工具化和标准化方向发展。在这种背景下,对数控系统开放技术的研究,引起了各国相关部门的广泛重视。

1. 开放式 CNC 系统的定义

参照 IEEE(美国电气与电子工程师协会)对开放式数控系统的规定:一个真正意义上的开放式数控系统,必须具备使不同应用程序协调运行的能力,提供面向功能的动态重构工具,同时提供统一标准化的应用程序用户界面。它应具有以下特征。

(1)可互操作性(interoperability) 不同的应用程序模块通过标准化的应用程序接口运行于系统平台之上,不同模块之间保持平等的相互操作能力,协调工作。这一特征要求数控系统提供标准化的接口、通信和交互模型。

(2)可移植性(portability) 不同的应用程序模块可运行于不同供应商提供的不同的系统平台之上。这一特征是针对 CNC 软件的公用问题。这就要求设计的软件与设备具有无关性,即通过统一的应用程序接口,完成对设备的控制。

(3)可缩放性(scalability) 指增加和减少系统功能,仅表现为特定模块单元的装载与卸载。

(4)可相互替代性(interchangeability) 指具有不同性能与可靠性和不同功能的模块可以相互替代。

由此可见,一个开放式 CNC 系统的开放性体现在:提供标准化环境的基础平台,允许不同开发商所提供不同功能的软、硬件模块介入,以重新构成满足不同需求的 CNC 系统。这也就是说,开放性是从全新的角度分析和实现数控系统的功能,强调系统对控制需求的可重构性和透明性,以及系统功能面向多供应商。

2. 基于 PC(或 IPC)的开放式 CNC 系统的硬件配置形式

1)基于 PC 的有限开放 CNC 系统

这种 CNC 系统大多通过改造原有 CNC 系统的接口而形成,改造后的 CNC 系统能与PC 互连,由 PC 承担 CNC 系统的人机界面功能,原来的 CNC 系统不做结构上的根本改变。这一形式综合了 PC 和原来 CNC 系统的特点,构成了一种有限开放的 CNC 系统。具体有 PC 连接型 CNC 系统和 PC 内藏型 CNC 系统。

(1)PC 连接型 CNC 系统 这种 CNC 系统是将现有 CNC 系统与 PC 用串行线直接相连而构成的。其特点是易于实现,已有的 CNC 系统几乎不加改动就可应用,如图 5-6

所示。如采用低速的串行线相互连接,系统的响应速度会受到影响。

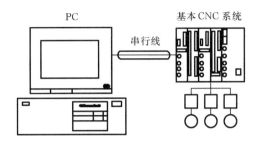

图 5-6　PC 连接型 CNC 系统

这种结构的 PC 主要完成人机交互功能,它可由用户提供,内存大小及软、硬件可任由用户配置,对 CNC 系统的性能、可靠性和功能都无影响。

(2) PC 内藏型 CNC 系统　这种 CNC 系统是在数控装置内部加装 PC,并将 PC 与 CNC 数控装置用专用总线连接而构成的。这种 CNC 系统除保持原有 CNC 系统的性能、可靠性和功能外,还具有数据传送快、系统响应快的特点。GE-FANUC 的 MMC-Ⅳ 集成工作站型 CNC 系统采用了这一结构,如图 5-7 所示。

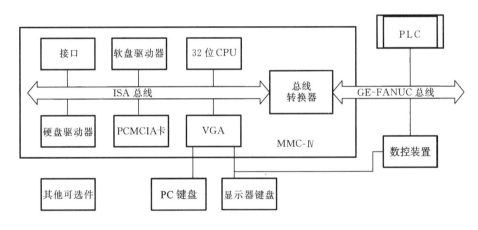

图 5-7　PC 内藏型(MMC-Ⅳ集成工作站型)CNC 系统构成框图

这种系统是在 GE-FANUC 的高速串行总线、CNC 和 MMC-Ⅳ 集成工作站这两种系统的原有结构基础上,加上 PC 的主机板及相应的外设而构成的一种多微处理器 PC 内藏型 CNC 系统。此系统在硬件上把 MMC-Ⅳ 集成工作站、数控装置、PLC 集成在一个机架内,可提供三个 ISA 总线扩展槽以便扩展硬件使用,通过总线转换器将 32 位的 CPU (Intel 486D×250 MHz)与数控装置、PLC 相连,数控装置与 32 位 CPU 通过电子开关切换共用显示器和键盘。而在功能上,PC 只作人机界面(含编程)、大容量存储(程序、文件等)和通信用,不直接用于控制机床(仍由原数控装置担任)。这种系统不需要将数控功能移植到 PC 上而具有一定的开放性。

2) 基于 PC 的可开放 CNC 系统

这种 CNC 是在通用 PC 机的扩展槽中加入专用 CNC 卡而构成的。专用 CNC 卡可完成包括加工轨迹生成在内的几乎所有的 CNC 处理功能。其优点是能充分保证系统性能,软件的通用性强且编程处理灵活。

5.3　CNC 系统软件

5.3.1　CNC 系统软件的组成

CNC 软件分为应用软件和系统软件。应用软件包括零件数控加工程序或其他辅助软件,如 CAD/CAM 软件。这里只介绍 CNC 系统软件。

CNC 系统软件是为实现 CNC 系统各项功能所编制的专用软件,也称控制软件,存放在计算机的 EPROM(可擦编程只读存储器)中。各种 CNC 系统的功能设置和控制方案各不相同,它们的系统软件在结构上和规模上差别很大,但是一般都包括输入数据处理程序、插补运算程序、速度控制程序、管理程序和诊断程序。下面分别介绍它们的作用。

1. 输入数据处理程序

它接收输入的零件加工程序,将标准代码表示的加工指令和数据进行译码、数据处理,并按规定的格式存放。有的系统还要进行补偿计算,或为插补运算和速度控制等进行预计算。通常,输入数据处理程序包括输入、译码和数据处理三个部分。

(1) 输入程序　它主要有两个任务:一个任务是获得从光电阅读机或键盘输入的零件加工程序,并将其存放在工件程序存储器中;另一个任务是从工件程序存储器中把零件加工程序逐段往外调出,送入缓冲区,以便译码时使用。

(2) 译码程序　在输入的工件加工程序中含有工件的轮廓信息、加工速度及其他辅助功能信息,必须在计算机做插补运算与控制操作前将这些信息翻译成计算机内部能识别的语言,译码程序就用于完成此项任务。

(3) 数据处理程序　数据处理程序一般用于完成刀具半径补偿、速度计算以及辅助功能处理等任务。

2. 插补运算程序

CNC 系统根据工件加工程序中提供的数据,如曲线的种类、起点、终点等进行运算。根据运算结果,分别向各坐标轴发出进给脉冲,这个过程称为插补运算。进给脉冲通过伺服系统驱动工作台或刀具做相应的运动,完成程序规定的加工任务。

CNC 系统是一边进行插补运算一边进行加工的,所采用的是一种典型的实时控制方式,所以,插补运算的速度直接影响机床的进给速度,因此应该尽可能地缩短运算时间,这是编制插补运算程序的关键。

3. 速度控制程序

速度控制程序根据给定的速度值控制插补运算的频率,以确保实现预定的进给速度。在速度变化较大时,需要进行自动加减速控制,以避免速度突变而造成驱动系统失步。

4. 管理程序

管理程序负责对数据输入程序、数据处理程序、插补运算程序等为加工过程服务的各种程序进行调度管理。管理程序还要对面板命令、时钟信号、故障信号等引起的中断进行处理。功能较强的管理程序可以使多道程序并行工作,如在插补运算与速度控制阶段之间的空闲时间内进行数据输入处理,即调用各种功能子程序,完成下一数据段的读入、译码和数据处理工作,并且保证在当前数据段加工过程中将下一数据段准备完毕。一旦当前数据段加工完毕,就立即开始下一数据段的插补加工。

5. 诊断程序

诊断程序的功能是在程序运行中及时发现系统的故障,并指出故障的类型。也可以在运行前或故障发生后,检查系统各主要部件(CPU、存储器、接口、开关、伺服系统等)的功能是否正常,并指出发生故障的部位。

5.3.2　CNC系统软件结构

1. CNC系统软、硬件分工与数据转换

在CNC系统中,软件和硬件在逻辑上是等价的,即由硬件完成的工作原则上也可由软件来完成。硬件处理速度快,造价相对较高,适应性差;软件设计灵活、适应性强,但处理速度慢。因此,CNC系统中软、硬件功能的分配比例是由性价比决定的,其也在很大程度上受软、硬件技术的发展水平的影响。实际上,在现代CNC系统中,软、硬件分工并不是固定不变的,而是随着软、硬件技术的发展水平和成本,以及CNC系统所具有的性能不同而在不断发生变化。图5-8所示为三种典型CNC系统的软、硬件分工。

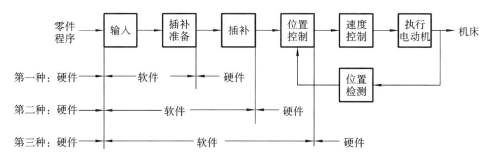

图5-8　三种典型CNC系统的软、硬件分工

同时,随着CNC系统性能与功能要求日益复杂化,软件开发的成本急剧增加,微处理器的处理速度大幅度提高,使用软件开发平台并拥有一个实时多任务操作系统,已成为CNC软件的基本核心要求。所以,CNC软件势必发展成以操作系统为基础的多层次的软件结构,这一点在基于PC的CNC系统中表现尤为明显。

在CNC软件设计中,通常采用面向过程与操作来设计程序的结构化方法,以及面向实体与数据结构来设计程序,然后转向过程的面向对象方法。采用后一种方法比采用前一种方法所设计的程序更为稳定,且采用后一种方法设计的程序可重用。在常规CNC的软件设计中,大多采用基于数据流图的程序结构化设计方法,而在开放式CNC中则多采用面向对象方法。

2. CNC系统的多任务并行处理与实时中断处理

CNC系统作为一个独立的过程数字控制器应用于工业自动化生产,其多任务性表现为它的软件必须完成管理和控制两大任务。其中,系统管理任务包括输入、输入/输出处理、显示、诊断,系统控制任务包括译码、刀具补偿、速度处理、插补、位置控制,如图5-9所示。

同时,CNC系统的这些任务必须协调完成,也就是在许多情况下,某些管理和控制工作必须同时进行。例如,为了便于操作人员及时掌握CNC系统的工作状态,管理软件中的显示模块必须与控制软件同时运行;当CNC系统处在硬件逻辑数控工作方式时,管理软件中的零件程序输入模块必须与控制软件同时运行。而当控制软件运行时,其中一些处理模块也必须同时运行。如为了保证加工过程的连续性,即刀具在各程序段间不停刀,译码、刀具补偿和速度处理模块必须与插补模块同时运行,而插补模块又必须与位置控制模块同时进行。这种任务并行处理关系可见图 5-10。

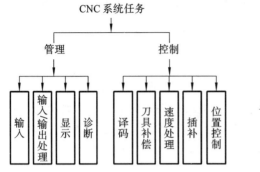

图 5-9　CNC 的任务分解

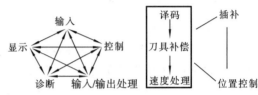

图 5-10　CNC 的任务并行处理关系需求

事实上,CNC 系统是专用的实时多任务计算机系统,其软件必然融合现代计算机软件技术中的许多先进技术,其中最突出的是多任务并行处理和多重实时中断。

(1) 多任务并行处理　多任务并行处理是指计算机在同一时刻或同一时间间隔内完成两种或两种以上相同或不同的工作。并行处理的最显著优点是大幅度提高了运算处理速度。并行处理方法有多种,其中广泛使用的有资源重复、时间重叠和资源分时共享等并行处理方法。

资源重复并行处理是指用多套相同或不同的设备同时完成多种相同或不同的任务。如在 CNC 硬件设计中采用多微处理器的系统体系结构来提高处理速度。时间重叠并行处理也称资源重叠流水处理,是根据流水处理技术,使多个处理过程在时间上相互错开,轮流使用同一套设备的几个部分。如当 CNC 系统处在硬件逻辑数控工作方式时,其数据转换过程是由零件程序输入、插补准备(包括译码、刀补和速度处理)、插补、位置控制四个子过程组成的。如果每个子过程的处理时间分别为 Δt_1、Δt_2、Δt_3 和 Δt_4,则一个零件程序段的数据转换时间将是 $t=\Delta t_1+\Delta t_2+\Delta t_3+\Delta t_4$。如果以顺序方式处理每个零件程序段,即第一个零件程序段处理完以后再处理第二个程序段,依此类推,如图 5-11(a)所示,则在两个程序段的输出之间有一个时间长度为 t 的间隔。尽管这种时间间隔很小(约数十毫秒),但它将造成坐标轴的时走时停,这在加工工艺上是不允许的。消除这种间隔停顿的方法是采用流水处理技术。这种技术的关键是时间重叠,即在一段时间间隔内不是实现一个子过程,而是实现两个或更多的子过程,如图 5-11(b)所示。

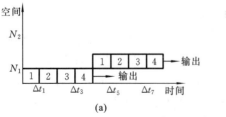

(a)

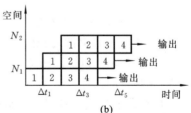

(b)

图 5-11　顺序处理与流水处理
(a)顺序处理;(b)流水处理

由图 5-11 可知,经过流水处理后从时间 t_4 开始,每个程序段的输出之间不再有间隔,从而保证了刀具移动的连续性。

资源分时共享并行处理是指使多个用户按时间顺序使用同一套设备。如在单微处理器结构 CNC 系统中,主要采用 CPU 分时共享原则来实现多任务的同时运行(只有宏观意义)。通常在使用分时共享并行处理方法的计算机系统中,首先要确定各任务何时占用CPU,以及占用多少时间。在 CNC 系统中通常采用循环轮流和中断优先相结合的方法来解决以上问题,如图 5-12 所示。图中,环外任务可随时中断环内各任务的执行,因为环外任务是一些实时性很强的任务。按优先级把各任务分别放在不同中断优先级上。

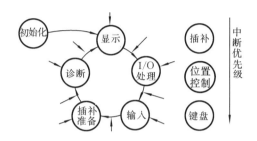

图 5-12　CNC 分时共享的并行处理

目前在 CNC 系统的硬件设计中,广泛采用了资源重复的并行处理方法,而在其软件设计中则主要采用资源重叠的流水线处理和资源分时共享的并行处理。

(2) 多重实时中断　CNC 系统控制软件的另一个重要功能是实时中断处理。CNC系统的多任务性和实时性决定了系统中断成为整个系统必不可少的重要功能。CNC 系统的中断管理主要由硬件完成,而系统的中断结构决定了系统软件的结构。

CNC 系统的中断类型有以下几种。

①外部中断,主要有光电阅读机读孔中断、外部监控中断(如紧急停等)、键盘和操作面板输入中断。前两种中断的实时性要求很高,通常把它们放在较高的中断优先级上,而键盘和操作面板输入中断则放在较低的中断优先级上。有些系统中,甚至用查询的方式来处理中断。

②内部定时中断,主要有插补周期定时中断和位置采样定时中断。有些系统把这两种定时中断合二为一。但在处理时,总是先处理位置控制任务,然后处理插补运算任务。

③硬件故障中断,是各种硬件故障(如存储器、定时器出错,插补运算超时等)检测装置发出的中断。

④程序性中断,是程序出现异常情况(如各种溢出、除零等)而产生的报警中断。

3. 常规 CNC 系统软件结构

如上所述,CNC 系统的软件结构取决于系统采用的中断结构。在常规的 CNC 系统中,已有的结构模式有中断型和前、后台型两种。

1) 中断型结构模式

中断型结构的系统软件将 CNC 系统的各功能模块(除初始化程序外)分别安排在不同级别的中断程序中,无前、后台程序之分。但中断程序有不同的中断优先级,级别高的中断程序可以打断级别低的中断程序。系统软件本身就是一个大的多重中断服务程序,通过各级中断服务程序之间的通信来进行中断处理。各中断服务程序的优先级别与其作用和执行时间密切相关。中断服务程序优先级别及其功能如表 5-1 所示。

表 5-1 中断服务程序优先级别及其功能

优 先 级	主 要 功 能	中 断 源
0	初始化	开机后进入
1	显示器显示,ROM 校验	硬件、主程序
2	工作方式选择,插补准备	16 ms 软件定时
3	PLC 控制	16 ms 软件定时
4	存储器检查报警	硬件
5	插补运算	8 ms 软件定时
6	监控和急停信号	2 ms 软件定时
7	RS-232C 口输入中断	硬件随机
8	纸带阅读机	硬件随机
9	报警	串行传送报警
10	非屏蔽中断	非屏蔽中断产生

2) 前、后台型结构模式

采用前、后台型结构的 CNC 系统软件程序分为前台程序和后台程序。前台程序为实时中断程序,它承担了几乎全部实时任务,用于实现插补、位置控制及数控机床开关逻辑控制等实时功能;后台程序又称背景程序,是一个循环运行程序,用于完成数控加工程序的输入、预处理和管理等各项任务。在背景程序循环运行的过程中,前台的实时中断程序不断定时插入,两者密切配合,共同完成零件的加工任务。系统启动后,运行完初始化程序,便进入背景程序循环。同时定时开放实时中断,每隔一定时间间隔发生一次中断,执行一次实时中断服务程序,执行完毕后返回背景程序。如此循环往复,完成全部任务。这种前、后台型软件结构一般适用于单微处理器系统集中控制。

4. 开放式 CNC 系统的软件结构

根据开放式控制系统的要求,除它的硬件要采用基于标准总线的公用的模块化设计外,其软件还应采用平台技术、统一的标准规范(如标准的操作系统、通信机制、语言接口等)和面向功能元(对象)拓扑结构的应用软件,以保证系统具有开放的基本特征。

1) 开放式 CNC 系统总体结构

一个开放式 CNC 系统的结构可以分为两个部分:统一的系统平台和由各功能结构单元对象(简称功能元对象)组成的应用软件模块,或称系统参考结构,如图 5-13 所示。

功能元对象是指相互独立的、具有一定特性和行为规范的、组成系统功能结构的最基本单位。它具有唯一的连接系统平台的标准化接口,即图 5-13 中的应用程序界面(application program interface,API)。

2) 系统平台

系统平台由系统硬件和系统软件组成。系统硬件由机床的功能需求决定。

系统软件分为三个部分:系统核心,如操作系统、通信系统、实时配置系统等;可选的系统软件,如数据库系统、图形系统等;标准的应用程序界面。应用程序界面是系统功能

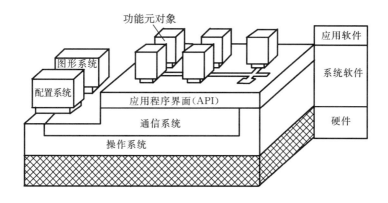

图 5-13　开放式 CNC 系统总体结构图

元对象进入系统平台的唯一途径。它一方面隐藏了系统平台提供的一系列服务,使硬件与软件独立;另一方面,提供了各种功能元对象在各种平台上的统一界面。操作系统、通信系统和实时配置系统构成了整个控制系统运行的基础。

(1) 操作系统　操作系统用于对计算机系统中的主要资源,如处理器、存储器、输入/输出设备,以及数据与文档等进行管理,并为用户提供各种服务。通过这些服务将所有对硬件的复杂操作隐藏起来,为用户提供一个透明的操作环境。

随着 Windows 平台和大量支持 Windows 平台软件的广泛应用,实时控制也逐渐转向 Windows 操作系统,如 Windows NT。但 Windows NT 本身并非为工业控制用途而设计的实时操作系统,它只是一种"软"实时操作系统,做出反应所需的时间为数毫秒或更长。而适合于工业控制的应是"硬"实时操作系统,其做出反应所需的时间在数微秒之内。目前,Microsoft 公司在 Windows CE 操作系统中加入了"硬"实时功能,以适应工业控制系统的要求。

(2) 通信系统　通信系统是系统平台与各功能模块进行信息交互的唯一途径,它既支持同一系统平台上各个功能元对象之间的信息交互,又可通过不同的传输机制支持不同系统平台上功能元对象之间的信息交互。因此,系统内部的通信应参照 ISO/OSI (open system interconnection,开放系统互连)的参考模型,遵循广泛认同的面向消息的通信机制(message-oriented communication),建立一个能够满足实时需求的内部通信子系统,提供各功能元对象间的相互操作;系统与外部上层系统的通信也应基于标准协议,如 AP(应用程序协议);系统与下层系统(如传感器)的通信,应采用标准的驱动接口和域总线。

(3) 配置系统　配置系统划分系统平台所需实例化的功能元对象,并对其进行实时配置,即允许系统根据配置清单和有关参数,在系统初始化时,动态生成系统控制的软件拓扑结构。这一功能是实现 CNC 系统开放性的关键。

常规 CNC 系统的配置系统属于静态配置系统,是通过设置参数来完成配置的。针对不同功能的控制系统,有大量的参数需要设置和调整,不同型号系统的参数数量及用途也各不相同。因此,调整机床参数的工作量是相当大的。且一旦参数调整完毕,修改和增加系统功能将非常困难。

开放式 CNC 系统的配置系统应是一种动态实时配置系统,它既可以在 CNC 系统运行之前将其配置好,又可在系统运行期间对其进行重新配置而不必对系统进行重新编译和连接。这一实现得益于面向对象的编程技术。

由上述可知,系统平台设计与开发的关键是面向对象软件技术、软件重构技术、通信技术,以及各种接口规范的应用和建立。通过面向对象技术规范 API 定义,结合动态对象的识别和系统动态重构技术,为实现系统的功能开放性和动态配置提供基础。通信技术和面向对象技术的结合又产生了面向对象任务的实时通信机制。

5. 系统参考结构

参考结构描述了一个控制系统由哪些模块组成,以及这些模块提供了什么开放式接口。系统的控制功能是由系统各个功能模块所组成的。而每一个功能模块都是由功能相对独立的功能元对象按照一定的逻辑关系所组成的。系统的参考结构的作用就是:精确描述功能元对象和功能模块之间的关系,以及各模块之间的关系;精确定义各模块和各功能元对象的行为和属性,以及模块和功能元对象与系统平台之间的界面,以保证不同供应商提供的功能模块在不同平台上协调工作。

为了建立 CNC 系统的参考结构,必须对现有数控系统的功能和用户需求进行详细而全面的分析,总结现有系统控制结构的共同概念,形成各种功能元的共性和个性。利用面向对象技术确定功能元对象的功能、属性和行为,并把各种控制功能元对象组织成系统的功能组织结构,建立开放系统的面向功能任务的控制系统的体系结构模型。同时,描述和定义功能元对象之间的相互操作关系及其层次组织关系,分析和确定数据流和功能元的规范行为界面,使得各种功能元对象在整个系统中成为提供一定服务的独立对象。按照数控系统的控制模型,把特定的功能元对象组织成具有一定拓扑关系的功能模块(功能域),不同的功能域相互保持操作的独立性,为系统功能的可变性提供前提。一种简化的层次化参考结构如图 5-14 所示。

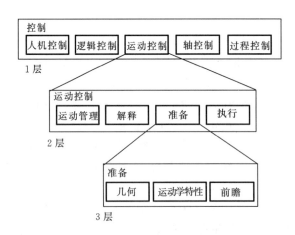

图 5-14 功能模块与功能元的层次划分

建立系统参考结构的关键是在分析和掌握现有数控系统的功能和实现技术的基础上,有效地利用成组技术、面向对象技术进行系统功能的分解和划分,析取各种控制功能的共有属性和私有特性,明确和定义各功能模块相对功能元的行为及它们的相互操作界面。

5.4 CNC 系统的控制原理与功能

5.4.1 CNC 系统的控制原理

1. 零件程序的输入

数控加工程序的输入,通常是指将编制好的零件加工程序送入数控装置的过程,可分为手动输入和自动输入两种方式。手动输入一般是指通过键盘输入。自动输入可采用纸带、磁带、磁盘等程序介质。随着 CAD/CAM 技术的发展,越来越多地使用通信输入方式来实现自动输入。

CNC 系统一般在存储器中开辟一个零件程序缓冲区,作为零件程序进入 CNC 系统的必经之路。

2. 译码

所谓译码是指将输入的数控加工程序段按一定规则翻译成计算机能够识别的数据形式,并按约定的格式存放在指定的译码结果缓冲器中。不论系统处在存储器方式还是硬件逻辑数控工作方式下,译码处理都是将零件程序的一个程序段作为单位进行处理。具体地说,译码也就是把其中的零件轮廓(包括起点、终点、直线或圆弧等信息)、进给速度信息(F 代码)和其他辅助信息(M、S、T 代码等)按照一定的语法规则解释成计算机能够识别的数据形式,并以一定的数据格式存放在指定的内存专用区域。

在译码过程中,还要完成对程序段的语法检查,若发现语法错误便立即报警。

3. 刀具补偿

经过译码后得到的数据,还不能直接用于插补控制,要通过刀具补偿计算,将编程轮廓数据转换成刀具中心轨迹的数据才能用于插补。刀具补偿分为刀具长度补偿和刀具半径补偿。

1) 刀具长度补偿

在数控立式铣镗床上,当刀具磨损或更换刀具使 Z 向刀尖不在原初始加工的程编位置时,必须在 Z 向进给中通过伸长(见图 5-15)或缩短一个偏置值 e 的办法来补偿其尺寸的变化,以保证加工深度仍然能达到原设计要求。

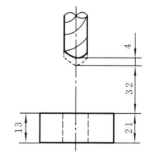

刀具长度补偿由准备功能 G43、G44、G49 以及 H 代码指定。用 G43、G44 指令分别指定正向和负向偏置。用 G49 指令指定补偿撤销,用 H 代码指示偏置存储器中所存偏置量的地址。无论是绝对还是增量指令,G43 总是用于将 H 代码指定的已存入偏置存储器中的偏置值加到主轴运动指令指定的终

图 5-15 刀具长度补偿分析

点坐标值上去,而 G44 则用于从主轴运动指令指定的终点坐标值中减去偏置值。G43、G44 是模态 G 代码。

用 H 代码后跟两位数指定偏置号,在每个偏置号所对应的偏置存储区中,通过键盘或纸带预先设置相应刀具的长度补偿值。对应偏置号 00 即 H00 的偏置值通常不设置,取为 0,相当于采用了刀具长度补偿撤销指令 G49。

2）刀具半径补偿

如前文所述,刀具半径补偿是指数控装置使刀具中心偏移零件轮廓一个指定的刀具半径值。根据 ISO 标准,当刀具中心轨迹在程序加工前进方向的右侧时,称为右刀具半径补偿,用 G42 表示;反之,称为左刀具半径补偿,用 G41 表示;撤销刀具半径补偿用 G40 表示。

刀具半径补偿功能的优点是:在编程时可以按零件轮廓编程,不必计算刀具中心轨迹;刀具磨损、刀具更换后不要重新编制加工程序;可以采用同一程序进行粗、精加工;可以采用同一程序加工凸、凹模。

在进行刀具半径补偿时,数控机床调整人员应根据加工需要,选择或刃磨好所需刀具,测量出每一把刀具的半径值,通过数控机床的操作面板,在 MDI 方式下,把半径值输入数控系统。

4. 插补

由于指令行程信息的有限性,如对于一条直线仅给定的起、终点坐标;对于一段圆弧除给定其起、终点坐标及圆心坐标或圆弧半径。这样,要进行轨迹加工,CNC 必须从一条已知起点和终点的曲线上自动进行数据点密化工作,这就是所谓的插补。如前文所述,插补是在规定的周期(称插补周期)内执行一次,即在每个周期内、按指令进给速度计算出一个微小的直线数据段。通常经过若干个插补周期后,插补完一个程序段的加工,也就完成了从程序段起点到终点的数据点密化工作。

目前,一般的 CNC 系统都有直线、圆弧及螺旋线插补功能。根据需要,某些较高档的 CNC 系统还可配置椭圆、抛物线、正弦线和一些专用曲线的插补功能。

5. 位置控制

位置控制单元处在伺服回路的位置控制环上,它的主要工作是在每个采样周期内,将插补计算出的理论位置与实际反馈位置相比较,用所得的差值去控制进给电动机。这一工作可以由软件来完成,也可由硬件来完成。在位置控制中,通常还要完成位置回路的增益调整、各坐标方向的螺距误差补偿和反向间隙补偿,以提高机床的定位精度。

6. 速度控制

在零件数控程序中,F 指令设定了进给速度。速度控制的任务是为插补提供必要的速度信息。由于各种 CNC 系统采用的插补方法不同,所以速度控制计算方法也不相同。

1）脉冲增量插补方式下的速度计算

脉冲增量插补方式用在以步进电动机为执行元件的系统中,坐标轴运动是通过控制步进电动机输出脉冲的频率来实现的。速度计算就是根据编程的 F 值来确定脉冲频率值。步进电动机走一步,相应的坐标轴移动一个对应的距离 δ(脉冲当量)。进给速度 F 与脉冲频率 f 之间的关系为

$$f = \frac{F}{60\delta}$$

式中:f 为脉冲频率,Hz;F 为进给速度,mm/min;δ 为脉冲当量,mm/脉冲。

两轴联动时,各坐标轴的进给速度分别为

$$F_x = 60\delta f_x$$
$$F_y = 60\delta f_y$$

式中:F_x、F_y 分别为 x 轴、y 轴的进给速度,mm/min;f_x、f_y 分别为 x 轴、y 轴步进电动机的脉冲频率。

合成进给速度为

$$F = \sqrt{F_x^2 + F_y^2}$$

2）数据采样法插补方式下的速度计算

数据采样法插补程序在每个插补周期内被调用一次，向坐标轴输出一个微小位移增量。这个微小的位移增量被称为一个插补周期内的插补进给量，用 f_s 表示。根据数控加工程序中的进给速度 F 和插补周期 T，可以计算出一个插补周期内的插补进给量为

$$f_s = \frac{KFT}{6 \times 1\,000}$$

式中：f_s 为一个插补周期内的插补进给量，mm；T 为插补周期，ms；F 为编程进给速度，mm/min；K 为速度系数（快速倍率、切削进给倍率），反映速度倍率的调整范围，$K = 0\% \sim 200\%$。

由此可得到指令进给值 f_s，即系统处于稳定进给状态时的进给量，因此称 f_s 为稳态速度。在数控机床启动、停止或加工过程中改变进给速度时，还需要进行自动加减速处理。关于这方面可参考 4.4.2 节内容。

上述 CNC 的工作内容和过程可用图 5-16 来概括地表示。

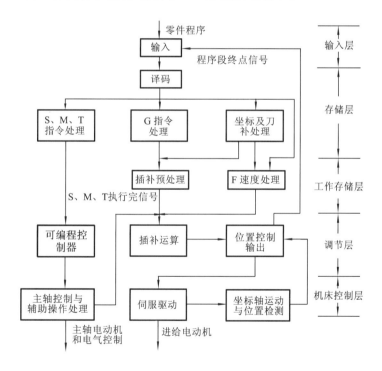

图 5-16　CNC 的信息流程图

5.4.2　CNC 控制器的功能

CNC 控制器的功能通常包括基本功能和选择功能。基本功能是数控系统必备的功能，选择功能是供用户按数控机床特点和用途进行选择的功能。CNC 控制器通常有如下主要功能。

1. 轴控制功能

CNC 控制器可同时控制各轴运动。一般数控车床只有两根同时控制的轴。数控铣床、数控镗床和加工中心需要有三根或三根以上的控制轴,而同时控制的轴数按用途不同可以是 2 或 3 等。加工空间曲面的数控机床则需要同时控制三根以上的轴。控制的轴数越多,尤其是同时控制的轴数越多,CNC 控制器就越复杂,多轴联动的零件程序编制也越困难。

2. 准备功能

准备功能也称 G 功能,它是用来指定机床运动方式的功能,包括基本移动、平面选择、坐标设定、刀具补偿、固定循环、公英制转换等指令。用 G 和它后面的两位数字表示。

3. 插补功能

CNC 系统是通过软件插补来实现刀具运动的轨迹的。由于轮廓(连续)控制对实时性的要求很高,软件插补的计算速度较难满足数控机床对进给速度和分辨率的要求,以及对 CNC 系统不断扩展其他方面的功能而减少插补计算所占用 CPU 的时间的要求。因此,CNC 的插补功能实际上被分为粗插补和精插补,软件每次插补一个小线段数据称为粗插补;伺服接口根据粗插补的结果,将小线段分成单个脉冲输出,称为精插补。

进行轮廓加工的零件轮廓大多是由直线和圆弧构成的,有的零件轮廓由更复杂的曲线构成,因此有直线、圆弧、抛物线、正弦曲线、圆柱螺旋线、样条曲线插补等。

4. 进给功能

根据机械加工工艺要求,CNC 控制器的进给功能用 F 指令来实现。CNC 控制器的进给功能如下。

(1)切削进给速度设置 对于移动轴,切削进给速度指刀具每分钟进给的毫米数。对于回转轴,表示每分钟进给的度数,如 F12,表示每分钟进给 12°。

(2)同步进给速度设置 同步进给速度指按主轴每转进给的毫米数规定的进给速度,如 0.01 mm/r。只有主轴上装有位置编码器的数控机床才能指定同步进给速度,指定同步进给速度是为了便于切削螺纹编程。

(3)快速进给速度设置 它通过参数设定,并可通过操作面板上的快速倍率开关进行调整。快速进给用 G00 指令实现。

(4)进给倍率调整 进给倍率通过设置在操作面板上的进给倍率开关来给定,其值通常可在0~200%之间变化,每挡间隔10%。利用倍率开关,不用修改程序中的 F 值,就可改变机床的进给速度,对每分钟进给量和每转进给量都有效,但需注意在切削螺纹时倍率开关应不起作用。

5. 主轴功能

主轴功能是指定主轴转速的功能,主轴转速用 S 代码和其后面的数值表示,其单位是 r/min。在机床操作面板上装有主轴倍率开关,可以不修改程序而改变主轴转速。

6. 辅助功能

辅助功能用来控制主轴的启、停和转向,切削液开关的打开和关闭,刀库的启、停。它用 M 代码加两位数表示。

7. 刀具功能和第二辅助功能

刀具功能用来选择所需刀具,用 T 的两位数或四位数表示。第二辅助功能用来指定工作台的分度,用 B 代码加三位数表示。

8. 补偿功能

补偿功能中的一种是指刀具尺寸补偿和程序段自动转接,以简化编程;另一种是指丝杠的螺距误差反向间隙或者如热变形补偿等,这是提高机床加工精度的补偿。不管怎样,这两种补偿都是通过将补偿量输入 CNC 控制器的存储器,按此补偿量重新计算刀具的运动轨迹和坐标尺寸,而加工出符合要求的零件。

9. 字符、图形显示功能

CNC 控制器可配置单色或彩色显示器,通过软件和接口实现字符和图形显示。通常可显示程序、参数、各种补偿量、坐标位置、故障信息、人机对话编程菜单、零件图形及表示实际切削过程的动态刀具轨迹等。

10. 自诊断功能

为了防止故障的发生或扩大,以及在故障出现后迅速查明故障的类型及部位,缩短故障停机时间,CNC 控制器中设置了各种诊断程序。不同的 CNC 控制器设置的诊断程序是不同的,且诊断能力也不同。但是,诊断程序一般都可以包含在系统程序中,在系统运行过程中进行检查和诊断。诊断程序也可作为服务性程序,在系统运行前或故障停机后进行诊断,查找故障的部位,有的 CNC 控制器可以进行远程通信诊断。

11. 通信功能

为了适应柔性制造和计算机集成制造等方面的需求,CNC 控制器通常都具有 RS-232C 通信接口。有的还备有 DNC 接口,DNC 接口设有缓冲存储器,可以数控格式输入,也可以二进制格式输入,进行高速传输。有的 CNC 控制器还可与 MAP(制造自动化协议)接口相连,接入工厂的通信网络。

12. 人机交互图形编程功能

当前,为了进一步提高数控机床的开动率,数控程序特别是较为复杂零件的数控程序的编制都要通过计算机辅助进行,尤其是利用图形进行自动编程,以提高编程效率。同时,提出了面向车间的编程,以解决复杂零件程序编制这个瓶颈问题。

现代 CNC 控制器具有人机交互图形编程功能。这种功能目前表现为有的 CNC 控制器可以根据蓝图直接编制程序,即操作工或编程员只需将图样上简单表示的几何尺寸,如角度、半径等输入 CNC 控制器,CNC 控制器就能自动地计算出全部交点、切点和圆心坐标,生成加工程序;有的 CNC 控制器可根据引导图和显示说明进行对话式编程,并对数控车床具有自动工序选择,对数控铣或加工中心具有使用刀具、切削条件的自动选择等智能功能;有的 CNC 控制器备有用户宏程序及订货时选定的用户宏程序。有了这些功能,未受过 CNC 控制器编程专门训练的机械工人,都能很快进行程序编制工作。

轴控制功能、准备功能、插补功能、进给功能、刀具功能及刀具补偿功能、主轴功能、辅助功能、字符显示功能、自诊断功能等都是数控系统必备的基本功能,而某些补偿功能、固定循环功能、图形显示功能、通信功能,以及人机交互图形编程功能等则是数控系统有特色的选择功能。这些功能有机组合,可以满足不同用户的要求。

5.5　典型数控系统

目前,在我国应用的数控系统有国外国内的产品。国外的产品主要有,日本 FANUC

公司生产的 FANUC 系列数控系统(见表5-2),德国 SIEMENS 公司生产的 SINUMERIK 系列数控系统(见表5-3),以及西班牙 FAGOR 公司生产的 FAGOR 系列数控系统等。国内的数控系统在"八五"攻关后,基本上形成了两种平台,开发出了四个基本系统,其中,华中Ⅰ型、中华2000型和华中世纪星 HNC-21/22 系列(见表5-4)是将数控专用模块嵌入通用 PC 构成的单机数控系统,而航天Ⅰ型和蓝天Ⅰ型是将 PC 嵌入数控装置构成的多机数控系统,形成了典型的前后台结构。

日本 FANUC
系列数控系统

西门子 828D
数控系统

HNC-21-22T
数控系统

表 5-2 日本 FANUC 系列数控系统

系 列	主 要 特 点
FS0	可组成面板装配式的数控系统,易于组成机电一体化系统。主要有 FS0-T、FS0-TT、FS0-M、FS0-ME、FS0-G、FS0-F 等型号。T 型用于单刀架单主轴的数控车床,TT 型用于单主轴双刀架或双主轴双刀架的数控车床,M 型用于数控铣床或加工中心,G 型用于磨床,F 型是对话型数控系统
FS10/11/12	此系列有很多品种,可用于各种机床。它的规格型号有:M 型,T 型,TT 型,F 型等
FS15	此系列是 FANUC 公司较新的 32 位数控系统,被称为 AI(人工智能)数控系统。该系列数控系统是按功能模块结构构成的,可以根据不同的需要组合成最小至最大系统,控制轴数为 2～15,同时还有 PMC 的轴控制功能,可配置备有 7、9、11 和 13 个槽的控制单元母板,在控制单元母板上插入各种印制电路板,采用了通信专用微处理器和 RS422 接口,并有远距离缓冲功能。该系列数控系统在硬件方面采用了模块式多主总线(FANUC BUS)结构,为多微处理器控制系统,主 CPU 为 68020,同时还有一个子 CPU。所以该系列的数控系统适用于大型机床、复合机床的多轴控制和多系统控制
FS16	此系列是在 FS15 系列之后开发的产品,其性能介于 FS15 系列和 FS0 系列之间。在显示方面,FS16 系列采用了薄型 TFT(薄膜晶体管)彩色液晶显示等新技术
FS18	此系列是紧接着 FS16 系列数控系统推出的 32 位数控系统。其性能在 FS15 系列和 FS0 系列之间,但差于 FS16 系列。它的特点是:采用了高密度三维安装技术;采用了四轴伺服控制、二轴主轴控制技术;PMC(可编程机器控制器)及显示等全部基本功能都集成在两个模板中;为降低成本,取消了 RISC 等高价功能;TFT 彩色液晶显示;画面上可显示控制电动机的波形,以便于调整控制电动机;在操作、机床接口、编程等方面均与 FS16 系列有互换性
FS21/210	该系列有 FS21MA/MB 和 FS21TA/TB、FS210MA/MB 和 FS210TA/TB 等型号。本系列的数控系统适用于中小型数控机床

表 5-3　德国 SIEMENS 公司的 SINUMERIK 系列数控系统

系　　列	主　要　特　点
SINUMERIK 8	该系列生产于 20 世纪 70 年代末。主要型号有 SINUMERIK 8M/8ME/8ME-C、Sprint 8M/8ME/8ME-C,主要用于钻床、镗床和加工中心等机床。SINUMERIK 8MC/8MCE/8MCE-C 主要用于大型镗铣床。SINUMERIK 8T/Sprint 8T 主要用于车床。其中 Sprint 系列具有蓝图编程功能
SINUMERIK 3	该系列的产品生产于 20 世纪 80 年代初。有 M 型、T 型、TT 型、G 型和 N 型等,适用于各种机床的控制
SINUMERIK 810/820	该系列的产品生产于 20 世纪 80 年代中期。810 和 820 在体系结构和功能上相近
SINUMERIK 850/880	该系列的产品生产于 20 世纪 80 年代末。有 850M、850T、880M、880T 等型号
SINUMERIK 840D	该系列产品生产于 1994 年,是新设计的全数字化数控系统。具有高度模块化及规范化的结构,它将数字控制和驱动控制功能集成在一块板子上,便于操作、编程和监控
SINUMERIK 810D	该系列产品生产于 1996 年。SINUMERIK 810D 数控系统是在 SINUMERIK 840D 数控系统的基础上开发的,该系统配备了功能强大的软件,使其具有如下特点。 (1) SINUMERIK 810D 的数控系统将 CNC 和驱动控制功能集成在一块板子上,所以该系统没有驱动接口。 (2) 软件功能方面,提供了新的使用功能,如提前预测功能、坐标变换功能、固定点停止功能、刀具管理功能、样条(A、B、C 样条)插补功能、压缩功能、温度补偿功能,极大地拓宽了 SINUMERIK 810D 的应用范围。 (3) SINUMERIK 810D 集成了多种功能和选择部件,它不仅仅局限于数控机床配套,在木材加工、石材处理和包装机械等行业也有广阔的应用前景。 1998 年,在 SINUMERIK 810D 的基础上,SIEMENS 公司又推出了基于 SINUMERIK 810D 系统的现场编程软件 ManulTurn 和 ShopMill。前者适用于数控车床的现场编程,后者适用于数控铣床的现场编程。这两个软件的共同特点是不需专门的编程培训,使用传统操作机床的模式就可以对数控机床进行操作和编程
SINUMERIK 802	该系列数控系统有 802S、802C、802D 等型号,其中 802S 主要用于经济型车床

表 5-4　华中数控系统(HNC)

系　　列	主　要　特　点
华中Ⅰ型	华中Ⅰ型数控系统的主要产品有:HNC-IM 铣床、加工中心数控系统,HNC-IT 车床数控系统,HNC-IY 齿轮加工数控系统,HNC-IP 数字化仿形加工数控系统,HNC-IL 激光加工数控系统,HNC-IG 五轴联动工具磨床数控系统,HNC-IFP 锻压、冲压加工数控系统,HNC-IME 多功能小型铣床数控系统,HNC-ITE 多功能小型车床数控系统,HNC-IS 高速纫缝机数控系统等
华中 2000 型	HNC-2000 型数控系统是在 HNC-Ⅰ型数控系统的基础上开发的高档数控系统。该系统采用通用工业 PC 机、TFT 真彩色液晶显示器,具有多轴多通道控制功能和内装式 PC,可与多种伺服驱动单元配套使用。具有开放性好、结构紧凑、集成度高、可靠性好、性能价格比高、操作维护方便等优点。 HNC-2000 型数控系统已开发和派生的数控系统产品主要有 HNC-2000M 铣床数控系统,加工中心数控系统,HNC-2000T 车床数控系统,HNC-2000Y 齿轮加工数控系统,HNC-2000P 数字化仿形加工数控系统,HNC-2000L 激光加工数控系统,HNC-2000G 五轴联动工具磨床数控系统等
华中世纪星 HNC-21/22 系列	HNC-21/22 系列产品是武汉华中数控股份有限公司在国家"八五"、"九五"科技攻关重大科技成果——华中Ⅰ型(HNC-1)高性能数控系统的基础上,为满足市场要求,开发的高性能中高档数控系统。HNC-21/22 可控制 6 个进给轴和 1 个主轴,最大联动轴数为 6,可与数控车、车削中心、数控铣、加工中心、数控专机、车铣复合机床等机床配套

思考题与习题

重点、难点和
知识拓展

5-1　简述数控系统在数控机床控制中的作用。

5-2　CNC 系统应有哪些基本功能? 要实现这些功能,其控制器结构应具备哪些必要的条件或环境?

5-3　数控系统要进行哪些方面的数据处理? 最终输出哪些控制信号?

5-4　单微处理器结构和多微处理器结构各有何特点?

5-5　试描述 CNC 控制的基本数学模型。

5-6　多微处理器数控系统的共享总线结构和共享存储器结构有何区别?

5-7　试用框图表达 CNC 系统工作过程的信息处理情况。

5-8　何谓常规的和开放式的 CNC 系统?

5-9　数控系统各级中断一般包括哪些主要功能?

5-10　目前市场上常见的数控系统有哪几大公司的产品? 简述它们的特点。

第6章 位置检测装置

6.1 概 述

6.1.1 检测概述

CNC系统的组成如图6-1所示,其中伺服驱动及位置检测装置的作用是接收CNC装置发出的进给速度和位移指令信号,由伺服驱动电路(如速度控制单元)进行一定的转换和放大后,经伺服驱动装置(如用直流伺服电动机)驱动机床的工作台运动,同时由位移传感器检测执行机构的实际位置,并反馈给CNC装置,实现闭环驱动,使机床进给部件的位置速度得到准确控制。数控系统的工作过程是在硬件的支持下,执行软件的全过程。通过软件实现部分或全部数控功能。

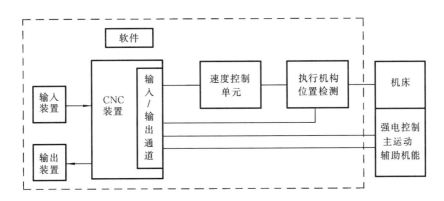

图6-1 CNC系统的组成

图6-2所示为富士通CNC系统的原理图,该系统是一个微型CNC系统,通过该原理图可进一步了解CNC系统的组成原理。该系统采用了M6800微处理机,这是一种8位微处理机。系统内有ROM和RAM两种存储器,ROM存放控制程序,RAM存放中间数据和用户加工程序。该系统具有与机床操作面板、纸带阅读机、手摇脉冲发生器、机床控制器连接的输入/输出接口,采用直流伺服电动机驱动,由脉冲编码盘检测位移实现位置反馈;采用大规模集成(LSI)电路实现插补运算,运算速度高。

6.1.2 检测元件的作用与分类

检测元件是数控机床伺服系统的重要组成部分。它的作用是检测位移和速度,发送反馈信号,构成闭环控制。数控机床的运动精度主要由检测系统的精度决定。位置检测系统能够测量的最小位移量称为分辨率。分辨率不仅取决于检测元件本身,也取决于测量线路。在设计数控机床,尤其是高精度或大中型数控机床时,必须选用检测元件。

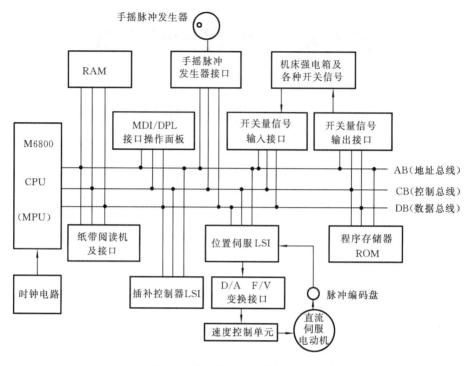

图 6-2 富士通 CNC 系统原理图

注:LSI 指大规模集成电路。

数控机床对检测元件的主要要求有:①高可靠性和高抗干扰性;②满足精度与速度要求;③使用维护方便,适合机床运行环境;④成本低。

不同类型的数控机床对检测系统有不同的要求。一般来说,对于大型数控机床,要求其速度响应高,而对于中型和高精度数控机床,则主要要求其具有高的精度。一般要求检测系统的分辨率比加工精度高一个数量级。

位置检测装置的分类如图 6-3 所示。

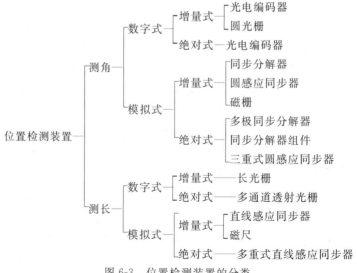

图 6-3 位置检测装置的分类

　　对机床的直线位移采用直线型检测元件测量称为直接测量。其测量精度主要取决于测量元件的精度,不受机床传动精度的影响。

　　对机床的直线位移采用回转型检测元件测量称为间接测量。间接测量精度取决于测量元件和机床传动链两者的精度。

6.2　旋转变压器

6.2.1　旋转变压器的结构和工作原理

　　旋转变压器(又称同步分解器)是一种旋转式的小型交流发电机,它由定子和转子组成。图 6-4 所示的是一种无刷旋转变压器的结构,左边为分解器,右边为变压器。分解器主要由定子 3 与转子 8 构成,定子与转子上分别绕有两相交流分布绕组 9 与 10,两绕组的轴线相互垂直。另一部分是变压器,它的一次线圈(转子绕组 5)绕在与分解器转子轴同轴线的变压器转子 6 上,与电动机轴 1 一起旋转;一次线圈与分解器转子的一个绕组并联相接,分解器转子的另一个绕组与高阻抗相接。变压器的二次线圈(定子绕组 4)绕在与变压器转子同心的定子 7 上。二次线圈的线端引出输出信号。变压器的作用是将分解器转子绕组上的感应电动势传输出来,这样就省掉了电刷和滑环。分解器定子绕组为旋转变压器的原边,分解器转子绕组为旋转变压器的副边,激磁电压接到原边,激磁频率通常为 400 Hz、500 Hz、1 000 Hz、5 000 Hz。其结构简单,动作灵敏,对环境无特殊要求,维护方便,输出信号的幅度大,抗干扰性强,工作可靠,为数控机床经常使用的位移检测元件之一。图 6-5 为一种绕线式旋转变压器。

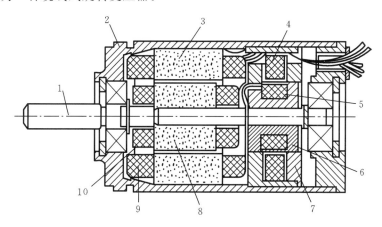

图 6-4　无刷旋转变压器的结构

1—电动机轴;2—外壳;3—分解器定子;4—变压器定子绕组;5—变压器转子绕组;
6—变压器转子;7—变压器定子;8—分解器转子;9—分解器定子绕组;10—分解器转子绕组

　　旋转变压器是根据互感原理工作的。它的结构设计与制造保证了定子与转子之间的空气隙内的磁通分布呈正弦规律,当定子绕组上加交流激磁电压时,通过互感在转子绕组中产生感应电动势,其输出电压的大小取决于定子与转子两个绕组轴线在空间的相对位置 θ 角。两者平行时互感最大,副边的感应电动势也最大;两者垂直时互感为零,感应电动势也为零。

旋转变压器的
工作原理

图 6-5　绕线式旋转变压器

当两者呈一定角度时,其互感按正弦规律变化,如图 6-6 所示,副边绕组中产生的感应电压为

$$U_2 = KU_1\sin\theta = KV_{\mathrm{m}}\sin\omega t\sin\theta \tag{6-1a}$$

式中:K 为变压比,$K = W_1/W_2$,W_1、W_2 为两个绕组的匝数;U_1 为定子的激磁电压,$U_1 = V_{\mathrm{m}}\sin\omega t$;$V_{\mathrm{m}}$ 为定子的最大瞬时电压。

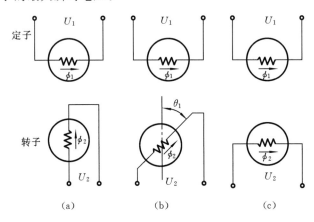

图 6-6　旋转变压器的工作原理图
$(a)\theta = 0°$;$(b)\theta = \theta_1$;$(c)\theta = 90°$

当转子绕组磁轴转到与定子绕组磁轴平行($\theta = 90°$)时,如图 6-5(c)所示,最大的互感电压为

$$U_2 = KV_{\mathrm{m}}\sin\omega t \tag{6-1b}$$

6.2.2　旋转变压器的工作原理

旋转变压器作为位置检测元件,有两种测量方式:鉴相测量和鉴幅测量。

通常采用的是正弦、余弦旋转变压器,其定子和转子绕组中各有互相垂直的两个绕组(见图 6-7)。

(1)鉴相测量　在此状态下,旋转变压器的定子两相正交绕组即正弦绕组 S 和余弦绕组 C 中分别加上幅值相等、频率相同而相位相差 90°的正弦交流电压(见图 6-6)。

$$U_s = V_{\mathrm{m}}\sin\omega t \tag{6-2}$$

$$U_c = V_{\mathrm{m}}\cos\omega t \tag{6-3}$$

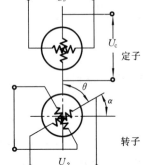

图 6-7　定子和转子

这两相激磁电压会产生旋转磁场,在转子绕组中(另一绕组

短接)感应电动势为

$$U_2 = U_s \sin\theta + U_c \cos\theta$$
$$= KV_m \sin\omega t \sin\theta + KV_m \cos\omega t \cos\theta$$
$$= KV_m \cos(\omega t - \theta)$$

测量转子绕组输出电压的相位角 θ,即可测得转子相对于定子的空间转角位置。在实际应用时,把对定子绕组激磁的交流电压相位作为基准相位,与转子绕组输出电压相位做比较,来确定转子转角的位移。

(2)鉴幅测量 这种应用中,定子两相绕组的激磁电压为频率相同、相位相同而幅值分别按正弦、余弦规律变化的交变电压,即

$$U_s = V_m \sin\theta \sin\omega t \qquad (6\text{-}4)$$
$$U_c = V_m \cos\theta \sin\omega t \qquad (6\text{-}5)$$

激磁电压频率为 $2\sim4$ kHz。

定子激磁信号产生的合成磁通在转子绕组中产生感应电动势 U_2,其大小与转子和定子的相对位置即 θ_m 有关,并与激磁的幅值 $V_m \sin\theta$ 和 $V_m \cos\theta$ 有关,即

$$U_2 = KV_m \sin(\theta - \theta_m) \sin\omega t \qquad (6\text{-}6)$$

若 $\theta_m = \theta$,则 $U_2 = 0$。

从物理概念上理解,$\theta_m = \theta$ 表示定子绕组合成磁通 Φ 与转子绕组的线圈平面平行,即没有磁力线穿过转子绕组线圈,故感应电动势为零。当 Φ 垂直于转子绕组线圈平面,即 $\theta_m = \theta \pm 90°$ 时,转子绕组中感应电动势最大。

在实际应用中,根据转子误差电压的大小,不断修改定子激磁信号的 θ(即激磁幅值),使其跟踪 θ_m 的变化。当感应电动势 U_2 的幅值 $KV_m \sin(\theta - \theta_m)$ 为零时,θ 角的大小就是被测角位移 θ_m 的大小。

6.3 感应同步器

6.3.1 感应同步器的结构

感应同步器是从旋转变压器发展而来的直线式感应器,相当于一个展开的多极旋转变压器。它是利用滑尺上的激磁绕组和定尺上的感应绕组之间相对位置变化造成的电磁耦合的变化,发出相应的位置电信号来实现位移检测的。

感应同步器分直线式和旋转式两种,前者用于长度测量,后者用于角度测量,其结构分别如图6-8(a)、(b)所示,实物分别如图 6-9 与图 6-10 所示。

直线式感应同步器由做相对平行移动的定尺和滑尺组成,定尺与滑尺之间有(0.25 ± 0.05) mm 的均匀气隙。定尺一般的长度只有 250 mm,滑尺长度小于 150 mm,要增大测量长度时,可将多条定尺连接,相邻两尺的绕组用导线焊接起来并保持连接后连续绕组节距的精度。定尺表面制有连续平面绕组,绕组节距 2τ 通常为 2 mm。滑尺表面制有两组分段绕组,即正弦绕组(S)和余弦绕组(C),两者相对定尺绕组错开 1/4 节距。

旋转式感应同步器的定子、转子都采用不锈钢、硬铝合金等材料作基板,呈环形辐射状。定子和转子相对的一面均有导线绕组,绕组用厚 0.05 mm 的铜箔构成。基板和绕组

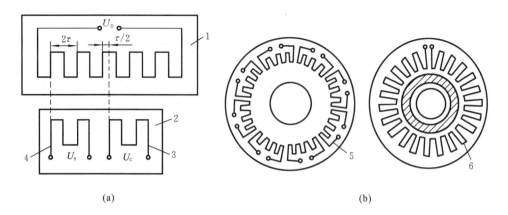

图 6-8　感应同步器的结构图

(a)直线式;(b)旋转式

1—定尺;2—滑尺;3—余弦激磁绕组;4—正弦激磁绕组;5—定子绕组;6—转子绕组

图 6-9　直线式感应同步器

图 6-10　旋转式感应同步器

之间有绝缘层。绕组表面还加有一层和绕组绝缘的屏蔽层,材料为铜箔或铝膜。转子绕组为连续绕组;定子上有两正交绕组,做成分段式,两相绕组交叉分布,相差90°电角度。

6.3.2　感应同步器的工作原理

感应同步器的工作原理与旋转变压器基本上相同。使用时,在滑尺绕组中通以一定频率的交流电压,由于电磁感应,在定尺绕组中产生感应电压,其幅值和相位取决于定尺与滑尺的相对位置,如图 6-11 所示。设当滑尺的正弦绕组 S 与定尺绕组重叠(见图 6-11(a)位置 1)时,绕组完全耦合、感应电压最大。滑尺相对定尺移动后,感应电压逐渐变小,在(滑尺的正弦绕组 S 与定尺绕组)错开 1/4 节距(见图 6-11(a)位置 2)时,感应电压为零。再继续移动 1/4 节距到达位置 3 时,得到的电压值与在位置 1 时相同,但极性相反。随后感应电压在滑尺移动到位置 4 时又变为零。滑尺移动到位置 5 时,电压幅值与在位置 1时相同。这样滑尺在移动一个节距的过程中,感应电压变化了一个余弦波形。同理,因余弦绕组与正弦绕组错开 1/4 个节距,即 $\pi/2$ 的相位角,由于余弦绕组激磁而在定尺绕组上产生的感应电压应按正弦规律变化。定尺绕组上的总感应电压是由于正弦绕组和由余弦绕组激磁而在定尺绕组上产生的感应电压的线性叠加,即合成电压。按照滑尺上两个正交绕组激磁的不同信号,感应同步器的测量方式也分为鉴相测量和鉴幅测量两种。

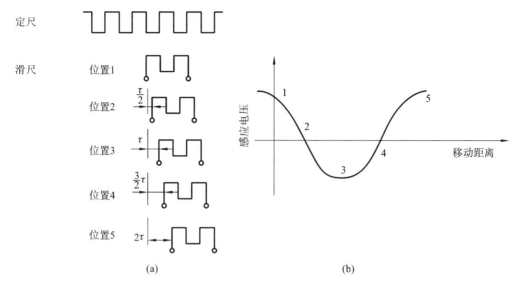

图 6-11 感应同步器的工作原理图

(a)定尺和滑尺的位置;(b)电磁耦合度

(1) 鉴相测量 给绕组 S 和 C 分别通以幅值相同、频率相同但相位相差 90°的交流电压,即

$$U_s = V_m \sin\omega t \tag{6-7}$$

$$U_c = V_m \cos\omega t \tag{6-8}$$

由于 U_s 和 U_c 而分别在定尺绕组上产生的感应电压为

$$U_1 = KV_m \cos\theta \sin\omega t \tag{6-9}$$

$$U_2 = -KV_m \sin\theta \cos\omega t \tag{6-10}$$

因此在定尺绕组上产生的合成电压为

$$U = U_1 + U_2 = KV_m \cos\theta \sin\omega t - KV_m \sin\theta \cos\omega t$$

$$= KV_m \sin(\omega t - \theta) \tag{6-11}$$

因感应同步器的节距为 2τ,故滑尺直线位移量 x 与 θ 之间的关系为

$$\theta = 2\pi \frac{x}{2\tau} = \frac{\pi x}{\tau} \tag{6-12}$$

可见,在一个节距内 θ 与 x 是一一对应的。通过测量定尺感应电压的相位 θ,即可测量出定尺相对滑尺的位移 x。图 6-12 所示为鉴相系统的结构框图。

(2) 鉴幅测量 给滑尺的正弦绕组 S 和余弦绕组 C 分别通以频率相同、相位相同但幅值不同且能由指令给定的角位移 θ 调节的交流电压,即

$$U_s = V_m \sin\theta \sin\omega t \tag{6-13}$$

$$U_c = V_m \cos\theta \sin\omega t \tag{6-14}$$

则定尺绕组上的感应电压为

$$U = -KV_m \sin(\theta_m - \theta) \sin\omega t \tag{6-15a}$$

若 $\theta_m = \theta$,则 $U = 0$。

假定激磁电压的 θ 与定尺、滑尺的实际相位角 θ_m 不一致,设 $\theta_m = \theta + \alpha$,则

$$U = -KV_m \sin\alpha \sin\omega t \tag{6-15b}$$

当 α 很小时,式(6-15b)可近似表示为

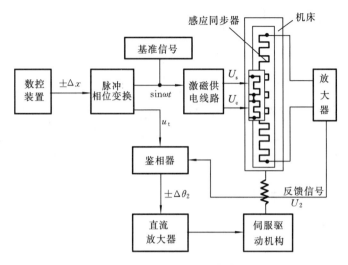

图 6-12　鉴相系统的结构框图

$$U = -(KV_{\mathrm m}\sin\omega t)\alpha \tag{6-15c}$$

由式(6-15c)可知,定尺上感应电压与 α 成正比,即 U 随指令给定的位移量 $x(\theta)$ 与工作台实际位移量 $x_1(\theta_{\mathrm m})$ 的差值 $\Delta x(\alpha)$ 成正比变化。因此通过测量 U 的幅值,就可以测定位移量 Δx 的大小。

用于数控机床闭环系统的鉴幅系统的结构框图如图 6-13 所示。当工作台位移值未达到指令要求值,即 $x_1 \neq x(\theta_{\mathrm m} \neq \theta)$ 时,定尺上感应电压 $U \neq 0$。该电压经检波放大后控制伺服驱动机构带动机床工作台移动。当工作台移动至 $x_1 = x(\theta_{\mathrm m} = \theta)$ 的位置时,定尺上感应电压 $U = 0$,误差信号消失,工作台停止移动。定尺上感应电压 U 同时输至相敏放大器,与来自相位补偿器的标准正弦信号进行比较,以控制工作台的运动方向。

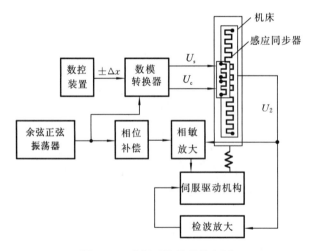

图 6-13　鉴幅系统的结构框图

6.3.3　感应同步器的特点

由于感应同步器具有一系列的优点,所以广泛用于位移检测。感应同步器安装时,要注意定尺与滑尺之间的间隙,一般在 (0.25 ± 0.05) mm 范围内。间隙变化也必须控制在

0.01 mm 之内。如间隙过大,将影响测量信号的灵敏度。其特点如下。

(1) 精度高　感应同步器的极对数多,因平均效应,所产生的测量精度要比制造精度高,且输出信号是由滑尺和定尺的相对移动产生的,中间无机械转换环节,所以测量结果只受本身精度的影响。

(2) 测量长度不受限制　当测量长度大于 250 mm 时,可以采用多块尺接长,相邻定尺的间隔可用块规或激光测长仪进行调整,使总长度上的累积误差不大于单块定尺的最大偏差。

(3) 对环境的适应性强　直线式感应同步器的金属基尺与安装部件的材料的膨胀系数相似,当环境温度变化时,两者的变化规律相同,而不影响测量精度。

(4) 维护简单、寿命长　定尺、滑尺之间无接触磨损,在机床上安装简单。但使用时需要加防护罩,以防止切屑进入定、滑尺之间后划伤导片。

6.4　脉冲编码器

脉冲编码器是一种光学式位置检测元件,编码盘直接装在转轴上,以测出轴的旋转角度位置和速度变化,其输出信号为电脉冲。这种检测方式的特点是:检测方式是非接触式的,无摩擦和磨损,驱动力小,响应速度快。按编码的方式,脉冲编码器可分为增量式和绝对值式两种。

6.4.1　增量式编码器

增量式编码器装置简单,任何一个对中点都可作为测量的起点。在轮廓控制数控机床上大都采用了这种编码器。增量式编码器的实物如图 6-14 所示。

增量式编码器的
内部结构和原理

图 6-14　增量式编码器

增量式编码器工作原理如图 6-15 所示。在图 6-15(a)中,E 为等节距的辐射状透光窄缝圆盘,Q_1、Q_2 为光源,D_A、D_B、D_Z 为光电元件(光敏二极管或光电池),D_A 与 D_B 错开 90°相位角安装。当圆盘旋转一个节距时,在光源照射下,在光电元件 D_A、D_B 上得图 6-15(b)所示的光电波形输出,A、B 信号为具有 90°相位差的正弦波。将这组信号经放大器放大与整形后,得到图 6-15(c)所示的输出方波,A 相比 B 相超前 90°,其电压幅值为 5V。设 A 相超前 B 相时编码器正方向旋转,则 B 相超前 A 相时编码器反方向旋转。Z 相产生的脉冲为基准脉冲,又称零点脉冲(Z 脉冲),它是转轴旋转一周时在固定位置上产生的一个脉冲。如用数控车床切削螺纹时,可将这种脉冲信号当作进刀和退刀信号使用,以保证切削螺纹时不会乱扣。这种脉冲信号也可用作高速旋转的转数计数信号或加工中心等数控机床上的主轴准停信号。A、B相脉冲信号经频率电压变换后,得到与转轴转速成正比例的电压信号,它就是速度反馈信号。

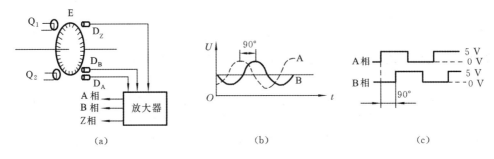

图 6-15　增量式编码器工作原理

增量式编码器的缺点是,有可能由于噪声或其他外界干扰产生计数错误,若因停电、刀具破损而停机,事故排除后不能再找到事故前执行部件的正确位置。

6.4.2　绝对式编码器

绝对式编码器对于被测量的任意一点位置均由固定的零点标起,每一个被测点都有一个相应的测量值,其实物如图 6-16 所示,工作原理如图 6-17 所示。该种绝对式编码器是利用其编码盘上的图案来表示数值的。图 6-18 所示为二进制数编码盘,图中空白的部分透光,表示"0";加点(阴影)的部分不透光,表示"1"。按照圆盘上形成的二进制数的每一环配置光电变换器(如图中用黑点所示),隔着圆盘从后侧用光源照射。此编码盘共有四环,每一环配置的光电变换器对应为 2^0、2^1、2^2、2^3。图中:内侧是二进制数的高位,即 2^3;外侧是二进制数的低位,即 2^0,而编码器显示的是"1101",读出的是十进制数"13"的角度坐标值。二进制数编码盘的主要缺点是图案变化无规律,在使用中多位同时变化,易产生较多的误读。经结构改进后的二进制数编码盘称为葛莱编码盘,如图 6-19 所示。它的特点是,每相邻十进制数之间只有一位二进制数不同。因此,图案的切换只用一位数(二进制数的位)进行,能把误读控制在一个数单位之内,提高了可靠性。

一种绝对式编码器的安装与使用

图 6-16　绝对式编码器

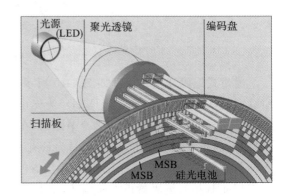

图 6-17　绝对式编码器工作原理

绝对式编码器具有较多优点:坐标值可从绝对编码盘中直接读出,不会有累积进程中的误计数;运转速度可以提高,编码器本身具有机械式存储功能,即便因停电或其他原因

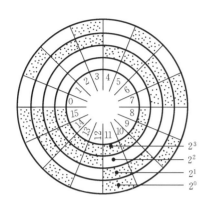

图 6-18　二进制数编码盘

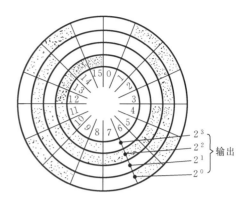

图 6-19　葛莱编码盘

造成坐标值清除,通电后,仍可找到原绝对坐标位置。其缺点是,当进给转数大于一转时,需做特别处理,如用减速齿轮将两个以上的编码器连接起来,组成多级检测装置,但这样将造成结构复杂、成本高昂。

6.5　光栅检测装置

　　光栅作为检测元件,可用于测量长度、角度、速度、加速度,并可用来检测振动和爬行等。在数控机床进给伺服系统中,用它来检测直线位移、角位移和速度。用长光栅(或称直线光栅)来测量直线位移,用圆光栅来测量角位移。将激光测长技术用于刻制光栅,可以制造出精度很高的光栅尺,因而使光栅检测的分辨率与精度有了很大的提高,光栅检测的分辨率可达微米级,通过细分电路细分后可达 0.1 μm,甚至更高的水平。光栅具有精度高、响应速度较快等优点。光栅测量是一种非接触式测量。

6.5.1　光栅的工作原理

　　光栅位置检测装置由光源、光栅(长光栅、短光栅)和光电元件等组成(见图 6-20(a))。光栅是在一块长条形的光学玻璃上均匀地刻上许多与运动方向垂直的线条而形成的,线条之间距离(称为栅距)可以根据所需的精度决定,一般每毫米刻 50、100、200 条线。长光栅 G_1 装在机床的移动部件上,称为标尺光栅;短光栅 G_2 装在机床的固定部件上,称为指示光栅。两块光栅互相平行并保持一定的间隙(如 0.05 mm 或 0.1 mm 等),而两块光栅的刻线密度相同。将指示光栅在其自身的平面内转过一个很小的角度,这样两块光栅的刻线将交错,当平行光线垂直照射标尺光栅时,则在投影中刻线交错区域内将出现明暗交替、间隔相等的粗大条纹,称为莫尔条纹。由于两块光栅的刻线密度相等,即栅距 ω 相等,产生的莫尔条纹的方向与光栅刻线方向大致垂直。其几何关系如图 6-20(b)和图 6-20(c)所示。当 θ 很小时,莫尔条纹的节距为

$$W = \frac{\omega}{\sin\theta} \approx \frac{\omega}{\theta} \qquad (6\text{-}16)$$

这表明莫尔条纹的节距是栅距的 $1/\theta$ 倍。当标尺光栅移动时,莫尔条纹就沿与光栅移动方向垂直的方向移动。当光栅移动一个栅距 ω 时,莫尔条纹就相应准确地移动一个节距 W,也就是说两者一一对应。因此,只要读出莫尔条纹移动的节距数目,就可知道光栅移

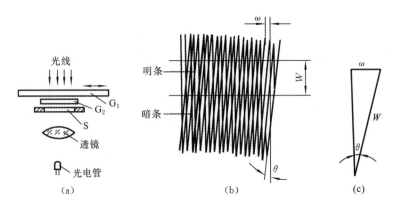

图 6-20　光栅的工作原理图

过了多少个栅距,而栅距在制造光栅时是已知的,所以光栅的移动距离就可以由光电检测系统对移过的莫尔条纹数进行计数、处理而自动测量出来。

如果栅距为 0.01 mm,人们是无法用肉眼来分辨各条刻线的,但由光栅得到的莫尔条纹却清晰可见。所以光栅是一种简单的放大机构,其放大倍数取决于两光栅刻线的交角 θ,如 $\omega=0.01$ mm,$W=10$ mm,则其放大倍数为 $1/\theta=W/\omega=1\ 000$。这种放大特点是光栅独具的特点。

光栅的另一特点就是平均效应。因为莫尔条纹是由若干条光栅刻线形成的,若光电元件接收长度为 10 mm,在 $\omega=0.01$ mm 时,光电元件接收的信号由 1 000 条刻线组成,所以制造上的缺陷,例如间断地少几条线,只会影响千分之几的光电效果。同时,在检测过程中,标尺光栅与指示光栅不直接接触,没有磨损,因而精度可以长期保持。因此,用光栅测量长度,决定其精度的要素不是一条刻线,而是一组线的平均精度。光栅的实际应用如图 6-21 所示。

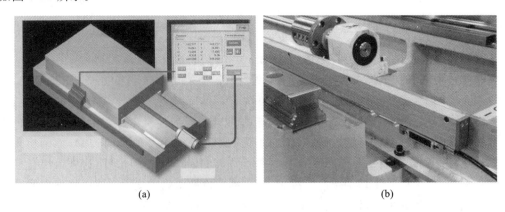

图 6-21　光栅的实际应用

6.5.2　常用光栅检测装置

在实际使用中,通常把光源、光栅和光电元件组合在一起,构成读数头来进行位置测量。读数头的结构形式很多,但就其光路来看可分为以下几种。

1. 分光读数头

它的原理图如图 6-22 所示,光源 Q 发出的光经透镜 L_1 变成平行光,照射到光栅 G_1

和 G_2 上,由透镜 L_2 把在指示光栅 G_2 上形成的莫尔条纹聚焦,并在它的焦面上安置光电元件以接收莫尔条纹的明暗信号。这种光学系统是莫尔条纹光学系统的基本型。这种分光读数头刻线截面为锯齿形,栅距为 0.004 mm,锯齿的倾角是根据光栅材料的折射率与入射光的波长确定的。

不过,其光栅间距比较小,两块光栅之间的间隙也小。为了保护光栅表面,常需贴一层保护玻璃,无法保证光栅之间的小间隙。因此,在实际使用中采用等倍投影系统(见图 6-23);在光栅 G_1 与 G_2 之间装上等倍投影透镜 L_3、L_4,这样,G_1 的像就以同样大小投影在 G_2 上,形成莫尔条纹。这样就将 G_1 和 G_2 之间的距离拉长了,而实际效果不变,从而满足了使用要求。这种读数头主要用在高精度坐标控制和精密测量仪器上。

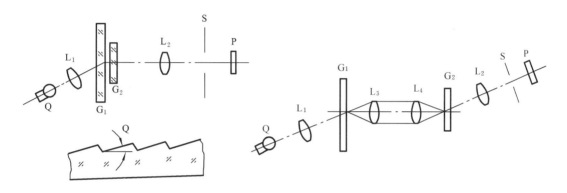

图 6-22　分光读数头原理图　　　　　　　图 6-23　等倍投影系统

2. 垂直入射读数头

这种读数头主要是用于每毫米有 25～125 条刻线的玻璃透射光栅系统(见图 6-24)。从光源 Q 经直透镜 L 使光束垂直照射到标尺光栅 G_1 上,然后通过指示光栅 G_2 由光电元件 P 接收。两块光栅之间的距离 t 根据有效光波的波长 λ 和光栅栅距 ω 来选择($t = \omega / \lambda$,但这仅仅是理论值,在实际使用中还要具体选择)。图 6-25 所示为垂直入射读数头的结

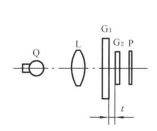

图 6-24　玻璃透射光栅系统

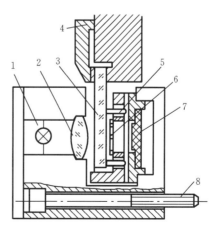

图 6-25　垂直入射读数头的结构示意图

1—光源;2—透镜;3—标尺光栅;4—压板;

5—滚动轴承;6—指示光栅;7—光电池;8—螺钉

构示意图,光源 1 通过透镜 2 后变成平行光照射在标尺光栅 3 和指示光栅 6 上,形成莫尔条纹后由光电池 7 接收信号。图 6-25 中 5 是滚动轴承,它可保证标尺光栅和指示光栅之间的间隙恒定。标尺光栅和读数头分别装在固定部件和移动部件上。标尺光栅用压板 4 夹紧;读数头用螺钉 8 固定,其精度最高可达 0.001/1 000 mm。

3. 反射读数头

这种读数头主要用于每毫米有 25～50 条刻线的反射光栅系统,如图 6-26 所示。经

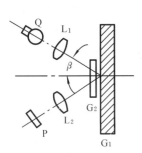

直透镜 L_1,将光源 Q 变成平行光,并以相对光栅法面为 β 的入射角(一般为 30°)投影到标尺光栅 G_1 的反射面上;反射回来的光束先通过指示光栅 G_2 形成莫尔条纹,然后经透镜 L_1 由光电元件 P 接收。

光栅只能用于增量式测量,目前有的光栅读数头设有一个绝对零点,这样由于停电或其他原因造成记错数字时,可以重新对零。对零原理是:在标尺光栅上有一小段光栅,在指示光栅上也有相应一小段光栅,当这两小段光栅重叠时发出零位信号,并在数字显示器中显示出来。

图 6-26　反射光栅系统

6.5.3　直线光栅检测装置的逻辑框图

图 6-27 所示为光栅检测装置的逻辑框图,为了提高光栅分辨精度,线路采用了四倍频的方案。当光栅刻线密度为每毫米 50 条时,采用四个光电元件和四条缝隙。每隔 1/4 光栅节距产生一个脉冲,分辨精度可提高 4 倍。

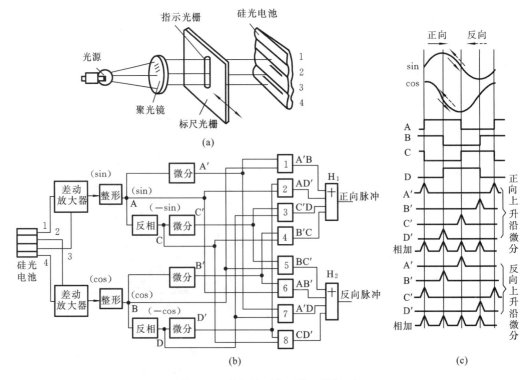

图 6-27　光栅检测装置的逻辑框图

当指示光栅和标尺光栅相对运动时,硅光电池产生正弦波电流信号。这些信号被送至差动放大器,再经过整形,形成两路正弦及余弦方波信号。然后经微分电路获得脉冲。由于脉冲是在方波的上升沿产生的,如图 6-27 (c)所示。为了在 $0°$、$90°$、$180°$ 及 $270°$ 位置上都得到脉冲,将正弦和余弦方波分别各自反相一次,然后再微分,这样可以得到四个脉冲。为了判别正向和反向运动,还用一些与门把四个方波(即 A、C、B 及 D)和四个脉冲进行逻辑组合。正向运动时,通过与门 1～4 及门 H_1 得到 A′B、AD′、C′D、B′C 等四个脉冲输出;反向运动时,通过与门 5～8 及门 H_2 得到 BC′、AB′、A′D、CD′ 等四个脉冲输出。这样,如果光栅的栅距为 0.02 mm,4 倍频后每一个脉冲的大小都相当于 0.005 mm,使分辨精度提高 4 倍。当然,倍频数还可以增加到 8 倍频等,但一般到 20 倍频以上就比较困难了。

用于机床的直线光栅尺的工作原理

6.6　速度传感器

速度传感器分直线速度型和角速度型。速度传感器一般用于数控系统伺服单元的速度检测控制,其中角速度传感器用得较多。

前面介绍的光电编码器,它除了用作角位移传感器外,也用作速度传感器。另外,测速发电机也是一种常用的速度传感器。

6.6.1　测速发电机

它是一种能把机械转速转变为电信号的传感器。它与一般的发电机相比有如下两个特点。

①输出电压与转速严格地呈线性关系。

②输出电压与转速比的斜率大。

测速发电机分交流和直流两大类。交流测速发电机又有同步、异步之分。在机电一体化控制系统中,常用的是交流异步测速发电机和直流测速发电机,下面分别加以介绍。

1. 交流测速发电机

交流测速发电机定子为两组在空间相互成 $90°$ 角安置的绕组,转子则为空心杯形结构。

如图 6-28 所示,当在励磁绕组上施加恒定的单相交流电压 U_1 时,发电机工作绕组便会输出与转速 n 大小成正比的交流电压 U_2,其有效值为

$$E_2 = 4.44N_2 f_1 K \frac{\Phi_d}{\sqrt{2}} \propto n \qquad (6\text{-}17)$$

式中:N_2 为输出绕组的线圈匝数;f_1 为励磁电压的频率;K 为绕组系数($K \approx 1$);Φ_d 为发电机中的合成磁通。交流测速发电机的实物如图 6-29 所示。

2. 直流测速发电机

直流测速发电机一般都做成永磁式,其工作原理如图 6-30 所示,其实物如图 6-31 所示。

在恒定磁场下,当电枢以转速 n 旋转时,电枢上的导体切割磁力线,在瞬间产生空载感应电动势 E_0,可表示为

$$E_0 = C_e \Phi_0 n \qquad (6\text{-}18)$$

式中:C_e 为电动势常数;Φ_0 为磁通。

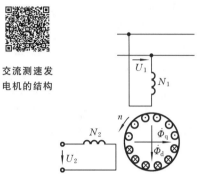

交流测速发
电机的结构

图 6-28　交流测速发电机工作原理图

图 6-29　交流测速发电机

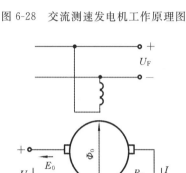

图 6-30　直流测速发电机工作原理图

图 6-31　直流测速发电机

从式(6-18)可以看出,空载输出电压 $U_0 = E_0$,它与转速 n 成正比。当存在负载电阻 R_1 和电枢回路总电阻 R_0 时,有

$$U_0 = E_0 - IR_0 = E_0 - \frac{U_0}{R_1}R_0 \tag{6-19}$$

$$U_0 = \frac{E_0}{1 + R_0/R_1} = \frac{C_e\Phi_0 n}{1 + R_0/R_1} \tag{6-20}$$

由此可以看出,当 Φ_0、R_0、R_1 不变时,测速发电机的输出电压 U_0 与转速 n 成正比。当然,这里讲的只是一种理想情况,实际上还有如下因素会影响测量结果。

(1)周围环境温度的变化使绕组电阻发生变化,从而产生线性误差。

(2)电枢反应,也就是因电枢电流而产生的磁场会影响测速发电机的磁场,从而引起测量误差。

(3)电枢回路的电阻随电枢电流的变化而变化,破坏了输出电压与转速的线性关系。

为了减少以上影响,测速发电机的磁路应选得足够饱和,同时还应将负载电流限制在较小的范围内。

6.6.2　脉冲编码器的使用

脉冲编码器是一种回转编码器,可以用来测相对位移。单位时间内的相对角位移就是角速度,因此,回转编码器在检测角位移的同时,配以定时器便可检测出角速度。

脉冲编码器在经过一个单位角位移时,便产生一个脉冲。图 6-32 是用脉冲编码器做速度检测的原理图。PG(A)是脉冲编码器的输出脉冲。利用脉冲编码器输出信号的上升沿打开计数器,对高频时钟信号进行计数;利用其下降沿打开锁存器,对计数器内的计数值进行锁存,这样,锁存的内容就是角位移所经过的时间,求其倒数,便可得到速度。

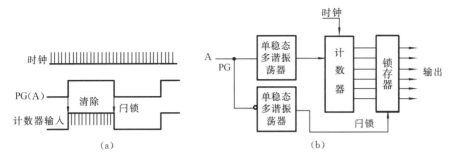

图 6-32　用脉冲编码器做速度检测原理图

在这种用法中,需要根据电动机的转速范围和检测精度来确定时钟频率和计数的容量。例如,如果电动机的转速范围为 $n=60\sim3\,000$ r/min,编码器每转一周发送 100 个脉冲,则在低速时,每秒发 100 个脉冲,即 PG 脉冲周期为 0.01 s。如果采用 8 位计数器,则高频时钟频率 f 保证计数器不溢出的条件为

$$0.01f \leqslant 256$$

则

$$f \leqslant 25.6 \text{ kHz}$$

为了得到较高的检测精度,取 $f=25.6$ kHz,则在最高转速为 3 000 r/min 时,计数器的值为

$$\text{PG} = \frac{f}{n} = \frac{25\,600}{100 \times 3\,000/60} = 5.12 \tag{6-21}$$

如果对脉冲上升沿进行计数,则为 6;如果对脉冲下降沿进行计数,则为 5。

不难看出,时钟频率越高,则测速误差就越小。但时钟频率受计数器容量和工作上限频率限制,不可能无限制地提高,所以量化误差总是存在的。

6.7　位置传感器

位置传感器和位移传感器不一样,它所测量的不是一段距离的变化量,它的任务是通过检测,确定物体是否已到达某一位置。因此,它不需要产生连续变化的模拟量,只需要产生能反映某种状态的开关量就可以了。这种传感器常用于数控机床换刀具、工件或工作台到位或行程限制等辅助机能的信号检测。位置传感器的实物如图 6-33 所示。

位置传感器分接触式和接近式两种。接触式传感器是能获取两个物体是否接触之信息的一种传感器;而接近式传感器则是用来判别在某一范围内是否有某一物体的一种传感器。

图 6-33　位置传感器

6.7.1　接触式位置传感器

这类传感器用微动开关之类的触点器件便可构成。它有以下两种。

（1）微动开关位置传感器　它用于检测物体位置，有图 6-34 所示的几种构造和分布形式。其实物如图 6-35 所示。

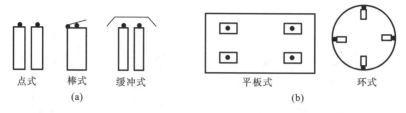

点式　　棒式　　缓冲式　　　　平板式　　　环式
(a)　　　　　　　　　　　　(b)

图 6-34　微动开关位置传感器构造和分布形式
(a)构造；(b)分布形式

图 6-35　微动开关位置传感器实物

（2）二维矩阵式位置传感器　在机械手掌内侧常安装有多个二维矩阵式位置传感器，用以检测自身与某一物体的接触位置。它一般用在机械手掌内侧。其结构如图 6-36 所示，其实物如图 6-37 所示。

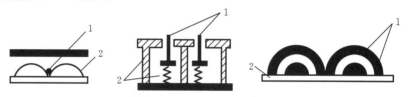

图 6-36　二维矩阵式位置传感器结构
1—柔软电极；2—柔软绝缘体

图 6-37　二维矩阵式位置传感器实物

6.7.2　接近式位置传感器

接近式位置传感器主要有五种：①电磁式；②光电式；③静电容式；④气压式；⑤超声波式。这几种传感器的基本工作原理可用图 6-38 表示。

1. 电磁式传感器

在这五种传感器当中，使用得最多的是电磁式传感器（见图 6-39）。它的工作原理如下。

当一个永久磁铁或一个通有高频电流的线圈接近一个铁磁体时，它们的磁力线分布将发生变化。因此，可以用另一组线圈检测这种变化。当铁磁体靠近或远离磁场时，它所引起的磁通量变化将在线圈中感应出一个电流脉冲，其幅值正比于磁通的变化。

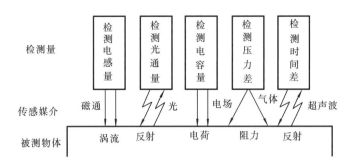

图 6-38　接近式位置传感器

图 6-40 给出了线圈两端的电压随铁磁体进入磁场速度的变化而变化的曲线,其电压极性取决于物体进入磁场还是离开磁场。因此,对此电压进行积分便可得出一个二值信号。当积分值小于一定的阈值时,积分器输出低电平;反之,则输出高电平,此时表示某一物体已接近传感器。

图 6-39　电磁式传感器

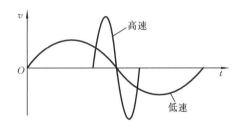

图 6-40　电压与速度的关系

显然,电磁式传感器只能检测电磁材料,对其他非电磁材料则无能为力。因此,目前数控系统越来越多地使用光电式传感器来检测位置。

2. 光电式传感器

与前面介绍的几种传感器相比,光电式传感器具有体积小、可靠性高、检测位置精度高、响应速度快、易与 TTL(晶体管-晶体管逻辑电路)及CMOS 电路兼容等优点。如图 6-41 所示为几种常见的光电式传感器。它分透光型和反射型两种。

W16 和 W26 光电式传感器的工作原理

在透光型光电式传感器中,发光器件和受光器件相对放置,中间留有间隙,当被测物体到达这一间隙时,发射光被遮住,接收器件(光敏元件)从而可检测出物体已经到达。图6-42所示为透光型传感器的接口电路。

图 6-41　光电式传感器

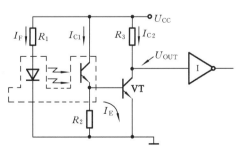

图 6-42　透光型传感器的接口电路

在反射型光电式传感器中,发出的光经被测物体反射后再落到检测器件上。反射型光电式传感器与透光型光电式传感器工作原理相似,但由于检测的是反射光,所以得到的输出电流 I_o 较小。另外,对于不同的物体表面,传感器的信噪比也不一样,因此,设定限幅电平就显得非常重要。图6-43所示为这种传感器的典型应用,它的电路与透光型光电式传感器的类似,只是接收器的发射极电阻用得较大,且为可调电阻。这主要是因为反射型光电式传感器的光电流较小,且有很大分散性的缘故。

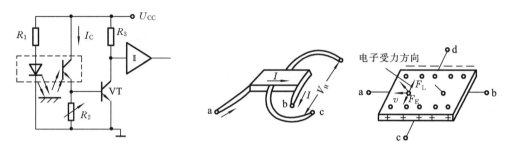

图 6-43　反射型光电式传感器的接口电路　　　　　图 6-44　霍尔元件

除以上传感器外,还有一种利用霍尔效应进行检测的接近式传感器——霍尔传感器。

霍尔传感器是一种半导体磁电转换元件(见图 6-44),一般由锗(Ge)、锑化铟(InSb)、砷化铟(InAs)等半导体材料制成。霍尔传感器工作原理是:将其置于磁场中,如果 a、b 端通以电流 I,在 c、d 端就会出现电位差,这种现象即霍尔效应。将小磁体固定在运动部件上,当部件靠近霍尔传感器时,便会产生霍尔效应,利用电路检测出电阻电位差信号,便能判断物体是否到位。

霍尔传感器
的工作原理

6.8　磁　尺

磁尺是一种精度较高的位置检测装置,可用于各种测量机、精密机床和数控机床。磁尺按其结构可分为直线磁尺和圆形磁尺,分别用于直线位移和角位移的测量。磁尺制作简单,安装调整方便,对使用环境的要求较低,对周围电磁场的抗干扰能力较强,在油污、粉尘较多的场合下有较好的稳定性。现将其结构及工作原理分述如下。

6.8.1　磁尺的结构

磁尺由磁性标尺、磁头和检测电路组成,其实物如图 6-45 所示,结构如图 6-46 所示。磁尺一般采用非导磁材料做基体,在上面镀上一层 $0 \sim 30 \ \mu m$ 厚的高导磁材料,形成均匀的膜,再用录磁磁头在尺上记录相等节距的周期性的方波、正弦波或脉冲磁化信号,作为测量的基准。最后在磁尺表面涂上一层 $1 \sim 2 \ \mu m$ 厚的保护层,以防磁尺与磁头频繁接触而引起磁膜磨损。

6.8.2　磁尺在数控机床中的应用

现代机床一般都要求大流量冲洗冷却,光栅的工作环境中充满了潮湿、带有冷却喷雾的空气。因此,光栅容易产生冷凝现象,扫描头表面易形成薄膜,这样就会导致光栅的光线投射不佳,再加上大流量冲洗时,会有切削液飞

磁尺的安装

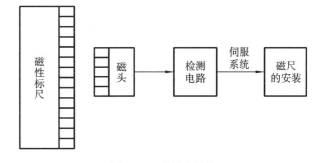

图 6-45　磁尺实物　　　　　　　　图 6-46　磁尺的结构

溅到光栅上,严重影响光栅的测量,甚至会使光栅损坏,使整机处于瘫痪状态。而磁尺具有防尘、防水、防振动和防油能力,并且各项技术指标均能满足普通数控机床的加工精度及其稳定性的要求。

数控机床配置线性磁尺是为了提高线性坐标轴的定位精度与重复定位精度,所以选择磁尺时首先要考虑的是其精度等级。磁尺的精度有 ±0.03 mm、±0.015 mm、±0.01 mm 等多种,基本满足数控机床设计精度要求,而且磁尺的磁性载体材料的热膨胀系数与机床光栅安装基体材料的热膨胀系数基本一致。目前,磁尺的最大移动速度可达 400 m/min,长度可达 30 m,完全满足数控机床的设计要求。

磁尺按测量方式可分为增量式磁尺和绝对式磁尺。增量式磁尺参考点有循环参考点和固定参考点两种可供选择,以作为坐标轴找参考点;对于绝对式磁尺,则可以选择任意一点作为坐标轴找参考点。

磁尺的输出信号分电流正弦波信号、电压正弦波信号、TTL 矩形波信号和 TTL 差动矩形波信号四种,可以与各种数控系统相匹配。

思考题与习题

重点、难点和
知识拓展

6-1　位置检测装置在数控机床中的作用是什么? 试简述数控机床对位置检测装置的要求。

6-2　位置检测装置有哪几种分类方法? 感应同步器、脉冲编码器各属于哪一类?

6-3　简述莫尔条纹的形成原理及特点。

6-4　在光栅检测中采用细分电路有什么作用?

6-5　简述接触式编码盘的结构和工作原理。

6-6　增量式编码器如何判断旋转方向和测量轴的转速?

6-7　绝对式编码器的分辨率是由什么决定的?

6-8　简述光栅位置检测装置检测直线位移的工作原理。

6-9　二进制数编码盘与葛莱编码盘各有何优缺点?

6-10　设有一绝对式编码器有 8 个码道,其能分辨的最小角度是多少? 若该编码器采用二进制数编码,那么,11001101 所对应的角度在哪个范围内?

6-11　简述感应同步器的结构特点和工作原理。

6-12　感应同步器有几种工作方式？每种工作方式的激磁电压有何特点？它们的哪些参数对测量精度有影响？为什么？

6-13　简述旋转变压器的结构特点和工作原理。

6-14　磁性标尺一般采用什么材料做成？有何特点？

6-15　磁尺相较于光栅有哪些优点？

第 7 章 数控机床的伺服系统

7.1 概　　述

伺服系统指以位置和速度作为控制对象的自动控制系统,数控机床的伺服系统是连接数控装置和机床本体的关键部分。伺服系统接收数控装置发来的进给脉冲指令信号,经过信号变换和电压、功率放大,由执行元件(即伺服电动机)将其转变为角位移或直线位移,以驱动数控设备各运动部件实现所要求的运动。如果说数控装置是数控机床的"大脑",那么伺服系统便是数控机床的"四肢"。伺服系统的性能直接关系到数控机床执行元件的静态和动态特性、工作精度、负载能力、响应快慢和稳定性能等。所以,伺服系统至今还被看成是一个独立部分,它与数控装置和机床本体并列为数控机床的三大组成部分。

7.1.1　伺服系统的分类

1. 按调节理论分类

1) 开环伺服系统

开环伺服系统由步进电动机及其驱动电路构成,没有位置检测装置。数控系统发出指令脉冲,经过驱动线路变换与放大,传给步进电动机。步进电动机每接收一个指令脉冲,就旋转一个角度,再通过齿轮副和丝杠副带动机床工作台移动。步进电动机的转速和转过的角度取决于指令脉冲的频率和数目,反映到工作台上就是工作台的移动速度和位移。由于没有检测和反馈环节,系统的精度取决于步进电动机的步距精度、工作频率及传动机构的传动精度,难以实现高精度加工,但它结构简单、成本较低,调试和维修方便,适用于对精度、速度要求不太高的经济型、中小型数控系统。

2) 闭环伺服系统

闭环伺服系统由比较环节、驱动线路(位置控制和速度控制)、伺服电动机、检测反馈单元等组成。安装在工作台上的位置检测装置将工作台的实际位移量测出并转换成电信号,经反馈线路与指令信号进行比较,并将比较所得差值经伺服放大后,用于控制伺服电动机带动工作台移动,直至差值消除时才停止修正动作。该系统的精度理论上仅取决于测量装置的精度,消除了放大和传动部分的误差及间隙误差等的直接影响。但系统较复杂,调试和维修较困难,对检测元件要求较高,且要求有一定的保护措施,成本高,故适用于大型或比较精密的数控设备。

3) 半闭环伺服系统

半闭环伺服系统与闭环伺服系统的不同之处仅在于:将检测元件装在传动链的旋转部位,它所检测的不是工作台的实际位移量,而是与位移量有关的旋转轴的转角。其精度比闭环伺服系统差,但结构简单,便于调整,检测元件价格低,稳定性好。这种系统广泛应用于中、小型数控机床。

2．按使用的驱动元件分类

1）电-液伺服系统

电-液伺服系统的执行元件为电-液脉冲马达或电-液伺服马达,其前一级为电气元件,驱动元件为液动机或液压缸。电-液伺服系统在低速下可得到很高的输出力矩,刚度高,时间常数小,反应快且速度平稳。然而,液压系统需要油箱、油管等供油系统,体积较大,并有噪声、漏油等问题。数控机床发展的初期,多采用电-液伺服系统,从 20 世纪 70 年代起逐步被电气伺服系统代替。

2）电气伺服系统

电气伺服系统的执行元件为伺服电动机,驱动单元为电力电子器件,其操作维护方便,可靠性高。现代数控机床均采用电气伺服系统。电气伺服系统按使用的进给驱动电动机不同,可分为步进伺服系统、直流伺服系统、交流伺服系统和直线伺服系统,这几种伺服系统将在本章后续几节中详细介绍。

3．按被控对象分类

1）进给伺服系统

进给伺服系统用于控制机床各坐标轴的切削进给运动,并提供切削过程所需的转矩,具有定位和轮廓跟踪功能。它包括速度控制环和位置控制环,是数控机床中要求最高的伺服控制系统。

2）主轴伺服系统

主轴伺服系统用于控制机床主轴的旋转运动,为机床主轴提供驱动功率和所需的切削力。一般的主轴控制只包括速度控制,但具有 C 轴控制功能的主轴伺服系统与进给伺服系统一样,为一般概念上的位置伺服控制系统。

4．按反馈比较控制方式分类

1）数字-脉冲比较伺服系统

数字-脉冲比较伺服系统是闭环伺服系统中的一种。它是将数控装置发出的数字(或脉冲)指令信号与检测装置测得的以数字(或脉冲)形式表示的反馈信号直接进行比较,产生位置误差,来达到闭环及半闭环控制目的。数字-脉冲比较伺服系统结构简单,容易实现,且整机工作稳定,故应用十分普遍。

2）相位比较伺服系统

在该伺服系统中,位置检测装置采用相位工作方式,指令信号与反馈信号都变成某个载波的相位,通过两者相位的比较,获得实际位置与指令位置的偏差,实现闭环及半闭环控制。相位比较伺服系统适用于感应式检测元件(如旋转变压器、感应同步器)的工作状态;由于载波频率高,响应快,抗干扰性强,很适合连续控制的伺服系统。

3）幅值比较伺服系统

幅值比较伺服系统是以位置检测信号的幅值来反映机械位移量的大小,并以该幅值作为位置反馈信号与指令信号进行比较来实现位置控制的闭环控制系统。这种伺服系统实际应用较少。

4）全数字控制伺服系统

随着微电子技术、计算机技术和伺服控制技术的发展,数控机床的伺服系统已开始采用高速、高精度的全数字控制伺服系统。即由位置控制环、速度控制环和电流控制环构成三环反馈控制,使伺服控制技术从模拟方式、混合方式走向全数字化方式。全数字控制伺服系统采用了许多新的控制技术和改进伺服性能的措施,使控制精度和品质大大提高,且使用灵活,柔性好。

7.1.2　伺服系统的组成

如图 7-1 所示,伺服系统主要由四部分组成:控制器、功率驱动装置、检测反馈装置和伺服电动机(M)。控制器由位置调节单元、速度调节单元和电流调节单元组成,它可按照数控系统的给定值和检测反馈装置的实际运行值之差调节控制量。控制器最多可构成三闭环控制:外环是位置控制环;中环是速度控制环;内环是电流控制环。位置控制环由位置调节器、位置检测装置和位置反馈装置组成;速度控制环由速度调节器、速度反馈装置和速度检测装置组成;电流控制环由电流调节器、电流反馈装置和电流检测装置组成。

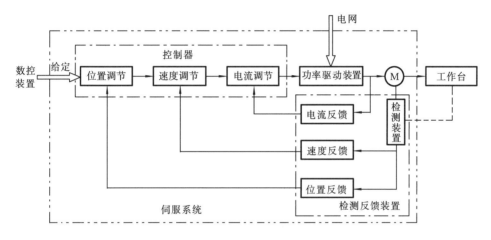

图 7-1　伺服系统结构图

功率驱动装置由驱动信号产生电路和功率放大器等组成。功率驱动装置一方面按控制量的大小将电网中的电能作用到电动机上,调节电动机转矩的大小,另一方面按电动机的要求,把恒压恒频的电网供电转换为电动机所需的交流电或直流电,电动机按供电能力的大小拖动机械运转。闭环和半闭环伺服系统通常使用直流伺服电动机或交流伺服电动机作为执行元件,而开环伺服系统通常使用步进电动机作为执行元件。

在闭环伺服系统中,检测装置安装在工作台上,直接检测工作台的位置和速度;而在半闭环伺服系统中,检测装置安装在传动链的旋转部位上,它所检测的不是工作台的实际位置和速度,而是与位置和速度有关的旋转轴的转角和转速;在开环伺服系统中,插补脉冲经功率放大后直接控制步进电动机,在步进电动机轴上、工作台上均没有速度或位置检测装置,因而,就没有速度反馈或位置反馈环节。

在图 7-1 中,改变任何部分都可构成不同种类的伺服系统,例如:改变驱动电动机的类型,可构成直流伺服或交流伺服系统;改变控制器实现方法,可构成模拟伺服或数字伺服系统;改变控制器中闭环的结构,可构成开环控制系统、半闭环控制系统或闭环控制系统。

7.1.3　数控机床对伺服系统的要求

进给伺服系统和主轴伺服系统在很大程度上决定了数控机床的性能优劣,数控机床对这两种伺服系统的要求如下。

1. 数控机床对进给伺服系统的要求

(1) 调速范围要宽,低速转矩要大。调速范围是指机械装置要求电动机提供的最高进给速度与最低进给速度之比。由于加工所用刀具、被加工零件材质以及零件加工要求的变化范围很广,为了保证在所有的加工情况下都能得到最佳切削条件和加工质量,要求进给速度能在很宽的范围内变化,即有很宽的调速范围。调速范围一般要宽于1∶10 000,达到1∶24 000 就足够了。另外,在较低的速度下进行切削时,要求伺服系统能输出较大的转矩,以防止机床出现低速爬行现象。

(2) 精度要高。精度是指伺服系统的输出量跟随输入量的精确程度。为满足数控加工精度的要求,首先要保证数控机床的定位精度和进给跟踪精度。位置伺服系统的定位精度通常需达到 1 μm 甚至 0.1 μm。一般脉冲当量越小,机床的精度就越高。

(3) 快速响应并无超调。快速响应是伺服系统动态品质的重要指标,反映了系统的跟踪精度。为保证轮廓加工精度和表面质量,要求伺服系统对指令信号的响应要快。这一方面要求过渡时间短,一般在 200 ms 以内;另一方面要求无超调。这两方面的要求往往是矛盾的,实际应用中,要按工艺加工要求采取一定措施,做出合理的选择。

(4) 稳定性要好,可靠性要高。稳定性是指系统在给定输入或外界干扰作用下,能经过短暂的调节达到新的或恢复到原来平衡状态。伺服系统要具有较强的抗干扰能力,以保证进给速度均匀、平稳。系统的可靠性用平均无故障时间来衡量,时间越长,可靠性越好。

(5) 可逆运行。加工过程中,机床根据加工轨迹的要求,随时都可实现正向或反向运动。同时,要求在方向变化时没有反向间隙和运动速度的损失。

此外,伺服系统还应有足够的传动刚度,有较强的过载能力,电动机的惯量应能与移动部件的惯量相匹配,且伺服电动机应能够频繁启停。

2. 数控机床对主轴伺服系统的要求

(1) 足够的输出功率。数控机床的主轴带有负载高速转动时近似于恒功率运行,即当机床的主轴转速高时输出转矩较小,转速较低时输出转矩较大。这就要求主轴驱动装置也要具有恒功率的性能,并要求主轴在整个功率范围内均能提供切削所需的功率,即恒功率范围要宽。

(2) 调速范围要宽。一般要求主轴驱动装置能在1∶100~1∶1 000 之间进行恒转矩调速和在1∶10 以上进行恒功率调速。数控机床的变速是依据指令自动进行的,要求能在较宽的转速范围内进行无级调速,并减少中间传递环节,简化主轴箱。

(3) 定位准停功能。为使数控车床具有螺纹切削等功能,要求主轴能与进给轴实行同步控制;在加工中心上,为了自动换刀,还要求主轴具有高精度准停功能。

(4) 加速性能好。具有较小的转动惯量和大的制动转矩,具备 4000 rad/s^2 以上的加速度,速度能在 0.2 s 内从静止加速到 1500 r/min。

(5) 电动机性能好。为使主轴伺服系统具有良好的性能,伺服电动机也应具有高精度,同时响应速度快、调速范围宽并能提供大转矩。

此外,主轴驱动装置也要求速度精度高、响应时间短,具有四象限驱动能力。

目前国内外数控伺服系统的主要发展方向是交流化、全数字化,以及高度集成化、智能化、模块化与网络化。

7.2 步进电动机伺服系统

步进电动机伺服系统主要用于数控机床的开环伺服控制。在步进电动机伺服系统中,由单片机或微机控制的数控装置发出的指令脉冲信号,经过环形分配器、功率放大器、步进电动机、减速齿轮箱、丝杠副转换成工作台的移动。该类伺服系统一般适用于中、小型的经济型数控机床。

目前,也有采用步进电动机驱动的数控机床同时采用了位置检测元件,构成了反馈补偿型的驱动控制结构,大大提高了步进电动机的性能。

7.2.1 步进电动机

步进电动机(见图 7-2)是一种将电脉冲信号变换成相应的角位移或直线位移的机电执行元件。数控装置输入的进给脉冲数量、频率和方向经驱动控制电路到达步进电动机后,可以转换为工作台的位移量、进给速度和进给方向。

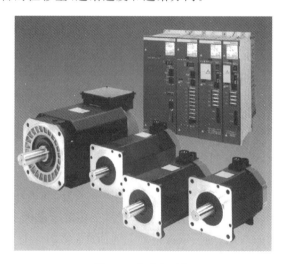

图 7-2　步进电动机

1. 步进电动机的类型

根据不同的分类方式,可将步进电动机分为多种类型,如表 7-1 所示。

表 7-1　步进电动机的类型

分类方式	具 体 类 型
转矩产生原理	反应式(磁阻式)、永磁式、永磁感应式(混合式)
输出力矩大小	伺服式:只能驱动较小负载,一般与液压转矩放大器配用,才能驱动机床工作台等较大负载 功率式:可以直接驱动机床工作台等较大负载
相　数	三相、四相、五相、六相

续表

分类方式	具 体 类 型
各相绕组分布	径向分相式:电动机各相按圆周依次排列 轴向分相式:电动机各相按轴向依次排列
运动方式	旋转运动式、直线运动式、平面运动式、滚动运动式
定 子 数	单定子式、双定子式、三定子式、多定子式

2. 步进电动机的结构

下面分别介绍反应式步进电动机、永磁式步进电动机和永磁感应式步进电动机的结构。

1) 反应式步进电动机

反应式步进电动机又称磁阻式步进电动机,是我国目前数控机床中应用最为广泛的一种步进电动机。典型的反应式步进电动机——径向三相反应式旋转步进电动机结构如

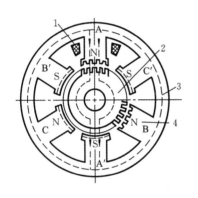

图 7-3 所示,它由定子和转子构成,其中定子又由定子铁芯和定子(励磁)绕组构成。定子铁芯由电工硅钢片叠压而成,定子绕组是绕制在定子铁芯 6 个均匀分布的齿上的线圈,在直径方向上相对的两个齿上的线圈串联在一起,构成一相控制绕组。步进电动机可构成 A、B、C 三相控制绕组,三相控制绕组分别形成的磁极 N、S 如图 7-3 所示。定子的每个磁极正对转子的圆弧面上都均匀分布着 5 个呈梳状排列的小齿,齿槽等宽,齿间夹角为 9°。转子上没有绕组,只有均匀分布的 40 个小齿,其大小和间距与定子上的完全相同。另外,三相定子磁极上的小齿在空间位置上依次错开 1/3 齿距,如图 7-4(a)所示。当 A 相磁极上的小齿与转子上的小齿对齐时,B 相磁极上的齿刚

图 7-3 径向三相反应式旋转步进电动机结构

1—定子绕组;2—转子铁芯(一周有齿);
3—A 相磁力线;4—定子铁芯

好超前(或滞后)转子齿 1/3 的齿距角,即 3°;C 相磁极上的齿超前(或滞后)转子齿 2/3 的齿距角。步进电动机每走一步所转过的角度称为步距角,其大小等于错齿的角度。错齿角度的大小取决于转子齿数和磁极数;转子齿数和磁极数越多,步距角越小,步进电动机的位置精度就越高,其结构也就越复杂。

反应式步进电动机还有一种轴向分相的多段式结构,定子和转子铁芯都分成多段(三、四、五、六段等),每一段依次错开排列为 A、B、C、D、E 等相,每一相都独立形成定子铁芯、定子绕组和转子,各段定子上的齿在圆周方向上均匀分布,彼此错开一定齿距,但其转子齿不错位。

2) 永磁式步进电动机

永磁式步进电动机的定子和转子中的一方使用永久磁钢制成,另一方由软磁材料制成,其上有励磁绕组。绕组轮流通电,生成的磁场与永久磁钢的恒定磁场相互作用产生转矩。永磁式步进电动机控制功率小,效率高;内阻尼较大,单步振荡时间短;断电后具有一定的定位转矩。但永磁式步进电动机的步距角较大(大于 5°),在数控机床中很少采用。

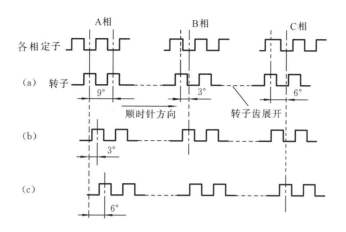

各相定子

(a) 转子

9°　　　3°　　　6°

顺时针方向　　转子齿展开

(b)

3°

(c)

6°

步进电动机
原理演示

图 7-4　步进电动机的齿距及工作原理图

3）永磁感应式步进电动机

永磁感应式步进电动机又称为混合式步进电动机。其转子由环形磁钢及两段铁芯构成。环形磁钢在转子的中部，轴向充磁；两段铁芯分别装在磁钢的两端，转子的铁芯上也有如反应式步进电动机那样的小齿，但两段铁芯上的小齿相互错开半个齿距，定子和转子上的小齿的齿距相同。永磁感应式步进电动机可以做成像反应式步进电动机一样的小步距式的，也具有永磁式步进电动机控制功率小的优点，并在断电时具有一定的保持转矩。因而，永磁感应式步进电动机有取代反应式步进电动机的趋势。

3. 反应式步进电动机的工作原理

步进电动机的结构虽各不相同，但工作原理相似，都是基于电磁力的吸引和排斥而产生转矩的。下面以图 7-3 所示的径向三相反应式旋转步进电动机为例，来说明步进电动机的工作原理。

当 A 相绕组通电时，转子上的齿与定子 AA′ 上的齿对齐，即图 7-4(a) 所示的情形；若 A 相断电，B 相通电，在磁力的作用下，转子上的齿与定子 BB′ 上的齿对齐，即图 7-4(b) 所示的情形，转子顺时针转过 3°；若 B 相断电，C 相通电，转子上的齿又与定子 CC′ 上的齿对齐，即图 7-4(c) 所示的情形，转子又转过 3°。若控制线路不停地按 A→B→C→A……的顺序控制步进电动机绕组的通断电，步进电动机的转子便不停地顺时针转动；若通电顺序改为 A→C→B→A……步进电动机的转子将逆时针转动。这种通电方式称为三相单三拍，"单"是指每次只有一相绕组通电，"三拍"是指每三次换接为一个循环。

由于每次只有一相绕组通电，电动机在切换瞬间将失去自锁转矩，容易失步；另外，只有一相绕组通电，电动机易在平衡位置附近产生振荡，稳定性不好。另一种通电方式为三相双三拍，即按 AB→BC→CA→AB(转子顺时针转动)或 AC→CB→BA→AC(转子逆时针转动)顺序通电，转子处在稳定位置时，其齿不与任何通电相定子的齿对齐，而停在另两相定子齿的中间位置，电动机步距角仍为 3°。由于在三相双三拍通电方式下每次都有两相绕组通电，而且切换通电绕组时总有一相绕组通电，所以电动机运转比较稳定。如果按 A→AB→B→BC→C→CA→A……(转子顺时针转动)或 A→AC→C→CB→B→BA→A……(转子逆时针转动)的顺序进行通电，则称为三相六拍。在这种通电方式下电动机步距角为 1.5°，因而精度更高，且转换过程中始终有一相绕组通电，电动机工作稳定，因此实际中大量采用这种通电方式。

综上所述,可得到如下结论。

(1) 定子绕组所加电源要求是脉冲电源(步进电动机因而也称为脉冲电动机)。

(2) 步进电动机定子绕组的通电状态每改变一次,即送给步进电动机一个电流脉冲,其转子便转过一个确定的角度,即步距角 α;脉冲数增加,角位移随之增加;无脉冲时电动机停止运转。

(3) 改变步进电动机定子绕组的通电顺序,转子的旋转方向随之改变。

(4) 步进电动机定子绕组通电状态的改变速度越快,其转子旋转的速度越快,即脉冲频率越高,转子的转速越高;但脉冲频率不能过高,否则容易引起失步或超步。

4. 反应式步进电动机的主要特性

(1) 步距角和静态步距误差 步距角 α 与定子绕组的相数 m、转子的齿数 z 及通电方式 k 有关,其关系为

$$\alpha = \frac{360°}{mzk} \tag{7-1}$$

式中:m 为定子绕组相数;z 为转子齿数;k 为拍数与相数的比例系数,m 相、m 拍时,$k=1$;m 相、$2m$ 拍时,$k=2$。

步距角是决定开环伺服系统脉冲当量的重要参数,数控机床中常见的反应式步进电动机的步距角一般为 $0.5°\sim3°$。一般情况下,步距角越小,加工精度就越高。静态步距误差是指在空载情况下,理论步距角与实际步距角之差,以分($'$)表示,一般在 $10'$ 以内。上述步距误差的累积值称为步距的累积误差,对旋转式步进电动机而言,每转一周都有固定的步数,从理论上讲,没有累积误差,但存在相邻误差。步距误差主要由步进电动机的齿距制造误差、定子和转子间气隙不均匀及各相电磁转矩不均匀等因素造成。步距误差直接影响工件的加工精度和电动机的动态特性。

(2) 静态转矩与矩角特性 当步进电动机在某相通电时,转子处于不动状态。这时,在电动机轴上加一个负载转矩,转子就按一定方向转过一个角度 θ,此时转子所受的电磁转矩 M 称为静态转矩,角度 θ 称为失调角。M 和 θ 的关系称为矩角特性。如图 7-5 所示,步进电动机静态矩角特性曲线上的电磁转矩最大值称为最大静转矩 $M_{\max}$。在一定范围内,外加转矩越大,转子偏离稳定平衡点的距离就越远,其中,$\theta=0$ 的位置是稳定平衡点,$\theta=\pm\theta_s/2$ 的位置是不稳定平衡点;在静态稳定区内,当外加转矩除去时,转子在电磁转矩的作用下,仍能回到稳定平衡点位置。

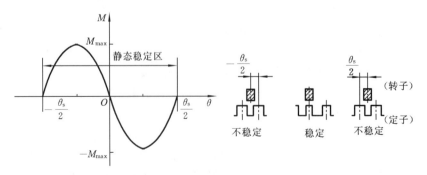

图 7-5 步进电动机的静态矩角特性和静态稳定区

（3）启动频率　启动频率 f_q 是指空载时，步进电动机由静止状态突然启动，并进入不丢步的正常运行的最高频率。启动时，步进电动机接到的指令脉冲应小于启动频率，否则将产生失步。步进电动机带负载（尤其是惯性负载）时的启动频率要比空载时的启动频率低，并且，随着负载加大（在允许范围内），启动频率会进一步降低。

（4）连续运行的最高工作频率　步进电动机启动后，保证连续不丢步运行的极限频率 f_{max}，称为最高工作频率。它决定了定子绕组通电状态下变化程度最大的频率，即决定了步进电动机的最高转速。连续运行时的最高工作频率通常是启动频率的 $4\sim10$ 倍，一般为 $500\sim800$ Hz。随着步进电动机的运行频率增加，其输出转矩相应下降，所以最高工作频率不仅受所带负载的性质和大小的影响，还与定子相数、通电方式、控制电路的功率放大级等因素有关。

（5）加减速特性　加减速特性是描述步进电动机由零变化到工作频率和由工作频率变化到零的加减速过程中，定子绕组通电状态的变化频率与时间的关系。当要求步进电动机启动后频率达到大于启动频率的工作频率时，变化速度必须逐渐上升；同样，步进电动机从最高的工作频率或大于启动频率的工作频率到停止时，变化速度必须逐渐下降。逐渐上升和逐渐下降的加减速时间不能过短，否则会出现失步或超步。一般用加减速时间常数 T_a 和 T_d 来描述步进电动机的升速和降速特性，如图 7-6 所示。

（6）矩频特性与动态转矩　矩频特性反映了步进电动机连续稳定运行时输出转矩 M 与连续运行频率 f 之间的关系。如图 7-7 所示，该特性曲线上每一个频率所对应的转矩称为动态转矩。步进电动机正常运行时，动态转矩随连续运行频率的上升而下降。

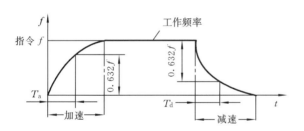

图 7-6　步进电动机加减速特性曲线

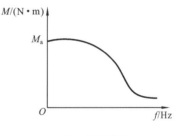

图 7-7　矩频特性

7.2.2　开环进给伺服系统

1. 控制原理

下面介绍开环进给伺服系统对工作台位移量、进给速度、运动方向的控制方法。

1）工作台位移量控制

数控装置发出 N 个进给脉冲，经驱动线路放大后，转化成步进电动机定子绕组通/断电的电流变化次数 N，使步进电动机定子绕组的通电状态改变 N 次，因此步进电动机的角位移量 ψ 为

$$\psi = N\alpha \tag{7-2}$$

式中：α 为步距角（°）。

对于工作台直线进给的系统，如图 7-8 所示，角位移量 ψ 经减速齿轮、滚珠丝杠螺母传递后，转变为工作台的直线位移量 L。由图可知，开环进给伺服系统的脉冲当量 δ（mm）为

$$\delta = \frac{\alpha}{360}ih \qquad (7\text{-}3)$$

式中:α 为步距角(°);h 为滚珠丝杠导程(mm);i 为齿轮传动比,$i = \frac{z_1}{z_2}$。

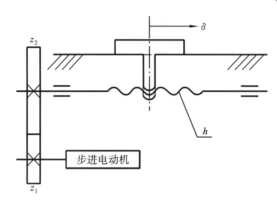

图 7-8　步进电动机开环伺服系统的传动示意图

在进给伺服系统中增设减速齿轮,一方面可协调系统各参数之间的比例关系,另一方面可调整速度,增大力矩,降低电动机功率。

2)工作台进给速度的控制

进给脉冲频率 f 经驱动装置后,就转化为步进电动机定子绕组通/断电状态变化的频率,从而决定了步进电动机转子的转速 ω。对于工作台直线进给的系统,如图 7-8 所示,步进电动机转速 ω 经减速齿轮、滚珠丝杠螺母后,体现为工作台的直线进给速度 v(mm/min),即

$$v = 60\delta f \qquad (7\text{-}4)$$

式中:δ 为脉冲当量(mm);f 为脉冲频率(Hz)。

3)工作台运动方向的控制

改变步进电动机输入脉冲信号的循环顺序,即可改变步进电动机定子绕组中电流的通断循环顺序,从而实现步进电动机的正反转,相应工作台的进给运动方向也随之改变。

综上所述,数控装置输入的进给脉冲数量、频率、循环顺序,经驱动控制电路到达步进电动机后,可以转换为工作台的位移量、进给速度和进给方向。

2. 步进电动机的驱动控制器

通常加到步进电动机的定子绕组上的电脉冲信号是由步进电动机的驱动控制器给出的,驱动控制器由环形脉冲分配器和功率放大器两部分组成。步进电动机控制电路如图 7-9 所示。步进电动机的运行性能是由步进电动机和驱动控制器共同保证的。

1)环形脉冲分配器

环形脉冲分配器的主要功能是将逻辑电平信号(弱电)变换成电动机绕组所需的具有一定功率的电流脉冲信号(强电),即将数控装置的插补脉冲,按步进电动机所要求的规律分配给步进电动机的各相输入端,以控制励磁绕组的通、断电。由于电动机有正、反转要求,所以环形脉冲分配器的输出是周期性的,又是可逆的。

步进电动机驱动装置分为两类。一类是其本身包括环形脉冲分配器,称为硬件环形脉冲分配器,数控装置只要发脉冲即可,每发一个脉冲时,电动机转过一个固定的角度。另一类是驱动装置没有环形脉冲分配器,环形脉冲分配需由数控装置中的计算机软件来完成,所

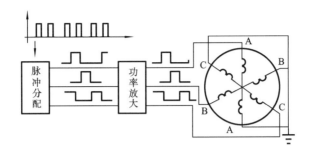

图 7-9　步进电动机控制电路

形成的为软件环形脉冲分配器。此时由数控装置直接控制步进电动机各相绕组的通、断电。

（1）硬件环形脉冲分配器　三相硬件环形脉冲分配器与数控装置的连接如图 7-10 所示。环形脉冲分配器的输入、输出信号一般均为 TTL 电平,高电平表示相应的绕组通电,低电平则表示相应的绕组失电;CLK 为数控装置所发脉冲信号,每一个脉冲信号的上升或下降沿到来时,绕组的通电状态改变一次;DIR 为数控装置所发方向信号,其电平的高低对应步进电动机的正、反转;FULL/HALF 信号用于控制电动机的整步(对于三相步进电动机即为三拍运行)或半步(对于三相步进电动机即为六拍运行),一般情况下,根据需要将其接在固定的电平上即可。

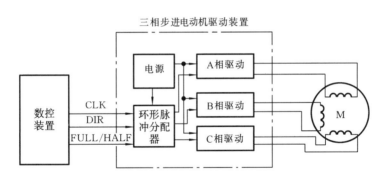

图 7-10　三相硬件环形脉冲分配器与数控装置的连接

环形脉冲分配器是根据步进电动机的相数和控制方式设计的,可以用门电路和逻辑电路构成。现介绍三相六拍环形脉冲分配器工作原理。如图 7-11 所示,该环形脉冲分配器电路由与非门和 J-K 触发器构成,指令脉冲加到三个触发器的时钟输入端 C,旋转方向由正、反控制端的状态决定。当正向控制端状态为"1"时,反向控制端状态为"0",此时步进电动机正向旋转。初始时,由置"0"信号将三个触发器都置为"0",由于 A 相接到 $\overline{Q_3}$ 端,故此时 A 相通电,随着指令脉冲的不断到来,各相通电状态不断变化,按照 A→AB→B→BC→C→CA→A→……的顺序通电。步进电动机反向旋转时,由反向控制信号"1"控制(此时,正向控制端状态为"0"),通电次序为 A→AC→C→CB→B→BA→A→……。

目前,实用的环形脉冲分配器均制成了专用集成芯片,其所采用的电路可分为 TTL 集成电路和 CMOS 集成电路。采用 TTL 集成电路的如 YBO13(三相)、YBO14(四相)、YBO15(五相)、YBO16(六相)等,采用 CMOS 集成电路的如 CH250。

（2）软件环形脉冲分配器　软件环形脉冲分配器的设计方法有很多,如查表法、比较

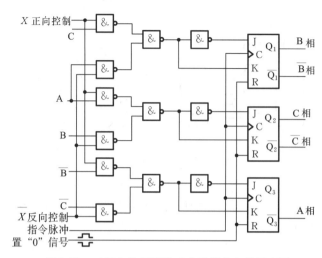

图 7-11　三相六拍环形脉冲分配器的电路原理图

法、移位寄存器法等,其中常用的是查表法。

图 7-12 所示为 8031 单片机与步进电动机驱动电路接口连接框图。P1 口的三个引脚经过光电隔离、功率放大后,分别与电动机的 A、B、C 相绕组连接。采用三相六拍方式时,电动机正转时的通电次序为 A→AB→B→BC→C→CA→A→……,电动机反转时的通电次序为 A→AC→C→CB→B→BA→A→……。相应的环形脉冲分配表如表 7-2 所示。把表中的数值按顺序存入内存芯片 EPROM 中,并分别设定表头的地址为 TAB0,表尾的地址为 TAB5。计算机的 P1 口按从 TAB0 开始逐次加 1 的顺序变化,电动机正向旋转。如果按从 TAB5 开始逐次减 1 的顺序变化,则电动机反转。

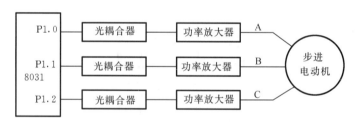

图 7-12　单片机与步进电动机驱动电路接口连接框图

表 7-2　计算机的三相六拍环形脉冲分配表

步　序		导　电　相	工作状态	数值(16 进制)	程序的数据表
正转	反转		CAB		TAB
		A	001	01H	TAB0　DB　01H
		AB	011	03H	TAB1　DB　03H
		B	010	02H	TAB2　DB　02H
		BC	110	06H	TAB3　DB　06H
		C	100	04H	TAB4　DB　04H
		CA	101	05H	TAB5　DB　05H

采用软件进行环形脉冲分配虽然增加了编程的复杂程度,但省去了硬件环形脉冲分配器,系统器件减少,成本降低,系统的可靠性也提高了。

2) 功率放大器

功率放大器将环形脉冲分配器输出的脉冲信号放大,以用足够的功率来驱动步进电动机。步进电动机的每一相绕组都有一套功率放大电路,主要由硬件实现。功率放大器按工作原理来分有单电压功率放大器、高低电压功率放大器、斩波恒流功率放大器、调频调压功率放大器等。

(1) 单电压功率放大器　图 7-13(a)所示为一种典型的单电压功率放大器。L 为步进电动机励磁绕组的电感,R_L 为绕组的电阻,R_C 为限流电阻;为了减小回路的时间常数 $L/(R_L+R_C)$,电阻 R_C 并联一电容 C,这将使回路电流上升沿变陡,从而使步进电动机的高频性能和启动性能提高。续流二极管 VD 和阻容吸收 RC 回路是功率管 VT 的保护电路,在 VT 由导通到截止瞬间释放电动机电感产生的高的反电动势。

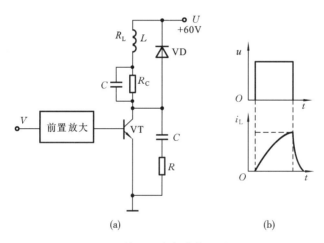

图 7-13　单电压功率放大器原理图
(a)电路原理;(b)电流波形

单电压功率放大器的优点是线路简单;缺点是限流电阻 R_C 消耗能量大,电流脉冲前、后沿不够陡(见图 7-13(b)),改善了高频性能后,低频工作时振荡有所增加,特性变坏。这种功率放大器常用于功率较小且要求不高的场合。

(2) 高低电压功率放大器　图 7-14(a)所示的高低电压功率放大器是单电压功率放大器的改进型,它可供给步进电动机绕组两种电压,以改善电动机启动时的电流前沿特性。一种是高电压 U_1,大小为 $80\sim150$ V;另一种是低电压 U_2,大小为 $5\sim20$ V。在绕组指令脉冲到来时,脉冲的上升沿使 VT_1 和 VT_2 同时导通。由于二极管 VD_1 的作用,绕组只加上高电压 U_1,绕组的电流很快达到规定值。电流达到规定值后,VT_1 的输入脉冲先变成下降沿,使 VT_1 截止,功率放大器以低电压 U_2 为电动机供电,电动机绕组电流维持规定值,直到 VT_2 输入脉冲下降沿到来,VT_2 截止。下一绕组重复这一过程。

由于采用高压驱动,电流增长快,绕组电流前沿变陡,提高了电动机的工作频率和高频时的转矩;同时由于额定电流由低电压维持,只需阻值较小的限流电阻 R_C,故高低电压功率放大器功耗较低。其缺点是:电路较复杂;在高低压衔接处的电流波形下凹(见图 7-14(b)),将造成高频输出转矩下降并影响电动机运行的平稳性。

(3) 斩波恒流功率放大器　斩波恒流功率放大器是利用斩波方法使电流维持在额定

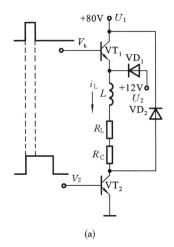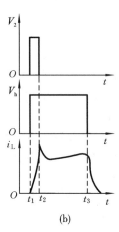

图 7-14　高低电压功率放大器原理图
(a)电路原理;(b)电流波形

值附近的。斩波恒流功率放大器原理如图 7-15(a)所示。工作时 V_{in} 端输入步进方波信号,当 V_{in} 端输入"0"时,与门 A_2 的输出 V_b 为逻辑"0",功率管 VT 截止,绕组 W 上无电流通过,采样电阻 R_3 上无反馈电压,A_1 放大器输出高电平;而当 V_{in} 端输入"1"时,由与门 A_2 输出的 V_b 也是逻辑"1",功率管 VT 导通,绕组 W 上有电流通过,采样电阻 R_3 上出现反馈电压 V_f,由分压电阻 R_1、R_2 得到的设定电压和反馈电压相减,来确定 A_1 输出电平的高低,再由与门 A_2 来控制 V_{in} 信号是否通过。当 $V_{ref}>V_f$ 时,V_{in} 信号通过与门,形成 V_b 正脉冲,打开功率管 VT;反之,当 $V_{ref}<V_f$ 时,V_{in} 信号被阻断,无 V_b 正脉冲,功率管 VT 截止。这样在一个 V_{in} 脉冲内,功率管 VT 多次通断,使绕组电流在设定值上下波动。相应的电压、电流波形如图 7-15(b)所示。

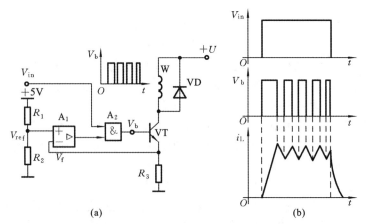

图 7-15　斩波恒流功率放大器原理图
(a)电路原理;(b)电流波形

在这种功率放大器中,由于采样电阻 R_3 的反馈作用,绕组电流可以稳定在额定值附近,其大小与外加电压 U 大小无关,实现了恒流驱动,这样就对电源要求较低;绕组电流也与步进电动机的转速无关,可保证在很大频率范围内都输出恒定的转矩。与前两种电路相比,斩波恒流功率放大器电路虽较复杂,但绕组的脉冲电流边沿较陡;采样电阻 R_3 的阻值较小(一般为0.2Ω),所以主回路电阻较小,系统的时间常数较小,反应较快,功率小、效率高。这种功率放大器在实际中经常采用。

(4)调频调压功率放大器　从上述几种功率放大器的介绍中可看出,为了提高系统的高频响应,可以提高供电电压,使脉冲电流上升沿变陡,但在低频下工作时,步进电动机的振荡会加剧,甚至会失步。

调频调压驱动是在绕组提供的电压与电动机运行频率之间直接建立联系,即为了减少低频振荡,低频时保证绕组电流上升较缓慢,使转子在到达新的平衡位置时不产生过冲;而在高频时使绕组电流有较陡的上升沿,产生足够大的绕组电流,提高电动机驱动负载能力。这就要求低频时用较低的电压供电,高频时用较高的电压供电。

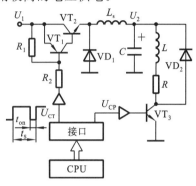

调频调压控制可由软件配合适当硬件电路实现,如图7-16所示。U_{CT}是开关调压信号,U_{CP}是步进控制脉冲信号,两者都由CPU输出。当U_{CT}为负脉冲信号时,VT_1和VT_2导通,电源电压U_1作用在电感L_s和电动机绕组L上,L_s感应出负电动势,电流逐渐增大,并对电容C充电,充电时间由U_{CT}的负脉冲宽度t_{on}决定。在U_{CT}负脉冲过后,VT_1和VT_2截止,L_s又产生感应电动势,其方向是U_2处为正。此时,若VT_3导通,该感应电动势便经电动机绕组$L \rightarrow R \rightarrow VT_3 \rightarrow$地$\rightarrow VD_1 \rightarrow L_s$回路泄放,同时电容$C$

图7-16　调频调压功率放大器原理图

也向绕组L放电。由此可见,电动机的供电电压U_2取决于VT_1和VT_2的导通时间,即取决于负脉冲U_{CT}的宽度。负脉冲宽度t_{on}越大,U_2越高。因此,根据U_{CP}的频率,调整U_{CP}负脉冲宽度t_{on},便可实现调频调压。

调频调压功率放大器综合了高低压驱动和斩波恒流驱动的优点,是一种值得推广的步进电动机的驱动电路。

7.2.3　提高步进伺服系统精度的措施

步进式伺服系统一般没有位置检测装置,因而不能构成反馈回路,是一个开环系统;在此系统中,机械传动部分的结构和质量、步进电动机的质量和控制电路的性能,均影响到系统的工作精度。要提高开环伺服系统的工作精度,应从以下这几个方面考虑:改善步进电动机的性能、减小步距角;采用精密传动副、减小传动链中传动间隙等。但这些因素往往由于结构和工艺的关系而受到一定的限制。为此,需要从控制方法上采取一些措施,例如,传动间隙补偿、螺距误差补偿和细分线路。

1. 传动间隙补偿

采用步进电动机作为执行元件的数控机床,其加工零件时的进给运动是依靠驱动装置带动齿轮、丝杠传动,进而推动机床工作台产生位移来实现的。提高传动元件的齿轮、丝杠制造装配精度并采取消除传动间隙的措施,可以减小但不能完全消除传动间隙。当机械传动链在改变运动或旋转方向时,最初的若干个指令脉冲只能起到消除传动间隙的作用,造成步进电动机的空转,而工作台无实际移动,从而会产生传动误差。采用传动间隙补偿方法可以消除传动间隙带来的影响。传动间隙补偿的基本方法为:事先测出传动间隙的大小,作为参数存储在RAM中;每当接收到反向位移指令时,先不向步进电动机输送反向位移脉冲,而是将间隙值换算为脉冲数 N,驱动步进电动机转动,越过传动间隙,待间隙补偿结束后再按指令脉冲进行动作,如图 7-17 所示。

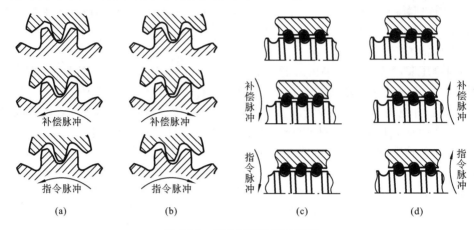

图 7-17　传动间隙补偿示意图

(a)齿轮传动逆时针换向;(b)齿轮传动顺时针换向;(c)丝杠传动从右向左换向;(d)丝杠传动从左向右换向

2. 螺距误差补偿

传动链中的滚珠丝杠螺距不同程度地存在着制造误差,在步进式开环伺服系统中,螺距累积误差直接影响工作台的位移精度。可为数控装置提供自动螺距误差补偿功能来解决这个问题。调整设备进给精度时,设置若干个补偿点(通常可达 $128\sim256$ 个),在每个补偿点处,测量出工作台的位置误差(见图 7-18)以确定补偿值,将其作为控制参数传输给数控装置。设备运行时,工作台每经过一个补偿点,数控装置就向规定的方向加入一个设定的补偿量,补偿螺距误差,使工作台到达正确的位置。由图 7-18 可以看出补偿前和补偿后工作台的位置误差情况。

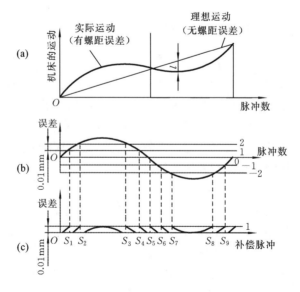

图 7-18　螺距误差补偿原理图

(a)实际运动与理想运动的关系;(b)补偿前误差;(c)补偿后误差

3．细分线路

在不进行细分控制的步进电动机中，每一个脉冲转子转过一个步距角。步距角的大小只有两种，即整步步距角和半步步距角。但三相步进电动机在双三拍通电方式下，两相同时通电，转子的齿与定子的齿不对齐而是停在两相定子齿的中间位置。若两相通以大小不同的电流，那么转子的齿不会停在两齿的中间，而是偏向通电电流较大的那个齿。如果把通向定子的额定电流分成 n 等份，转子以 n 次通电方式最终达到额定电流，使转子由原来的每来一个脉冲转过一个步距角，变成了每次通电走 $1/n$ 个步距角，即在进给速度不变的情况下，使脉冲当量缩小到原来的 $1/n$，从而提高了步进电动机的精度。这种将一个步距角细分成若干步的驱动方法称为细分驱动。目前，国内外很多厂商生产的驱动控制器都带有具备细分功能的环形脉冲分配器，最大的细分数可达到几百步。图 7-19 所示的是恒频脉宽调制细分驱动电路。

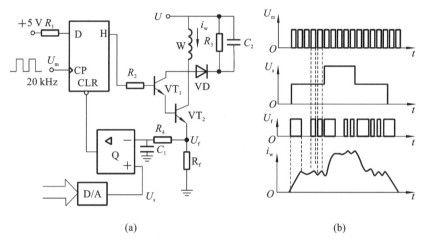

图 7-19　恒频脉宽调制细分驱动电路
(a)电路图；(b)波形图

若不进行细分，定子绕组的电流由零跃升到额定值时，相应的角位移如图 7-20(a)所示；细分后，定子绕组的电流要经过若干小步（这里为十细分，故走十步）的变化，才能达到额定值，相应的角位移如图 7-20(b)所示。采用细分驱动技术，可以提高步进电动机分辨率，改善其运行特性，降低其低频时的振动、噪声等，使步进电动机获得更好的性能。

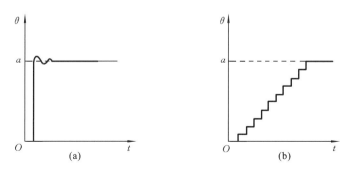

图 7-20　细分前后的角位移比较
(a)细分前；(b)十步细分后

7.3　直流伺服电动机与速度控制

20世纪70年代，功率晶体管和晶体管脉宽调制(PWM)驱动装置的出现，提高了直流(DC)伺服系统的性能并加快了其应用与推广速度。直流伺服系统的执行机构是直流电动机，它具有响应速度快、精度和效率高、调速范围大、负载能力大、机械特性较硬等优点；其缺点是结构复杂、价格昂贵，转速的提高受到电刷限制，且防油、防尘要求严格，易磨损，需定期维护。当然，现在已研制出无电刷的直流电动机，其很好地克服了上述缺点。

7.3.1　直流伺服电动机

1．直流伺服电动机的类型

直流伺服电动机(见图7-21)按电枢的结构与形状可分成平滑电枢型、空心电枢型和有槽电枢型等；按定子磁场的产生方式可分为永磁式和他励式两类；还可按转子转动惯量的大小分成大惯量、中惯量和小惯量伺服电动机。

图7-21　直流伺服电动机

2．直流伺服电动机的结构

直流伺服电动机的类型虽然有很多种，但其结构一般还是主要包括以下三大部分。

(1) 定子　定子磁极可产生定子磁场。他励式磁极由冲压硅钢片叠压而成，外绕线圈，通以直流电流产生磁场；永磁式磁极由永磁材料制成。

(2) 转子　转子由硅钢片叠压而成，表面嵌有线圈，通以直流电流时，在定子磁场作用下产生带动负载旋转的电磁转矩。

(3) 电刷与换向片　为使产生的电磁转矩保持恒定方向，以保证转子能沿固定方向均匀地连续旋转，将电刷与外加直流电源连接，换向片与电枢线圈连接。

3．直流伺服电动机的工作原理

1) 永磁式直流电动机工作原理

如图7-22所示，将直流电压加到A、B两电刷之间，电流从A刷流入，从B刷流出，载流导体*ab*在磁场中受到逆时针方向的作用力(按左手定则确定)，同理，载流导体*cd*也受到逆时针方向的作用力。因此，转子在逆时针方向的电磁转矩下旋转起来。当电枢转过90°，电枢线圈处于磁极的中性面时，电刷与换向片断开，无电磁转矩作用；但由于惯性的作用，电枢将继续转动一个角度，当电刷与换向片再次接触时，导体*ab*和*cd*交换了位置(相对中性面区分),导体 ab 和 cd 中的电流方向改变了,这就保证了电枢受到的电磁转矩方向不变,因而电枢可以连续转动。

实际电动机的结构比较复杂,为了得到足够大的转矩,往往在电枢上安装许多绕组。

2)他励式直流电动机工作原理

他励式直流电动机结构原理如图7-23(a)所示,在定子上有励磁绕组和补偿绕组,转子绕组通过电刷供电。由于转子磁场和定子磁场始终正交,因而产生转矩,使转子旋转,由图7-23(b)可知,定子励磁

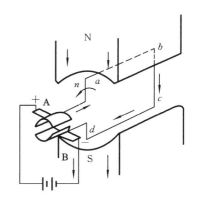

图 7-22　永磁式直流电动机工作原理图

电流 i_f 产生定子电动势 E_s,转子电枢电流 i_a 产生转子磁动势 E_r,E_s 和 E_r 垂直正交,补偿绕组与电枢绕组串联,电流 i_a 又产生补偿磁动势 E_c,E_c 与 E_r 方向相反,它的作用是抵消电枢磁场对定子磁场的影响,使电动机有良好的调速特性。

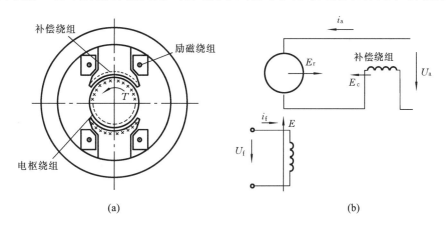

(a)　　　　　　　　　　　　　　　　　(b)

图 7-23　他励式直流电动机结构原理图

(a)结构图;(b)原理图

另外,就原理而言,一台普通的直流电动机也可认为就是一台直流伺服电动机。因为,当对一台直流电动机进行恒定励磁时,若电枢(多相线圈)不加电压,电动机不会旋转;当外加某一电枢电压时,电动机将以某一转速旋转。如图7-24(a)所示,改变电枢两端的

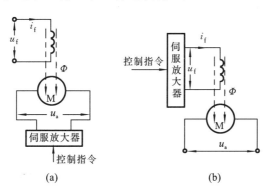

直流伺服电
动机原理演
示

(a)　　　　　　　　(b)

图 7-24　直流伺服电动机的控制原理图

(a)电枢控制;(b)磁场控制

电压,即可改变电动机转速,这种控制称为电枢控制。如图 7-24(b)所示,当对电枢通以恒定电流,改变励磁电压时,同样可改变电动机转速,这种方法称为磁场控制。直流伺服电动机一般都采用电枢控制。

7.3.2 直流进给速度控制单元

直流电动机的机械特性公式为

$$n = \frac{U_a}{C_e \Phi} - \frac{R_a}{C_e C_m \Phi^2} M \tag{7-5}$$

式中:n 为电动机转速,r/min;U_a 为电枢外加电压,V;C_e 为反电动势常数;Φ 为电动机磁通量,Wb;R_a 为电枢电阻,Ω;C_m 为转矩常数;M 为电磁转矩,N·m。

由机械特性方程式可知,直流电动机的调速方法有三种。

(1) 改变电枢外加电压 U_a 采用这一方法可得到调速范围较宽的恒转矩特性,且此时电动机机械特性好。该方法适用于主轴驱动的低速段和进给驱动,如图 7-24(a)所示的电枢控制。

(2) 改变磁通量 Φ 采用这一方法可得到恒功率特性。该方法适用于主轴驱动的高速段,不适用于进给驱动,且永磁式直流电动机的 Φ 是不可变的。

(3) 改变电枢电路的电阻 R_a 采用这一方法时电动机的机械特性较软。该方法不能实现无级调速,也不适用于数控机床。

在直流伺服系统中,常用的有晶闸管(silicon controlled rectifier,SCR)直流调速系统和晶体管脉宽调制调速系统两类。

1. 晶闸管直流调速系统

在大功率及调速要求不是很高的直流伺服电动机调速控制中,广泛采用晶闸管调速控制方式。用晶闸管可构成多种整流电路。目前,数控机床中多采用三相全控桥式整流电路作为直流速度控制单元的主电路。图 7-25 所示为一个具有两组三相全控桥式晶闸管直流调速系统主电路,其中有两组正负对接的晶闸管:一组用于提供正向电压,供电动机正转;另一组用于提供反向电压,供电动机反转。通过对 12 个晶闸管触发延迟角的控制,达到控制电动机电枢电压的目的,从而对电动机进行调速。

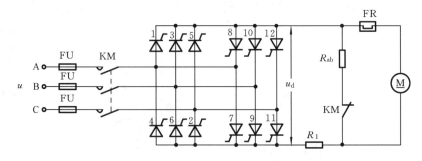

图 7-25　三相全控桥式晶闸管直流调速系统主电路

为满足数控机床调速范围的要求并抑制外加干扰,可采用带有速度反馈的闭环系统,闭环调速范围为开环调速范围的 $1+k_s$ 倍(k_s 为开环系统的放大倍数);为提高调速特性的硬度,可再增加一个电流反馈环节,从而构成双环调速系统。

图 7-26 所示为一种典型的双环调速系统组成框图,其速度调节器和电流调节器均是由线性集成放大器和阻容元件构成的 PI 调节器。U_r 是速度控制环的给定值,是来自数控系统的运算结果,并经 D/A 转换后的模拟量参考值,一般为直流$-10\sim+10$ V。速度反馈元件可采用测速发电机或脉冲编码器,并直接安装在电动机的轴上。测速发电机发出的电压 U_f 可以直接反馈回来与 U_r 进行比较;而脉冲编码器发出的脉冲频率要经过频率/电压变换,转变为电压的模拟量值,再与 U_r 进行比较。I_r 来自速度调节器的输出,为电流控制环的输入值。I_f 为电流的反馈值,检测的是电动机电枢电路的电流。

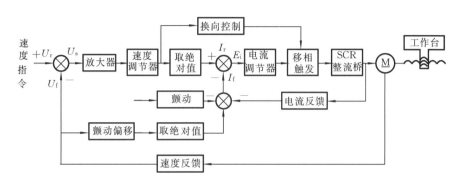

图 7-26　双环调速系统组成框图

在双环调速系统中,速度控制环起主导作用,其调速过程如下:当速度指令信号 U_r 增大时,U_s 增大,速度调节器的输出加大,I_r 也随之加大,从而使电流调节器的输出也加大,使脉冲触发器的脉冲前移,晶闸管的触发角前移,导通角增大,晶闸管整流桥输出的直流电压增大,直流电动机 M 转速上升;当电动机转速上升到 $U_f(=U_r)$ 时,调节过程结束,系统达到稳态运行状态。当系统受到外界干扰时,如负载增加,转速下降,U_f 减小,U_s 增大,经过上述调节过程可使转速回升到原始稳定值,实现转速的无静差。

电流控制环的作用主要是在启动和堵转时限制最大电枢电流。另外,当扰动发生在内环之中时,如电网电压下降,整流器输出电压随之降低,在电动机转速由于惯性未来得及变化之前,首先是回路电流减小,反馈电流 I_f 减小,E_i 随之增大,电流调节器输出增加,使晶闸管的触发角前移,晶闸管整流桥的输出电压回升。当 I_f 又回升到原始值时,调节过程结束,实现电流的无静差。

综上所述,具有速度外环、电流内环的双环调速系统具有良好的静态、动态指标,其启动过程很快,可最大限度地利用电动机的过载能力,使过渡过程最短。其缺点是:在低速轻载时,电枢电流出现断续,电动机机械特性变软,电压总放大倍数下降,同时动态品质变坏。可采用电枢电流自适应调节器或增加一个电压调节内环,构成三环来解决以上问题。

2. 晶体管脉宽调制直流调速系统

与晶闸管直流调速系统相比,晶体管脉宽调制直流调速系统的优点是:频带宽,避开了与机械结构的共振;电枢电流脉动小;电源的功率因素高;动态特性好,定位精度高,抗干扰能力强。其缺点是:不能承受较高的过载电流,功率还不能做得很大。目前,晶体管脉宽调制直流调速系统已成为数控设备驱动系统的主流,在中、小功率和低速直流伺服驱动系统中的应用尤其广泛。

1) 晶体管脉宽调制直流调速系统的组成及工作原理

图 7-27 为晶体管脉宽调制直流调速系统组成框图。该系统由控制部分和主回路组

成,控制部分包括速度调节器、电流调节器、脉宽调制器(振荡器、比较放大器)和基极驱动电路等;主回路包括功率整流电路和晶体管开关功率放大器等。控制部分的速度调节器和电流调节器与晶闸管直流调速系统中一样,可采用双闭环控制;与晶闸管直流调速系统不同的控制部分只有脉宽调制器和开关功率放大器,两者是晶体管脉宽调制直流调速系统的核心。

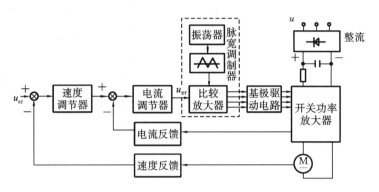

图 7-27　晶体管脉宽调制直流调速系统组成框图

　　脉宽调制就是使功率放大器中的晶体管工作在开关状态下,开关频率保持恒定,用调整开关周期内晶体管导通时间的办法来改变其输出,以使电动机电枢两端获得宽度随给定指令变化的频率固定的电压脉冲。开关在每一周期内的导通时间随给定指令连续地变化时,由于内部续流电路和电枢电感的滤波作用,电动机电枢得到的电压平均值也随给定指令连续地发生变化,从而达到调节电动机转速的目的。

　　2) 脉宽调制器

　　脉宽调制器的作用是使电流调节器输出的直流电压 u_{er}(按给定的指令变化)与调制信号发生器产生的频率固定的调制信号叠加,然后利用线性组件产生周期固定、宽度可调的脉冲电压。这一脉冲电压经基极驱动电路放大后加到功率放大器晶体管的基极,控制其开关周期及导通的持续时间。脉宽调制器的种类很多,但从结构上看,都由两部分组成,即调制信号发生器和比较放大器。而调制信号发生器大多采用三角波发生器或锯齿波发生器。下面介绍一种用三角波作为调制信号的脉宽调制器,它由三角波发生器和比较放大器组成,如图 7-28 所示。

　　(1) 三角波发生器　三角波发生器由两级运算放大电路组成。如图 7-28(a)所示,第一级运算放大器 N_1 组成的电路是固定频率振荡器,在它的输出端接一个由运算放大器 N_2 构成的积分器。三角波发生器工作过程如下。

　　如图 7-28(b)所示:设在电源接通瞬间 $t=0$,N_1 的输出电压 u_B 为 $-u_d$(运算放大器电源电压),u_B 信号被送到 N_2 的反向输入端,由 N_2 组成的积分器的输出电压 $u_\triangle$ 按线性比例关系逐渐上升,同时 $u_\triangle$ 信号又被反馈到 N_1 的输入端,与 u_B(u_B 通过 R_2 正反馈到 N_1 的输入端)进行比较。设在 $t=t_a$ 时 u_A 略大于零,N_1 立即翻转,由于正反馈的作用,u_B 瞬间到达最大值,即 $u_B=+u_d$,而 $u_\triangle=(R_5/R_2)u_d$。随后,由于 N_2 输入端为 $+u_d$,经积分,N_2 的输出电压 $u_\triangle$ 线性下降。当 $t=t_b$ 时,u_A 略小于零,N_1 再次翻转为原来状态,则 $u_B=-u_d$,而 $u_\triangle=-(R_5/R_2)u_d$。如此周而复始,形成自激振荡,于是,在 N_2 的输出端得到一串频率固定的三角波电压信号。

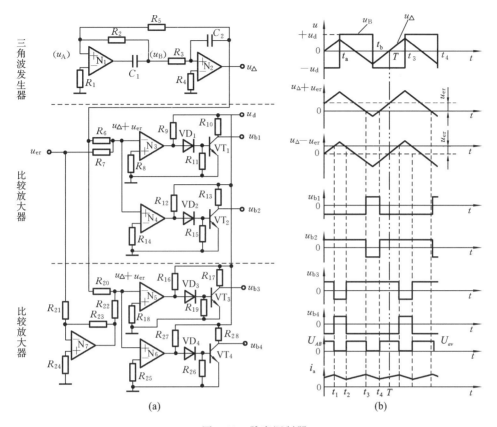

图 7-28　脉宽调制器

(a)三角波发生器和比较放大器电路；(b)电路波形图

　　（2）比较放大器　三角波发生器输出的三角波 $u_\triangle$ 与电流调节器输出的控制电压 u_{er} 比较后，$u_\triangle + u_{er}$ 被送入 N_3、N_4 的输入端，如 $u_{er}=0$，则 N_3 的三角波是对称的，而 N_3 输出的电压波形为正负半波脉宽相等（图中未画出）；如 $u_{er}>0$，如图 7-28(b)所示，N_3、N_4 的输入信号 $u_\triangle + u_{er}$ 正值范围宽、负值范围窄；由于 N_3 的反相作用，N_3 输出的电压 u_{b1} 负脉冲宽、正脉冲窄，而 N_4 没有反相作用，其输出的电压 u_{b2} 正脉冲宽、负脉冲窄。N_3、N_4 的输出电压经一级放大后，输出 u_{b1}、u_{b2}。另外，运算放大器 N_7 构成反相器，使 N_5、N_6 的输入信号为 $u_\triangle - u_{er}$，经运算放大器 N_5、N_6 和一级放大后，分别输出 u_{b3}、u_{b4}。输出信号 u_{b1}、u_{b2}、u_{b3}、u_{b4} 分别加到如图 7-29 所示的功率放大器的四个大功率晶体管 VT_1、VT_2、VT_3、VT_4 的基极上。

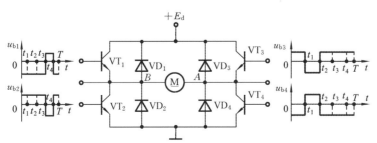

图 7-29　H 型双极性开关功率放大电路

3）开关功率放大器

主回路的开关功率放大器晶体管工作在开关状态。根据输出电压(加于电动机电枢上)波形,开关功率放大器有单极性输出、双极性输出和有限单极性输出三种工作方式;根据大功率晶体管使用的数目及布局,开关功率放大器又有 T 型和 H 型之分。图 7-29 所示为 H 型开关功率放大电路。下面介绍图 7-28 中脉宽调制信号 u_{b1}、u_{b2}、u_{b3}、u_{b4} 分别加到其四个大功率晶体管基极上后电路的工作原理。

将正的速度误差信号 $+u_{er}$ 送到脉宽调制器与三角调制波相"与"后,分别产生脉冲信号 u_{b1}、u_{b2}、u_{b3} 和 u_{b4},且有 $u_{b1}=-u_{b2}$,$u_{b3}=-u_{b4}$。u_{b1}、u_{b2}、u_{b3} 和 u_{b4} 信号分别施加在大功率晶体管 VT_1、VT_2、VT_3 和 VT_4 的基极上,控制其开关,如图 7-29 所示。当 $0 \leqslant t < t_1$ 时,u_{b1} 和 u_{b4} 同时为负电压,u_{b2} 和 u_{b3} 同时为正电压,VT_2 和 VT_3 饱和导通,加在电枢上电压 $U_{AB}=+E_d$(忽略 VT_3 和 VT_2 上的饱和压降),电枢电流 i_a 沿 $+E_d$ 端→VT_3→电动机电枢→VT_2 回到电源负极。在 $t_1 \leqslant t < t_2$ 时,u_{b1} 和 u_{b3} 同时为负电压,VT_1 和 VT_3 截止,电源 $+E_d$ 被切断,加在电枢上的电压 $U_{AB}=0$;而此时 u_{b2} 电压为正,由于电枢电感的作用,电流 i_a 经 VT_2 和 VD_4 继续流通。在 $t_2 \leqslant t < t_3$ 时,u_{b1} 和 u_{b4} 又同时为负电压,u_{b2} 和 u_{b3} 又同时为正电压,电枢电压 $U_{AB}=+E_d$,电流 i_a 又沿 $+E_d$ 端→VT_3→电动机电枢→VT_2 回到电源负极。在 $t_3 \leqslant t < t_4$ 时,u_{b2} 和 u_{b4} 同时为负电压,VT_2 和 VT_4 截止,电源再次被切断,电枢电压 $U_{AB}=0$;但因 u_{b3} 为正电压,加上电枢电感的作用,电流 i_a 经 VT_3 和 VD_1 继续流通。在 $t_4 \leqslant t < T$ 时,u_{b1} 和 u_{b4} 又同时为负电压,u_{b2} 和 u_{b3} 又同时为正电压,电枢电压 $U_{AB}=+E_d$,电流 i_a 又沿 $+E_d$ 端→VT_3→电动机电枢→VT_2 回到电源负极。如此周而复始,不断循环。如图 7-28(b)所示,绘出电枢电压 U_{AB} 和电枢电流 i_a 的波形图。由图可知,主回路输出电压 U_{AB} 是在 $0 \sim +E_d$ 之间变化的脉冲电压,即电枢电压 U_{AB} 的极性不变,因此称此时开关功率放大器的工作方式为单极性输出方式。

当控制电压为负值时,即 $u_{er} < 0$,经分析可知,图 7-28 所示的脉宽调制器电路中 VT_1、VT_2、VT_3、VT_4 输出波形分别为 u_{b3}、u_{b4}、u_{b1}、u_{b2},电源 $+E_d$ 将通过 VT_1 和 VT_4 向电动机电枢供电,U_{AB} 是在 $0 \sim -E_d$ 之间变化的脉冲电压,电动机反转。当 $u_{er}=0$ 时,图 7-28 中 N_3、N_4、N_5、N_6 的输入三角波是对称的,它们输出的电压波形正负半波脉宽相等,且 $u_{b1}=u_{b3}=-u_{b2}=u_{b4}$,经分析得 $U_{AB}=0$,电动机停转。从波形图可以看出,当 VT_1 导通时 VT_2 截止,VT_3 导通时 VT_4 截止,反之亦然。为不致造成 VT_1 和 VT_2、VT_3 和 VT_4 同时导通而烧毁晶体管(尤其在 $u_{er}=0$ 时),在电路设计时要保证上述两对晶体管中原导通者截止后,原截止者才导通,而这一过程经历的时间应大于晶体管的关断时间。

从上述电路工作过程的分析中可以发现,开关功率放大器输出电压的频率比每个晶体管开关频率高一倍,从而弥补了大功率晶体管开关频率不能设计得很高的缺陷,改善了电枢电流的连续性,这也是此种电路被广泛采用的原因之一。

设输出电压 U_{AB} 的周期为 T,电枢接通电源的脉宽之和为 t_{on},并设 $\gamma = t_{on}/T$ 为占空比,可求得电枢电压的平均值

$$U_{av} = \frac{t_{on}}{T} U_{AB} = \gamma U_{AB} \tag{7-6}$$

由式(7-6)可知,在 $T=$ 常数时,人为地改变 t_{on},即改变占空比 γ 就可改变 U_{AB},达到调速的目的。

综上所述,在晶体管脉宽调制直流调速系统中,输出电压是利用三角载波调制直流控制电压 u_{er} 而得到的。调节控制电压 u_{er} 的大小(如变大),即可调节电枢两端的电压 U_{AB} 波形(脉宽变大, γ 增大),从而调节电枢电压的平均值 U_{av}(增大),达到调速的目的(电动机转速变高);连续调节 u_{er} 以连续地改变脉宽,即可实现直流电动机的无级调速。另外,改变控制电压 u_{er} 的正负性可以改变 U_{AB} 及 U_{av} 的正负性,从而控制电动机的转向。

7.4　交流伺服电动机与速度控制

直流电动机具有优良的调速性能,但它有以下缺点:电刷和换向器易磨损,需经常维护;换向器换向时会产生火花,使电动机的最高速度及应用环境受到限制;电动机结构复杂,成本较高。而交流伺服电动机不仅克服了直流电动机存在的上述缺点,同时又具备坚固耐用、经济可靠、输出功率大及动态响应好等优点。

近年来,交流伺服系统的控制技术不断发展,调速性能不断提高。机床进给伺服系统经历了开环步进电动机系统、闭环直流伺服系统两个阶段后,已进入了交流伺服系统阶段,交流伺服系统正逐步取代直流伺服系统。

7.4.1　交流伺服电动机

1. 交流伺服电动机的类型

数控机床用交流伺服电动机(见图 7-30)一般有两种:永磁式交流伺服电动机和感应式交流伺服电动机。

交流伺服电
动机原理演
示

图 7-30　交流伺服电动机

永磁式交流伺服电动机相当于交流同步电动机,常用于进给伺服系统;感应式交流伺服电动机相当于交流感应异步电动机,常用于主轴伺服系统。两种伺服电动机都是由定子绕组产生旋转磁场,转子跟随定子旋转磁场一起运转的。两者的不同点是:交流永磁式伺服电动机的转速与外加交流电源的频率存在着严格的同步关系,即电动机的转速等于旋转磁场的同步转速;而交流感应式伺服电动机由于需要转速差才能产生电磁转矩,所以电动机的转速低于磁场同步转速,负载越大,转速差就越大。

2. 永磁式交流伺服电动机结构与工作原理

永磁式交流伺服电动机主要由定子、转子和检测元件三部分组成,其结构如图 7-31 所示。定子具有齿槽,内有三相绕组,形状与普通交流电动机的定子相同;转子由多块永

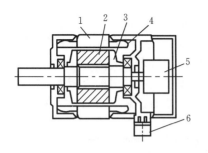

图 7-31　永磁式交流伺服电动机结构示意图
1—定子；2—转子；3—压板；4—定子三相绕组；
5—检测元件；6—接线盒

磁体和硅钢片组成，磁场波形为正弦波；检测元件(脉冲编码器或旋转变压器)安装在电动机轴上，其作用是检测转子磁场相对于定子绕组的位置。

永磁式交流伺服电动机的工作原理：定子三相绕组接上电源后，产生一个旋转磁场，该旋转磁场以同步转速 n_0 旋转；根据磁极的同性相斥、异性相吸原理，定子旋转磁场与转子的永久磁铁磁极相互吸引，并带着转子以同步转速 n_0 一起旋转；转子轴上加负载转矩后，定子磁场轴线与转子磁极轴线将不重合，相差一个 θ 角。负载转矩发生变化时，θ 角也跟着变化，但只要不超过一定限度，转子就始终跟着定子的旋转磁场以同步转速 n_0 旋转。转子转速 $n(\text{r/min})$ 为

$$n = n_0 = \frac{60f}{p} \tag{7-7}$$

式中：f 为电源交流频率，Hz；p 为转子磁极对数。

永磁式交流伺服电动机的机械特性比直流伺服电动机的机械特性还要硬，其直线段更是接近于水平线。此外，断续工作区的范围扩大，其中高速区域尤为突出，有利于提高电动机的加、减速能力。但永磁式交流伺服电动机自启动困难，这一问题可通过减小转子惯量及采用先低速后高速转动等方法来解决。

7.4.2　交流进给速度控制单元

1. 交流伺服电动机调速原理

同步型交流伺服电动机的转速 $n = n_0 = 60f/p$；异步型交流伺服电动机的转速 $n = (60f/p)(1-s) = n_0(1-s)$。可见，要改变电动机转速可采用三种方法。

(1) 改变磁极对数 p　这是一种有级调速方法，通过切换定子绕组接线，改变磁极对数来实现。

(2) 改变转差率 s　这种方法只适用于异步型交流电动机的调速，包括调压调速和电磁调速。该调速方法机械特性软、效率低、功耗大。

(3) 变频调速　通过改变电动机电源频率 f 来改变电动机的转速，可实现无级调速，效率和功率因数都很高，调速范围宽、精度高。

数控机床用电动机一般都采用变频调速，这样，交流伺服调速问题就归结为变频问题。改变供电频率，常用方法有两种：交—直—交变频和交—交变频。在数控机床上广泛应用交—直—交变频器。

2. SPWM 变频调速

SPWM 变频调速即正弦波脉宽调制变频调速，是脉宽调制调速方法的一种，适用于交流永磁式电动机和交流感应式电动机。SPWM 采用正弦规律脉宽调制原理，具有输入功率因数高和输出波形好的优点，是一种最基本、应用最广泛的调制方法。

SPWM 属于交—直—交变频调速，该方式是先将电网电源输入整流器，经整流后变为直流，再经电容或电感或由两者组合的电路滤波后供给逆变器(直流变交流)，输出三相

频率和电压均可调整的等效于正弦波的脉宽调制波（SPWM 波），去驱动交流伺服电动机运转。

　　1）SPWM 调制原理

　　在交流 SPWM 系统中，输出电压是用三角载波对正弦电压进行调制后得到的。图 7-32 给出使用双极性调制法形成调制波的过程。$u_\triangle$ 为三角载波信号，其幅值为 $u_\triangle$，频率为 $f_\triangle$；u_s 为一相（如 U 相）正弦控制波，其幅值为 U_s，频率为 f_s。三角波与正弦波的频率比称为载波比，通常为（15～168）：1，甚至更高。当 u_s 高于 $u_\triangle$ 时，SPWM 的输出电压 u_o 为高电平，而当 u_s 低于 $u_\triangle$ 时则为低电平。这样形成一个等距、等幅，而不等宽的方波信号 u_m，它的规律是中间脉冲宽而两边脉冲窄，其脉冲宽度正比于相交点的正弦控制波的幅值，基本上按正弦分布。SPWM 调制输出的各个脉冲面积和与正弦波面积成比例，其基波是等效正弦波。

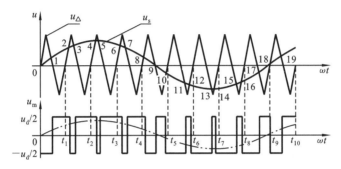

图 7-32　调制波的形成

　　SPWM 波可用计算机或专门集成电路芯片产生，也可采用正弦波控制、三角波（载波）调制的模拟电路元件来实现，调制电路如图 7-33 所示。首先由模拟元件构成的三角波发生器产生三角波信号 $u_\triangle$，由模拟元件构成的正弦波发生器产生正弦波信号 u_s，然后将 $u_\triangle$ 和 u_s 信号送入电压比较器，产生 SPWM 调制的矩形脉冲。

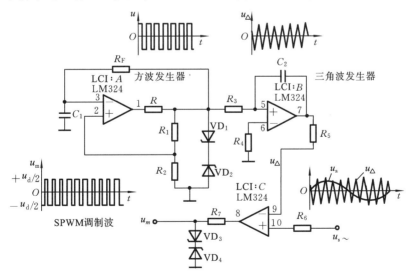

图 7-33　双极性 SPWM 调制波原理（一相）

　　要获得三相 SPWM 波，可利用三相 SPWM 控制电路。如图 7-34 所示，三个互成

120°相位角的控制电压 u_{sU}、u_{sV}、u_{sW}(分别由三个电压频率变换器产生)分别与同一三角波 $u_\triangle$ 比较,且三角形频率为正弦波频率的三倍整数倍数,从而获得三路互成 120°的SPWM 脉宽调制波 u_{mU}、u_{mV}、u_{mW},其波形分别如图 7-35(a)～(d)所示。用这三个脉宽调制波脉冲信号及它们取反后的脉冲信号 $\overline{u}_{mU}$、$\overline{u}_{mV}$、$\overline{u}_{mW}$,经功率放大后,驱动电动机工作。u_{sU}、u_{sV}、u_{sW}的幅值和频率都是可调的,可改变其幅值和频率来实现变频调速。

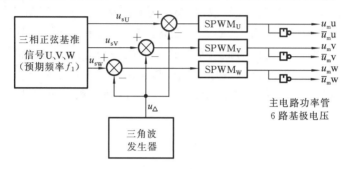

图 7-34　三相 SPWM 控制电路原理图

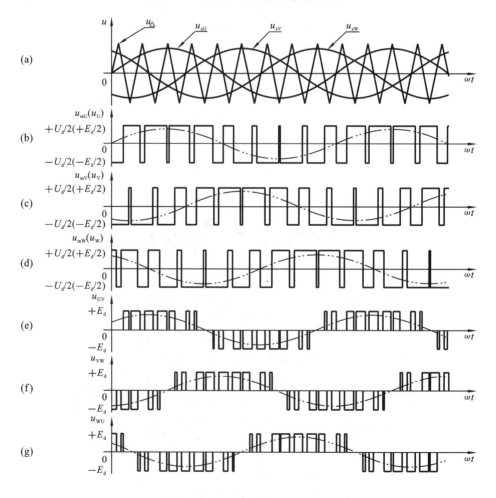

图 7-35　三相双极性 SPWM 脉宽调制

(a)正弦控制波和三角调制波;(b)～(d)SPWM 波及相电压;(e)～(g)SPWM 线电压

2）SPWM 变频器的功率放大电路

SPWM 波经功率放大后才能驱动电动机。图 7-36 所示为双极性 SPWM 通用型功率放大主电路。该主电路左侧是桥式整流电路,用于将工频(50 Hz)交流电整流成直流电,其中电容器 C_d 用于滤平全波整流后的电压波纹,当负载变化时,使直流电压保持平稳;主电路右侧是逆变器,用 $VT_1 \sim VT_6$ 六个大功率开关晶体管把直流电变成脉宽按正弦规律变化的等效正弦交流电,用来驱动交流伺服电动机,U、V、W 是逆变桥的输出端。图 7-34 中输出的 SPWM 波 u_{mU}、$\overline{u}_{mW}$、u_{mV}、$\overline{u}_{mU}$、u_{mW}、$\overline{u}_{mV}$ 分别控制图 7-36 中的 $VT_1 \sim VT_6$ 的基极。设图 7-36 中经三相整流器输出的直流电压为 E_d。以 U 相为例,当逆变管输入电压 u_{mU} 处在正半周时,VT_1 工作于脉宽调制状态,VT_4 截止,U 相绕组的相电压为 $+E_d/2$(忽略 VT_1 上的饱和压降);当 u_{mU} 处在负半周时,VT_4 工作于脉宽调制状态,VT_1 截止,U 相绕组的相电压为 $-E_d/2$。当 u_{mU} 在正半周与负半周间切换时,为不致造成 VT_1 和 VT_4 同时导通而烧毁晶体管,电路设计时要保证这对晶体管中原导通者截止后,原截止者才导通,这一过程经历的时间应大于晶体管的关断时间;在晶体管由导通到截止的过程中,电动机绕组中的反电动势通过 VD_{10} 或 VD_7 续流二极管释放,且该相绕组承受 $-E_d/2$ 或 $+E_d/2$ 电压(忽略二极管上的压降),从而实现双极性 SPWM 调制特性。V 相和 W 相同理。U、V、W 三相上的相电压波形 u_U、u_V、u_W 与逆变管的控制信号 u_{sU}、u_{sV}、u_{sW} 波形一致,仅电压幅值不同,如图 7-35(b)~(d)所示。由相电压合成为线电压,如 $u_{UV} = u_U - u_V$,可得逆变器输出线电压脉冲系列,如图 7-35(e)~(g)所示,其脉冲幅值为 $\pm E_d$。功率放大器输出端(右侧)接在电动机上,由于电动机绕组电感的滤波作用,其电流变成正弦波,三相输出电压相位相差 120°。

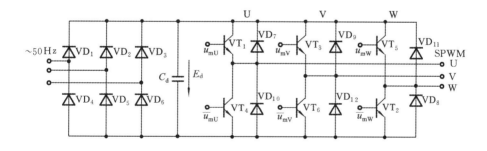

图 7-36　双极性 SPWM 通用型功率放大主电路

逆变器输出端相电压为具有控制波(正弦波)的频率且有某种谐波畸变的调制波形,其基波幅值为

$$U_{sm} = \frac{E_d}{2} \times \frac{U_s}{U_\triangle} = \frac{E_d}{2}M \tag{7-8}$$

式中:E_d 为整流器输出的直流电压;U_s 为正弦控制电压的峰值;$U_\triangle$ 为三角载波的峰值电压;M 为调制系数($M = U_s/U_\triangle$)。

可见,只要改变调制系数 $M(0 < M < 1)$,即保持 $U_\triangle$ 不变,调节正弦控制波(u_{sU}、u_{sV}、u_{sW})的幅值 U_s(如增大),逆变器保持输出的矩形脉冲电压幅值不变,就会改变各段脉冲宽度(变宽),从而改变占空比(增大),使输出基波的幅值得到改变(增大),进而改变平均电压(增大),达到变速目的(增速);另外,只要改变正弦控制波的频率 f_s,就可改变输出基波的频率 $f_{sm}(f_{sm} = f_s)$。因此,可在逆变器中实现调频和调压的双重任务,以满足电动

机恒转矩控制的需要。而且,随着载波比 $f_\triangle / f_s$ 的增大,输出的谐波分量不断减小,即输出信号的正弦性也越来越好。但受功率变换电路的限制,载波比不能取得太大,如用晶闸管做开关元件时,载波频率一般可做到数百赫兹,而用大功率晶体管时可达 $2\sim3$ kHz。改变三角载波的频率 $f_\triangle$,可以改变输出脉宽的周期。改变图 7-36 中任意两组(VT$_1$ 和 VT$_4$、VT$_3$ 和 VT$_6$、VT$_5$ 和 VT$_2$)大功率开关晶体管导通和截止的顺序,即可改变逆变相序,从而改变电动机转向。

3) SPWM 变频调速系统

图 7-37 所示为 SPWM 变频调速系统框图。速度(频率)给定器给定信号,用以控制频率、电压及正反转。平稳启动回路使启动加、减速时间可随机械负载情况设定,以达到软启动的目的。函数发生器在输出低频信号时保持电动机气隙磁通一定,补偿定子电压降的影响。电压频率变换器将电压转换成频率,经分频器、环形计数器产生方波,该方波和经三角波发生器产生的三角波一并被送入调制回路。电压调节器和电压检测器一起实现闭环控制。电压调节器产生频率与幅度可调的控制正弦波,送入调制回路,在调制回路中进行 SPWM 变换,产生三相的脉冲宽度调制信号;在基极回路中输出信号至功率晶体管基极,即对 SPWM 的主回路进行控制,实现对永磁式交流伺服电动机的变频调速。电流检测器进行过载保护。

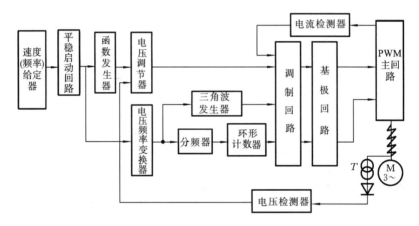

图 7-37 SPWM 变频调速系统框图

为了加快运算速度,减少硬件,一般采用多微处理器控制方式。例如:用两个微处理器分别控制 SPWM 信号的产生和电动机-变频器系统的工作,这种技术称为微机控制 SPWM 技术。目前国内外 SPWM 变频器的产品大都采用了微机控制 SPWM 技术。

7.5　直线电动机伺服系统

传统的数控机床进给系统主要是通过旋转伺服电动机和滚珠丝杠来实现伺服进给功能的,在这种伺服进给方式中,电动机输出的旋转运动要经过联轴器、滚珠丝杠、滚动螺母等一系列中间传动和变换环节以及相应的支承件,才变为被控对象刀具的直线运动。由于中间存在着运动形式变换环节,高速运行下,滚珠丝杠的刚度、惯性、加速度等动态性能已远不能满足要求,基于此,人们开始研究新型的进给系统,直线电动机进给系统便应运而生。用直线电动机直接驱动机床工作台,取消了驱动电动机和工作台之间的一切中间传动环节,形成所谓的"直接驱动"或"零传动",从而克服了传统驱动方式下传动环节带来的缺点,显著提高了机床的动态灵敏度、加工精度和可靠性。

7.5.1　直线电动机

1. 直线电动机的类型和结构

直线电动机也有交流和直流的两种,用于机床进给驱动的一般是交流直线电动机,有感应异步式和永磁同步式两种;从结构形式来讲,直线电动机有圆筒式、平板式和 U 形槽式(见图 7-38);从其运动部件来讲,又有动圈式和动铁式等。除了沿直线运动的直线电动机外,还有沿圆周运动的直线电动机,称为环形扭矩直线电动机,其也具有零传动特性,可取代目前数控机床领域中最常用的蜗杆副和弧齿锥齿轮副等机构。

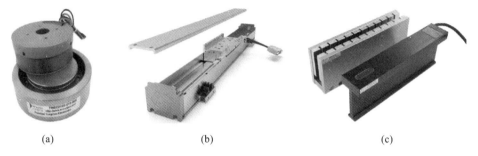

(a)　　　　　　　　　　(b)　　　　　　　　　　(c)

图 7-38　直线电动机

(a)圆筒式;(b)平板式;(c)U 形槽式

永磁式同步直线电动机要在机床上铺设一块永久强磁钢,这会给机床的装配、使用和维护带来不便,而感应式异步直线电动机在不通电时没有磁性,所以没有上述缺点。但感应式异步直线电动机在单位面积推力、效率、可控性和进给平稳性等方面逊于永磁式同步直线电动机,特别是散热问题难以解决。随着稀土永磁材料性价比的不断提高,永磁同步式直线电动机发展成为主流。

从原理上讲,直线电动机相当于是把旋转电动机沿过轴线的平面剖开,并将定子、转子圆周展开成平面后再进行一些演变而成的。图 7-39 所示为感应式异步直线电动机的演变过程,图 7-40 所示为永磁式同步直线电动机的演变过程。经过这种演变就得到了由旋转电动机演变而来的最原始的直线电动机,其中,由原来旋转电动机定子演变而来的一侧称为初级,由转子演变而来的一侧称为次级。

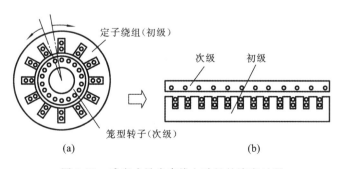

(a)　　　　　　　　　　(b)

图 7-39　感应式异步直线电动机的演变过程

(a)旋转式;(b)直线式

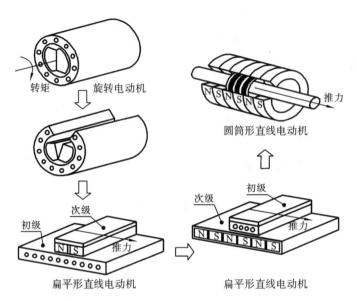

图 7-40 永磁式同步直线电动机的演变过程

演变而来的直线电动机的初级与次级长度相等,由于直线电动机的初级和次级都存在边端,在做相对运动时,初级与次级之间互相耦合的部分将不断变化,不能按规律运动。为使其正常运行,需要保证在所需的行程范围内,初级与次级之间的耦合保持不变,因此实际应用时,初级和次级长度不能做成完全相等的。因而,直线电动机有短次级和短初级两种形式,如图 7-41(a)、(b)所示。由于短初级结构在制造成本上、运行费用上均比短次级结构低得多,因此,除特殊场合外,一般均采用短初级结构。此外,直线电动机还有单边型和双边型两种结构,图7-41所示就是单边型直线电动机。如果在单边型直线电动机的次级两侧均布置对称的初级,就是构成了双边型直线电动机。

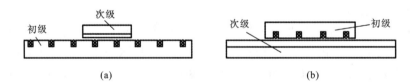

图 7-41 单边型直线电动机的形式

(a)短次级;(b)短初级

2. 直线电动机的工作原理

直线电动机的工作原理和旋转电动机类似,也是利用电磁作用将电能转换成为动能的。

1) 感应式异步直线电动机的结构及工作原理

直线电动机
原理演示

如图 7-42 所示,含铁芯的多相通电绕组(电动机的初级)安装在机床工作台(溜板)的下部,是直线电动机的动件;在床身导轨之间安装不通电的绕组,每个绕组中的每一匝都是短路的,相当于交流感应回转电动机鼠笼的展开,是直线电动机的定件。

当多相交流电通入多相对称绕组时,在电动机初、次级间的气隙中会产生磁场,从而产生磁力,推动动件(机床工作台)做快速直线运动。如果不考虑端部效应,磁场的磁感应

强度 B 在直线方向上呈正弦分布,只是这个磁场按通电的相序做直线移动(见图 7-43),而不是旋转运动,因此称为行波磁场。显然行波的移动速度与旋转磁场在定子内圆表面的线速度是一样的,这个速度称为同步线速度,用 v_s 表示,且

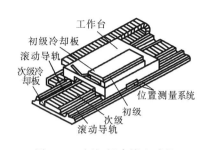

图 7-42　短初级直线电动机
进给单元

$$v_s = 2f\tau \tag{7-9}$$

式中:τ 为极距,cm;f 为电源频率,Hz。

在行波磁场的切割下,次级导条产生感应电动势并产生电流,所有导条的电流和气隙磁场相互作用,产生电磁推力 F,由于次级是固定的,初级就沿行波磁场运动的方向做直线运动。

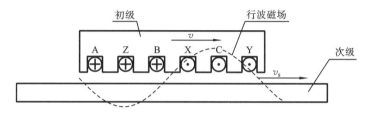

图 7-43　短初级感应式异步直线电动机工作原理

直线异步电动机的推力公式与三相异步电动机转矩公式相类似,即

$$F = KpI_2\Phi_m\cos\varphi_2 \tag{7-10}$$

式中:K 为电动机结构常数;p 为初级磁极对数;I_2 为次级电流;Φ_m 为初级一对磁极的磁通量的幅值;$\cos\varphi_2$ 为次级功率因数。

在推力 F 作用下,初级运动速度 v 应小于同步速度 v_s,则滑差率 s 为

$$s = \frac{v_s - v}{v_s} \tag{7-11}$$

因此初级运动速度为

$$v = v_s(1-s) = 2f\tau(1-s) \tag{7-12}$$

改变直线异步电动机初级绕组的通电相序,就可改变电动机运动的方向,从而可使电动机做往复运动。

2)永磁式同步直线电动机工作原理

短初级永磁式同步直线电动机进给单元与短初级感应式异步直线电动机相似,不同点仅在于其定件不是短路的不通电绕组,而是铺设在机床导轨之间的一块强永久磁钢。多相交流电通入绕组时,产生行波磁场,其速度也称为同步线速 v_s,行波磁场与定件永久磁钢的磁场相互作用,推动动件做直线运动。

永磁式同步直线电动机动件的运行速度 v 和行波磁场速度 v_s 大小相同,但方向相反,即

$$v = v_s = 2f\tau \tag{7-13}$$

3．直线电动机的特点

直线电动机将机械结构简单化、电气控制复杂化,符合现代机电技术的发展趋势,适用于高速加工、超高速加工、超精密加工。

直线电动机具有下列特点:

（1）调节速度方便；

（2）加速度大，响应快；

（3）定位精度和跟踪精度高；

（4）行程不受限制。

（5）无中间传动环节，可靠性高，寿命长，结构简便，易于维护。

（6）直线电动机进给单元只能采用闭环控制系统。当负载变化大时，需要重新整定系统。

（7）磁铁或线圈对电动机部件的吸力很大，易吸引金属颗粒。

（8）直线电动机常在大电流和低速下运行，导致其发热量大，效率低下。

7.5.2　直线电动机在数控机床上的应用

目前，直线电动机已产品化并投入工业应用。直线电动机伺服系统为闭环伺服系统，基本原理同旋转式交流电动机伺服系统和直流电动机伺服系统相似，在此不再赘述，感兴趣的读者可以参考相关文献。这里仅对当前国内外直线电动机在数控机床上的应用情况做一扼要介绍。

1993 年，德国 ZxCell-O 公司推出了世界上第一台由直线电动机驱动工作台的高速加工中心 HSC-240 型高速加工中心，其最大进给速度为 60 m/min，加速度达到 1g，精度可达 0.004 mm。美国的 Ingersoll 公司紧接着推出了采用直线电动机的 HVM-800 型高速加工中心，最大进给速度为 75.2 m/min。自此，欧美工业大国开始在机床制造大量应用直线电动机驱动技术。在 2003 年的意大利米兰国际机床展上，德国 DMG 公司展品多由直线电动机驱动。日本高档机床也大量采用了直线电动机驱动技术。从 1996 年开始，日本相继研制成功采用直线电动机的卧式加工中心、高速机床、超高速小型加工中心、超精密镜面加工机床、高速成形机床等。2002 年在日本东京机床展上，25 家公司展出了 41 台装有直线电动机的数控机床，包括加工中心 11 台。采用直线电动机驱动技术的机床已是日本机床生产商供应的主流实用机床。目前，国际上最知名的机床厂家几乎无一例外地推出了直线电动机驱动的机床产品，品种覆盖了绝大多数机床类型。此外，在压力机、坐标测量机、水切割机、等离子切割机、快速原型机及半导体设备的 X-Y 工作台上直线电动机都有应用。

国际上，直线电动机及其伺服系统的知名供应商主要有：德国的 SIEMENS 和 Indramat 公司，日本的 FANUC 和三菱公司，美国的 Anorad 和科尔摩根公司，瑞士的 ETEL 公司等。具有代表性的直线电动机产品有：FANUC L17000C3/2is、SIEMENS 1FN3。控制系统方面，SIEMENS、FANUC 等供应商都可提供与直线电动机控制相对应的控制软件和接口，其中以 SINUMERIK 系统（如 810D、840D）应用最多。

国内直线电动机技术的研究始于 20 世纪 70 年代，上海电动机厂、清华大学、国防科技大学和浙江大学等单位都做了相关研究，但直至 20 世纪末，都未能真正实现高速机床大推力、长行程的进给。进入 21 世纪后，国内直线电动机技术得到长足发展。清华大学在"十五"攻关项目中成功研制出交流永磁式同步直线电动机及其伺服系统，其最大切削速度为 60 m/min，最大加速度为 5g，最大推力为 5 000 N。在 2003 年中国国际机床展览会上，北京机电院高技术股份公司推出了国产首批中直线电动机驱动的立式加工中心，其采用西门子

840D 系统,最大进给速度为 120 m/min,最大加速度为 1.5g。目前,在我国机床行业中,应用直线电动机进给系统的产品越来越多。2007 年,杭州机床集团有限公司推出了国内首台使用直线电动机的平面磨床。

目前,直线电动机及其伺服系统技术日益成熟,使用成本不断下降,性价比更好,产业化趋势明显。将直线电动机应用于机床的研究开发主要涉及以下几个方面。

(1) 直线电动机机械部件的优化设计,包括材料、结构和工艺等方面,以保证高速、高加速度运动下机床刚度及抗冲击能力,提高吸振、抗振、隔热和防磁效果。

(2) 伺服系统中应用各种新型驱动电源技术和控制技术,以保证伺服系统与机械部件的匹配及合理配置,优化运动部件的加速度、速度调整及运动特性。

(3) 电动机、编码器、导轨、轴承、接线器和电缆等部件模块化设计与集成,减小电动机尺寸,以便于安装和使用。

(4) 机床进给系统采用的直线伺服电动机以永磁式为主导。

(5) 注重相关技术的发展,如位置检测元件,这是提高直线电动机性能的基础。

目前,直线电动机比滚珠丝杠的成本高 15%～20%,但用户可节省运行成本约 20%,从而可以及时收回附加投资。可以预见,作为一种新型传动方式,直线电动机必将在机床工业中得到越来越广泛的应用。

7.6　实现位置控制的伺服系统

位置控制是伺服系统的基本功能和运动精度的重要保证。位置控制单元包括位置控制环、速度控制环和电流控制环。位置控制环的输入数据由轮廓插补运算获得,在每一个插补周期内通过插补运算得到一组数据并输出给位置控制环,位置控制环根据速度指令的要求及各环节的放大倍数(增益)对位置数据进行处理,再把处理的结果送给速度控制环,作为速度控制环的给定值。由于数控机床伺服系统位置反馈和比较方式不同,其工作原理也不同,由此可分为多种不同的类型。本节将分别对数字-脉冲比较伺服系统、相位比较伺服系统、幅值比较伺服系统和全数字控制伺服系统等进行介绍。

7.6.1　数字-脉冲比较伺服系统

数字-脉冲比较伺服系统先将指令脉冲 F 与反馈脉冲 P_f 进行比较,确定位置偏差 e,再将位置偏差 e 放大后输出给速度控制单元和电动机执行,以减少或消除位置偏差。在半闭环系统中,多采用光电编码器作为检测元件;在闭环系统中,多采用光栅作为检测元件。

图 7-44 所示为以光电编码器作为检测元件的半闭环数字-脉冲比较系统。指令脉冲 F 来自数控装置的插补器,反馈脉冲 P_f 来自与执行电动机同轴安装的光电编码器。两个脉冲源是相互独立的,且脉冲频率随转速变化而变化。由于脉冲到来的时间不同,且加法计数与减法计数可能发生重叠,易造成误操作,因此在可逆计数器前设有脉冲分离处理电路。

数字-脉冲比较伺服系统的工作过程是:当指令脉冲为正脉冲而反馈脉冲为负脉冲时,计数器做加法运算;当指令脉冲为负脉冲而反馈脉冲为正脉冲时,计数器做减法运算。

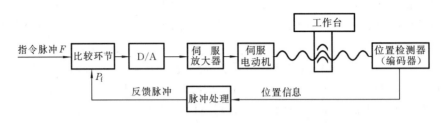

图 7-44　半闭环数字-脉冲比较系统结构框图

计数器的运算结果:当 $e=F-P_f>0$ 时,工作台正向移动;当 $e=F-P_f<0$ 时,工作台反向运动;当 $e=F-P_f=0$ 时,工作台静止。

数字-脉冲比较伺服系统的优点是结构比较简单,易于实现数字化控制。在控制性能上数字-脉冲比较伺服系统要优于采用模拟控制、混合控制的伺服系统。

7.6.2　相位比较伺服系统

相位比较伺服系统是采用相位比较方法实现位置闭环及半闭环控制的伺服系统。它的结构形式与所使用的位置检测元件有关,常用的检测元件是旋转变压器和感应同步器,并要处于相位工作状态。闭环相位比较伺服系统的结构框图如图 7-45 所示。该系统采用了直线式感应同步器作为位置检测元件。图中的脉冲调相器又称数字相位变换器,它的作用是将来自数控装置的进给脉冲信号转换为相位变化信号,该相位变化信号可用正弦波信号或方波信号表示。若没有进给脉冲输出,则脉冲调相器的输出与基准信号发生器发出的基准信号同相位,没有相位差;若输出一个正向或反向进给脉冲,则脉冲调相器的输出超前或滞后基准信号一个相应的相位角。

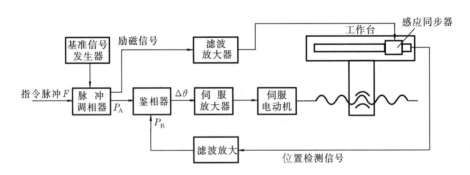

图 7-45　闭环相位比较伺服系统结构框图

鉴相器有两个同频率的输入信号 P_A 和 P_B,其相位均以与基准信号的相位差表示。鉴相器的作用就是鉴别这两个输入信号的相位差的大小与极性,其输出电压信号 $\Delta\theta$ 即为指令位置与实际位置的偏差。用这个电压信号经伺服放大器放大后去驱动电动机,使其带动工作台运动。所以鉴相器在系统中起到了比较器的作用。

7.6.3　幅值比较伺服系统

幅值比较伺服系统以位置检测信号的幅值大小来反映机械位移量的数值,以此信号作为反馈信号,并将其转换成数字信号后与指令信号进行比较,从而获得位置偏差信号,实现闭环控制。检测元件在幅值工作状态下工作,常用检测元件主要有旋转变压器和感应同步器。

闭环幅值比较伺服系统的结构框图如图 7-46 所示。系统工作前,指令脉冲 F 与反馈脉冲 P_f 均没有,比较器输出为 0,这时伺服电动机不转动。有指令脉冲时,比较器输出不再为 0,其数据经 D/A 变换后,向速度控制电路发出电动机运转信号,电动机转动并带动工作台移动。同时,位置检测元件将工作台的位移检测出来,经鉴幅器和电压-频率变换器处理,转换成相应的数字脉冲信号,其输出一路作为位置反馈脉冲,另一路送入检测元件的励磁电路。若指令脉冲与反馈脉冲幅值相等,比较器输出为"0",说明工作台实际移动的距离等于指令信号要求的距离,电动机停转,工作台停止移动;若两者不相等,说明工作台实际移动距离不等于指令信号要求的距离,电动机就会继续运转,带动工作台移动,直到比较器输出为 0 时再停止。

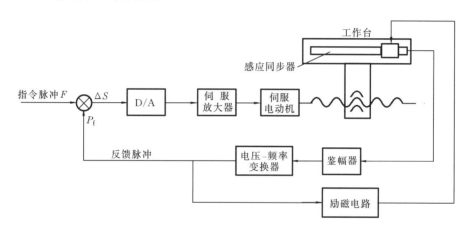

图 7-46　闭环幅值比较伺服系统结构框图

7.6.4　全数字控制伺服系统

根据伺服系统控制信息类型,可将伺服系统分为模拟式、混合式和全数字式。模拟式伺服系统的三环调节器都采用硬件实现,系统中的给定量和反馈量都是模拟量。混合式伺服系统的位置控制环用软件控制,其给定信号和反馈信号都是数字量;速度控制环和电流控制环用硬件控制,其给定信号和反馈信号都是模拟量。全数字控制伺服系统用计算机软件实现各种数控功能,系统中的控制信息全用数字量来处理。

图 7-47 所示为全数字控制伺服系统的原理图。图中,电流控制环和位置控制环均设有数字化测量传感器;速度控制环的测量也是数字化测量,它是通过位置测量传感器(如脉冲编码器)实现的。速度控制和电流控制是由专用微处理器(对应图 7-47 中的进给控制)完成。位置反馈、比较等处理工作通过高速通信总线由位控微处理器完成。位置偏差再由通信总线传给速度控制环。此外,各种参数的控制及调节也由微处理器实现,特别是正弦脉宽调制变频器的矢量变换控制更是由微处理器完成。

以上前三种伺服系统中,相位比较和幅值比较伺服系统从结构和安装维护上都比数字-脉冲比较伺服系统复杂和要求高,所以一般情况下数字-脉冲比较伺服系统应用得更广泛些。此外,相位比较伺服系统又比幅值比较伺服系统应用得多。全数字控制伺服系统可利

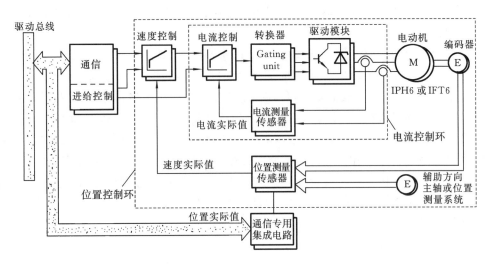

图 7-47　全数字控制伺服系统原理图

用计算机和软件技术采用前馈控制、预测控制和自适应控制等新方法改善系统性能,能满足高速、高精度加工要求。所以,全数字控制将取代模拟式和混合式控制,是今后发展的方向。

7.7　主轴伺服系统

主轴伺服系统用于提供加工各类工件所需的切削功率,一般只需具备主轴调速及正反转功能;但当要求机床有螺纹加工、准停和恒线速加工等功能时,对主轴也提出了相应的位置控制要求,如要求其输出功率大,具有恒转矩段及恒功率段,有准停控制、主轴与进给联动功能。与进给伺服系统一样,主轴伺服系统经历了从普通三相异步电动机传动到直流主轴传动的发展;随着微处理器技术和大功率晶体管技术的进展,现在又进入了交流主轴伺服系统的时代。当前,数控机床向高速度、高精度方向发展,电主轴应运而生,在今后一个时期内,电主轴将是数控机床主轴驱动系统的一个发展方向。

7.7.1　直流主轴伺服系统

一般主轴电动机要求有大的输出功率,所以在主轴伺服系统中不采用永磁式直流伺

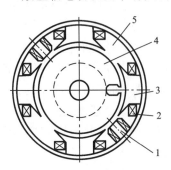

图 7-48　直流主轴电动机结构
1—换向器;2—线圈;3—主磁极;
4—转子;5—定子

服电动机,而采用他励式。在结构上,直流主轴电动机也是由定子和转子两大部分组成,如图 7-48 所示。转子由电枢绕组和换向器组成,定子由主磁极和换向器组成,有的主轴电动机在主磁极上不但有主磁极绕组,还带有补偿绕组。为改善换向性能,在主轴电动机中都设置有换向器;为缩小体积,改善冷却效果,采用了轴向强迫通风冷却或热管冷却方式;在电动机尾部一般都同轴安装有测速发电机作为速度反馈元件。

直流主轴伺服系统的组成原理如图 7-49 所示。其类似于直流进给伺服系统,也是由速度控制环和电流控制环构成双环调速(框图下半部),以控制直流主

轴电动机的电枢电压来进行恒转矩调速。控制系统的主电路采用反并联可逆整流电路。直流伺服系统有晶闸管调速和脉宽调制调速两种形式。由于主轴电动机功率较大,因而常用在大功率应用方面具有优势的晶闸管直流调速方法。

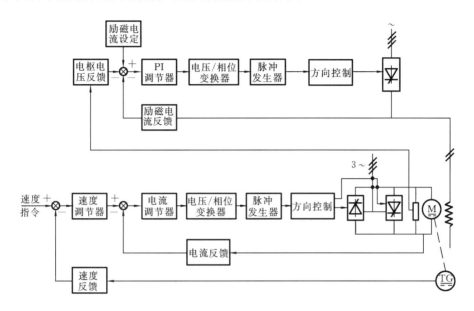

图 7-49　直流主轴伺服系统原理框图

由直流电动机的机械特性公式

$$n = \frac{U_a}{C_e \Phi} - \frac{R_a}{C_e C_m \Phi^2} M \tag{7-14}$$

可以看出,在额定转速以下,若要把速度继续往下调,可以减小电枢外加电压 U_a,实现恒转矩调速;但在额定转速以上时,若要把速度继续往上调,不能让 U_a 超过额定电压,以免烧毁电枢绕组,只能让磁通量 Φ 减小,即弱磁调速。在弱磁调速中,调整 Φ 即是调整励磁电流,随着 Φ 的减小,转速的上升,电磁转矩 M 减小,因而这种调速方式称为恒功率调速。恒功率调速是直流主轴调速的一部分,它是通过控制励磁电路的励磁电流的大小来实现的。图 7-49 中上半部分是励磁控制电路。主轴电动机为励磁式电动机,励磁绕组需由另一个直流电源供电。将励磁电流设定电路、电枢电压反馈电路及励磁电流反馈电路三者的输出信号,经比较后输入 PI 调节器,根据调节器输出电压的大小,经电压/相位变换器(晶闸管触发电路),来确定晶闸管门极的触发脉冲的相位,控制加到励磁绕组端的电压大小,从而控制励磁绕组的电流大小,完成恒功率控制的调速。

7.7.2　交流主轴伺服系统

如前文所述,交流伺服电动机一般分为永磁式和感应式两种。交流进给伺服系统大多采用前者;交流主轴伺服系统一般采用后者,这是因为数控机床主轴伺服系统不必像进给伺服系统那样,需要如此高的动态性能和如此宽的调速范围。感应式交流伺服电动机结构简单、成本低、性能可靠,配上采用矢量变换控制技术的主轴驱动装置,完全可以满足数控机床主轴驱动的要求。主轴驱动交流伺服化是当今的发展趋势。

数控机床用交流主轴电动机多是基于交流感应伺服电动机的结构形式专门设计的。

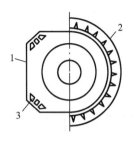

图 7-50　交流主轴电动机与普通感应式
电动机结构比较示意图

1—交流主轴电动机；2—普通感应式电动机；
3—冷却通风孔

为了增加输出功率,缩小电动机的体积,采用定子铁芯在空气中直接冷却的方法。没有机壳,而且在定子铁芯上有轴向孔,以利通风等,所以电动机外形多呈多边形而不是常见的圆形。交流主轴电动机结构和普通感应式电动机的比较如图 7-50 所示。转子多为带斜槽的铸铝结构,与一般笼型感应电动机相同。在电动机轴尾部同轴安装检测用脉冲发生器或脉冲编码器。

感应式交流主轴伺服电动机的工作原理与普通异步电动机相同,在电动机定子的三相绕组中通以有相位差的交流电时,就会产生一个转速为 n_0 的旋转磁场,这个磁场切割转子中的导体,导体感应电流与定子磁场相互作用产生电磁转矩,从而推动转子以转速 n 旋转。电动机转速与磁场转速是异步的,电动机的转速 n (r/min)为

$$n = \left(\frac{60f}{p}\right)(1-s) = n_0(1-s) \tag{7-15}$$

式中:f 为电源交流频率,Hz;p 为转子磁极对数;s 为转差率。

为满足数控机床切削加工的特殊要求,出现了一些新型主轴电动机,如输出转换型交流主轴电动机、液体冷却主轴电动机和内装式主轴电动机(电主轴)等。

1. 新型主轴电动机结构

1) 输出转换型交流主轴电动机

主轴电动机本身由于特性的限制,在低速区是以恒转矩输出模式工作的,输出功率会发生变化;在高速区是以恒功率输出模式工作的。可用在恒转矩范围内的最高速和在恒功率范围内的最高速之比来表示主轴电动机的恒定特性,其比值一般为 1∶3～1∶4。为满足机床切削的需要,主轴电动机应在任何刀具切削速度下均能提供恒定的功率。为了满足切削的需要,可在主轴与电动机之间装上齿轮箱,使之在低速时仍有恒功率输出。若主轴电动机本身有宽的恒功率范围,可省略主轴变速箱,从而简化主轴结构。

为此,可采用一种称为输出转换型的交流主轴电动机。输出转换方法有:三角形-星形切换、绕组切换,以及两者组合切换。其中,绕组切换方法简便,每套绕组都能分别设计成最佳的功率特性,能得到非常宽的恒功率范围,一般可达到 1∶3～1∶30。这样,采用输出转换型交流主轴电动机,就可省去主轴变速箱。

2) 液体冷却主轴电动机

与进给电动机相比,交流主轴电动机要求输出功率大。在一定尺寸条件下,输出功率增大,必将大幅度增加发热量,因而,主轴电动机必须解决散热问题。主轴电动机的散热一般是采用风扇冷却的方法;但采用液体(润滑油)强迫冷却法能在保持小体积条件下获得更大的输出功率。液体冷却主轴电动机的结构特点是:在电动机外壳和前端盖中间有一个独特的油路通道,使润滑油在油路通道循环流动来冷却绕组和轴承,从而使电动机可在 20 000 r/min 高速下连续运行。这类电动机的恒功率范围也很宽。

3) 电主轴

数控技术在工业领域内的应用,使越来越多的机械制造设备都不断地向高速、高效、

高精度、高智能化领域发展,因此,对机床主轴系统提出了更高的要求。电主轴系统是最能适应上述高性能工况的数控机床核心部件之一。电主轴由内装式主轴电动机直接驱动,从而把机床主传动链的长度缩短为零,实现机床的"零传动"。

电主轴系统把主轴与电动机有机地结合在了一起,电动机轴是空心轴转子,也就是主轴本身,电动机定子被嵌入主轴头。电主轴系统由内装式电主轴单元、驱动控制器、编码系统、直流母线能耗制动器和通信电缆组成。内装式电主轴单元是电主轴系统的核心,其组成部件包括电动机、支承件、冷却系统、松拉刀系统、松刀气缸或液压缸、轴承自动卸载系统、刀具冷却系统、编码安装调整系统。

电主轴是一种智能型功能部件,不但有结构紧凑、质量小、动态特性好、转速高、功率大的优点,还有一系列控制主轴温升与振动等运行参数的功能,以确保其可靠性与安全性。虽然将电动机内置在安装上会带来一些麻烦,但在高速加工时,采用电主轴几乎是唯一最佳的选择。这是因为:

①电主轴取消了中间传动机构,从而消除了由于这些机构而产生的振动和噪声;

②电主轴可将主轴的转动惯量减至最小,因而主轴回转时可有极大的角加、减速度,在最短时间内可实现高转速下的速度变化;

③高速运行时避免了由中间传动机构引起的振动冲击,因而运行更加平稳,有利于延长主轴轴承寿命。

目前,国内外专业的电主轴生产厂商已可供应几百种规格的电主轴,其套筒直径范围为 $32\sim320$ mm,转速范围为 $10\,000\sim150\,000$ r/mim,功率范围为 $0.5\sim80$ kW,转矩范围为 $0.1\sim300$ N·m。近年来,为满足特定需要,进一步改善电主轴性能,还出现了流体静压轴承。此外,还出现了磁悬浮轴承电主轴及交流永磁同步电动机电主轴。

2. 交流主轴电动机控制单元

交流电动机调速方法有多种,如:变频调速(U/f 调速)、矢量控制调速、直接转矩控制调速。这里只介绍异步电动机矢量控制调速。

矢量控制是根据异步电动机的动态数学模型,利用坐标变换的方法将电动机的定子电流分解成磁场分量电流和转矩分量电流,模拟直流电动机的控制方式,对电动机的磁场和转矩分别进行控制,使异步电动机的静态特性和动态特性接近于直流电动机的性能。

矢量变换控制原理如图 7-51 所示,图中带"*"号标记的量表示控制值,不带"*"号标记的量表示实际测量值。它类似于直流电动机的双闭环调速系统,ASR 为速度调节器,它的输出相当于直流电动机电枢电流的 i_q^* 信号;AMR 为磁通调节器,它输出 i_d^* 信号。这两个信号经 K/P 坐标变换器合成为定子电流幅值给定信号 i_1^* 和相角给定信号 θ_1^*,前者经电流调节器 ACR 控制变频器电流幅值,后者用于控制逆变器各相的导通。而实际的三相电流经 3/2 相变换器和矢量旋转变换器 V/R 后得到等效电流 i_d 和 i_q,然后再经 P/K 坐标变换器得到定子电流幅值的反馈信号 i_1。逆变器的频率控制都用转差控制方式:由 i_q^* 和 ϕ_m 信号经运算得到转差角速度 ω_s,与实际角速度 ω 相加之后,得到同步角速度 ω_0,再经积分器得到磁通同步旋转角 θ_0,然后再与电流相位角 θ_1^* 相加,利用相加所得结果来及时而准确地控制电流波形,得到良好的动态性能。为了控制气隙磁通,从理论上讲,可以在电动机轴上安装磁通传感器来直接检测气隙磁通,但这种方法不易实现,且在检测信号中干扰信号较大,因此一般都采用间接磁通控制。

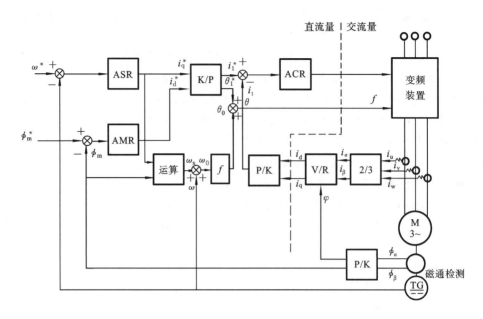

图 7-51　矢量变换控制原理图

7.7.3　主轴准停控制

主轴准停又称为主轴定向,是指主轴停止运转时,能够准确定位于某一固定位置。主轴准停功能常用在机床的自动换刀、反镗孔等动作中。主轴准停可分为机械准停和电气准停。

1. 机械准停控制

图 7-52 所示为典型的 V 形槽定位盘准停结构。带有 V 形槽的定位盘与主轴连为一体,当数控系统接收到主轴准停指令(M19)时,主轴控制单元首先使主轴减速至可以设定的低速。当检测到无触点开关的有效信号后,使主轴电动机停转并断开主轴传动链,主轴由于惯性继续慢速空转;同时控制系统控制电磁阀动作,使准停液压缸定位销伸出并压向定位盘。当定位盘的 V 形槽与定位销对正时,定位销插入 V 形槽,使主轴准停定位;同时

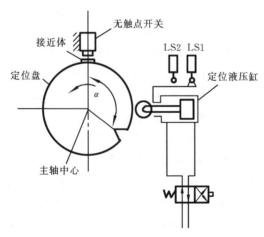

图 7-52　V 形槽定位盘准停结构

限位开关 LS2 动作,表明准停动作完成。开关 LS1 为准停释放信号,主轴准停释放信号有效时,主轴才能旋转;主轴准停到位信号 LS2 有效时,才能进行换刀动作。这些动作的控制可由数控系统的可编程控制器来实现。机械准停还有其他方式,但基本原理与上述类似。

2. 电气准停控制

电气准停控制方式广泛应用在中高档数控机床上,与机械准停相比,电气准停控制能简化机械结构、缩短准停时间、增加可靠性及提高机床性价比。电气准停控制方式主要有以下三种。

1)磁传感器准停控制

如图 7-53 所示,磁传感器准停控制由主轴装置自身完成。当主轴驱动单元接收到数控系统发来的准停启动信号 ORT 时,主轴立即减速至准停速度;当主轴达到准停速度且到达准停位置时(磁发生器与磁传感器对准),主轴立即减速至某一爬行速度。当磁传感器信号出现时,主轴驱动单元立即开始以磁传感器作为反馈元件的位置闭环控制,目标位置即为准停位置。准停完成后,主轴驱动单元向数控系统发出准停完成信号 ORE。这里,磁性元件可直接装在主轴上,磁性传感头则固定在主轴箱上。为减少干扰,磁性传感器与主轴驱动单元间的连线需要屏蔽。在磁传感器控制方式下,准停位置调整只能靠调整磁性元件或磁传感器的相对安装位置来实现。

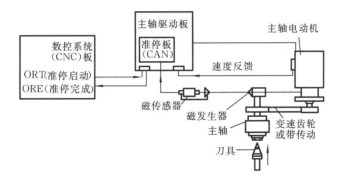

图 7-53　磁传感器准停控制原理图

2)编码器准停控制

如图 7-54 所示,编码器准停控制也是由主轴装置自身完成的。编码器工作轴可安装在主轴上,也可通过 1:1 的齿轮用同步齿形带和主轴连接。采用编码器准停控制方式时,也是由数控系统发出准停启动信号 ORT,主轴驱动单元的控制和磁传感器控制方式相似,准停完成后向数控系统发出准停完成信号 ORE。与磁传感器控制不同的是,采用编码器准停控制方式时准停位置可由外部开关量信号(12 位)设定,由数控系统向主轴驱动单元发出准停位置信号。

3)数控系统准停控制

如图 7-55 所示,数控系统准停控制是由数控系统完成的,其原理与进给位置控制原理相似,准停位置由数控系统内部设定,因而可更方便地设定准停角度。由位置传感器把实际位置信号反馈给数控系统,数控系统对实际位置信号与指令位置信号进行比较,并将所得差值经 D/A 转换后供给主轴驱动装置,使主轴准确停止在指令位置。

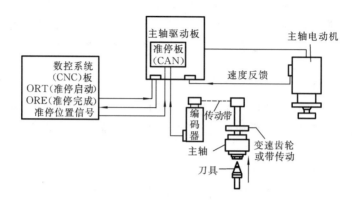

图 7-54　编码器准停控制原理图

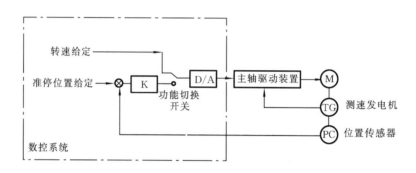

图 7-55　数控系统准停控制原理图

思考题与习题

7-1　试对开环、半闭环、闭环伺服系统进行综合比较,并说明它们的机构特点和应用场合。

7-2　伺服系统由哪些部分组成?数控机床对伺服系统的要求有哪些?

7-3　简述反应式步进电动机的工作原理,并说明开环步进伺服系统是如何进行移动部件的位移量、速度和方向控制的。

7-4　什么是步距角?反应式步进电动机的步距角与哪些因素有关?步距角与脉冲当量之间的关系是什么?

7-5　若数控机床的脉冲当量 $\delta=0.05$ mm,快进时步进电动机的工作频率 $f=2\,500$ Hz,请计算快进进给速度 v。

7-6　步进电动机的环形脉冲分配器和功率放大器分别有哪些形式?各有何特点?

7-7　提高步进伺服系统精度的措施有哪些?分别说明它们的工作原理。

7-8　直流伺服电动机有哪几种?试说明它们的工作原理。

7-9　直流伺服电动机的调速方法有哪些?说明它们的实现原理。数控直流伺服系统主要采用哪种调速方法?

7-10　直流进给运动的脉宽调制调速和晶闸管调速原理分别是什么？试比较它们的优缺点。

7-11　交流伺服电动机有哪几种？试说明永磁式交流伺服电动机的工作原理。

7-12　交流伺服电动机的调速方法有哪些？说明它们的实现原理。数控交流伺服系统主要采用哪种调速方法？

7-13　在交流伺服电动机变频调速中，为什么要同时对电源电压和频率进行调整？

7-14　简述 SPWM 原理，分析 SPWM 变频器的功率放大电路和 SPWM 变频调速系统的工作原理。

7-15　试说明直线电动机的类型、结构和工作原理。直线电动机有何特点？

7-16　直线电动机用于机床进给系统有哪些优点和缺点？

7-17　简述数字-脉冲比较伺服系统和全数字控制伺服系统的基本工作原理。

7-18　试比较分析数字-脉冲比较伺服系统、相位比较伺服系统、幅值比较伺服系统和全数字控制伺服系统的特点。

7-19　试分析直流主轴伺服系统的调速原理。

7-20　试说明交流主轴伺服系统的矢量控制调速基本思想，并分析矢量变换控制原理。

7-21　主轴准停的作用是什么？如何采用编码器准停方法来实现？

第8章 数控机床的机械结构

8.1 概 述

数控机床是一种典型的机电一体化产品,是机械与电子技术相结合的产物。数控机床机械结构一般由以下几部分组成。

(1) 主传动系统 包括动力源、传动件及主运动执行件(如主轴)等。主传动系统的作用是将驱动装置的运动及动力传给执行件,实现主切削运动。

(2) 进给传动系统 包括动力源、传动件及进给运动执行件(如工作台、刀架)等。进给传动系统的作用是将伺服驱动装置的运动和动力传给执行件,实现进给运动。

(3) 基础支承件 包括床身、立柱、导轨、工作台等。基础支承件的作用是支承机床的各主要部件,并使它们在静止或运动中保持相对正确的位置。

(4) 辅助装置 包括自动换刀装置、液压气动系统、润滑冷却装置等。

图 8-1 至图 8-4 所示为各种数控机床结构。

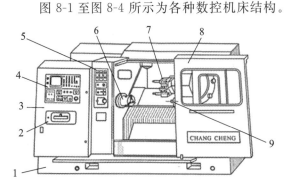

图 8-1 数控车床结构

1—床体;2—光电读带机;3—数控柜;
4—数控面板;5—机械操作面板;6—主轴;
7—转位刀架;8—防护门;9—尾座

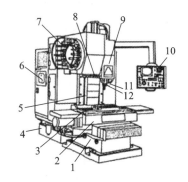

图 8-2 加工中心结构

1—床身;2—滑座;3—工作台;4—侧滑油箱;5—立柱;
6—数控柜;7—刀库;8—机械手;9—主轴箱;
10—操作面板;11—控制柜;12—主轴

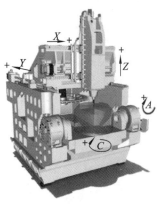

图 8-3 立式加工中心结构

图 8-4 卧式加工中心结构

数控卧式　　　　数控卧式　　　　卧式加工　　　　车铣复合
车床　　　　　　铣镗床　　　　　中心　　　　　　加工中心

数控机床是高精度、高效率的自动化机床,要求比普通机床设计得更为完善,制造得更为精密。数控机床的结构设计已形成自己的独立体系。数控机床主要结构特点如下。

1. 静、动刚度高

机床刚度是指在切削力和其他力的作用下抵抗变形的能力。数控机床要在高速和重载条件下工作,机床床身、底座、立柱、工作台、刀架等支承件的变形,都会直接或间接地引起刀具和工件之间的相对位移,从而引起工件的加工误差。因此,这些支承件均应具有很高的静刚度和动刚度。为了做到这一点,数控机床在设计上采取的措施有:合理选择结构形式,合理安排结构布局,采用补偿变形措施和合理选用材料。

2. 抗振性好

机床工作时可能产生两种形态的振动:强迫振动和自激振动。机床的抗振性是指抵抗这两种振动的能力。数控机床在高速重切削情况下应无振动,以保证加工工件的高精度和高的表面质量,特别要注意的是避免切削时的自激振动,因此数控机床的动态特性应较好。

3. 热稳定性好

数控机床的热变形是影响加工精度的重要因素。引起机床热变形的热量主要源于机床内部,如电动机发热、摩擦热及切削热等。热变形影响加工精度的原因,主要在于热源分布不均,各处零部件的质量不均,各部位的温升不一致,导致不均匀的热膨胀变形,以致影响刀具与工件的正确相对位置。

机床的热稳定性好是多方面因素综合的结果,包括:机床的温升小;温升对机床的影响小;热变形对机床精度的影响较小。提高机床热稳定性的措施主要有:减少机床内部热源和降低发热量、改善散热和隔热条件,以及设计合理的机床结构和对机床进行合理布局。

4. 灵敏度高

数控机床通过数字信息来控制刀具与工件的相对运动,它要求运动轴在相当大的进给速度范围内都能达到较高的定位精度,因而运动部件应具有较高的灵敏度。导轨部件通常用滚动导轨、塑料导轨、静压导轨等,以减少摩擦力,使其在低速运动时无爬行现象。工作台、刀架等部件的移动由交流或直流伺服电动机驱动,经滚珠丝杠传动,减少了进给系统所需要的驱动转矩,提高了定位精度和运动平稳性。

5. 自动化程度高、操作方便

为了提高数控机床的生产率,必须最大限度地压缩辅助时间。在许多数控机床中都采用了多主轴、多刀架,以及带刀库的自动换刀装置等,以减少换刀时间。对于多工序的自动换刀数控机床,除了减少换刀时间之外,还大幅度地压缩多次装卸工件的时间。几乎所有的数控机床都具备快速运动的功能,以使空行程时间缩短。

数控机床是一种自动化程度很高的加工设备,在机床的操作性设计方面充分注意了机床各部分运动的互锁能力,以防止事故的发生。同时,最大限度地改善了操作者的观察、操作和维护条件,设有急停装置,以免发生意外事故。此外,数控机床上还留有最便于装卸的工件装夹位置。对于切屑量较大的数控机床,将其床身结构设计成有利于排屑的结构,或者设有自动工件分离和排屑装置。

8.2 数控机床的主传动系统

主传动系统是用来实现机床主运动的,它将主电动机的原动力变成可供主轴上刀具切削加工的切削力矩和切削速度。为适应各种不同的加工工作要求及各种不同的加工方法,数控机床的主传动系统应具有较宽的调速范围,以保证加工时能选用合理的切削用量。同时主传动系统还需要有较高的精度及刚度,并尽可能降低噪声,从而获得最高的生产率、加工精度和最佳的表面质量。

8.2.1 主传动方式

数控机床主传动系统多采用交流主轴电动机和直流主轴电动机无级调速系统。为扩大调速范围,适应低速大转矩的要求,也经常应用齿轮有级调速和电动机无级调速相结合的调速方式。数控机床主传动方式主要有五种,如图 8-5 所示。

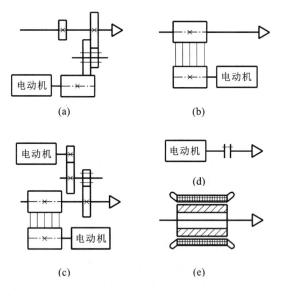

图 8-5 主传动方式

(a)用变速齿轮传动;(b)通过带传动机构传动;(c)用两台电动机分别传动;
(d)由主轴电动机直接驱动;(e)电主轴传动

(1)用变速齿轮传动,如图 8-5(a)所示。变速齿轮是大、中型数控机床采用较多的一种变速装置,通过少数几对齿轮降速,扩大输出扭矩,以满足主轴低速时对输出转矩特性的要求。数控机床在交流或直流电动机无级变速的基础上配以齿轮变速,实现分段无级变速。滑移齿轮的移位大都采用液压拨叉或电磁离合器带动齿轮来实现。

(2)通过带传动机构传动,如图 8-5(b)所示。带传动机构主要应用在转速较高、变速范围不大的机床上。电动机本身的调速就能够满足要求,不用齿轮变速,可以避免齿轮传动引起的振动与噪声。这种传动方式适用于具有高速、低转矩特性要求的主轴。在机床中必须使用同步带,常用 V 带或同步齿形带。

（3）用两台电动机分别传动,如图 8-5(c)所示。这是上述两种主传动方式的综合,具有上述两种主传动方式的优点。两台电动机不能同时工作,高速时由一台电动机通过带轮直接驱动主轴旋转,低速时由另一台电动机通过两级齿轮传动机构驱动主轴旋转,齿轮起到降速和扩大变速范围的目的。这样增大了恒功率区,克服了低速时转矩不够且电动机功率不能充分利用的缺陷,但增加了机床成本。

（4）由主轴电动机直接驱动,如图 8-5(d)所示。电动机轴与主轴用联轴器同轴连接,通过伺服电动机无级调速后直接驱动主轴旋转。这种主传动方式简化了主轴箱和主轴结构,有效地提高了主轴组件的刚度,但主轴输出扭矩小,电动机发热对主轴影响较大。

（5）电主轴传动,如图 8-5(e)所示。电主轴的优点是主轴与电动机转子合为一体,主轴组件结构紧凑、质量小、惯量小,启动、停止响应特性好,并利于控制振动和噪声。其缺点同样是主轴输出扭矩小和主轴易发生热变形。

8.2.2 主轴组件结构

数控机床的主轴组件一般包括主轴、主轴轴承和传动件等。对于加工中心,主轴组件还包括刀具自动夹紧装置、主轴准停装置和主轴孔的切屑消除装置。主轴组件既要满足精加工时精度较高的要求,又要具备粗加工时高效切削的能力。因此在旋转精度、刚度、抗振性、热变形、精度保持性和定位可靠性等方面,都有很高的要求。

1. 主轴轴承的配置方式与润滑

目前,数控机床主轴轴承的配置方式主要有三种,如图 8-6 所示。

（1）前支承采用双列圆柱滚子轴承和双列 60°角接触球轴承组合,后支承采用成对角接触球轴承(见图 8-6(a))。此种配置方式使主轴的综合刚度大幅度提高,可以满足强力切削的要求,因此普遍应用于各类数控机床。

（2）前支承采用多个高精度角接触球轴承(见图 8-6(b))。角接触球轴承具有良好的高速性能,主轴最高转速可达 4 000 r/min,但它的承载能力小,因而适用于高速、轻载和精密的数控机床主轴。在加工中心的主轴中,为了提高承载能力,有时应用 3～4 个角接

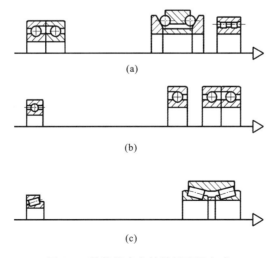

(a)

(b)

(c)

图 8-6 数控机床主轴轴承配置方式

触球轴承组合的前支承,并用隔套实现预紧。

(3)前支承采用双列圆锥滚子轴承,后支承为单列圆锥滚子轴承(见图 8-6(c))。圆锥滚子轴承径向和轴向刚度高,能承受重载荷,尤其能承受较强的动载荷,安装与调整性能好。但这种轴承配置方式限制了主轴的最高转速与精度,因此适用于中等精度、低速与重载的数控机床。

数控机床主轴轴承有的采用油脂润滑,迷宫式密封;有的采用集中强制润滑。为了保证润滑的可靠性,常以压力继电器作为失压报警装置。

随着材料工业的发展和高速加工的需要,数控机床主轴中有使用陶瓷滚珠轴承的趋势。

2. 刀具自动装卸与切屑清除装置

在带有刀库的数控机床中,主轴组件除具有较高的精度和刚度外,还带有刀具自动装卸装置和主轴孔切屑清除装置。

为实现刀具在主轴上的自动装卸,主轴必须设计有刀具的自动夹紧机构。自动换刀立式镗铣床主轴的刀具夹紧机构如图 8-7 所示。主轴 3 前端有 7∶24 的锥孔,用于装夹锥柄刀具。端面键 13 既做刀具周向定位用,又用来传递转矩。该主轴是由拉紧机构拉紧锥柄刀夹尾端的轴颈来实现刀夹的定位与夹紧的。原理如下:夹紧刀夹时,液压缸上腔接通回油,弹簧 11 推活塞 6 上移,处于图示位置,拉杆 4 在碟形弹簧 5 作用下向上移动;由于此时装在拉杆前端径向孔中的钢球 12 进入主轴孔中直径较小(d_2)处(见图 8-7(b)),被迫径向收拢而卡进拉钉 2 的环形凹槽内,因而刀杆被拉杆拉紧,依靠摩擦力紧固在主轴上。换刀前需将刀夹松开,压力油进入液压缸上腔,活塞 6 推动拉杆 4 向下移动,碟形弹簧被压缩;当钢球随拉杆一起下移至进入主轴孔直径较大(d_1)处时,它就不再能约束拉钉的头部,紧接着拉杆前端内孔的台肩端面 a 碰到拉钉,把刀夹顶松。此时行程开关 10 发出信号,换刀机械手随即将刀夹取下。与此同时,压缩空气由管接头 9 经活塞和拉杆的中心通孔吹入主轴装刀孔内,把切屑或污物清除干净,以保证刀具的安装精度。机械手把新刀装上主轴后,液压缸 7 接通回油,碟形弹簧又拉紧刀夹。刀夹拉紧后,行程开关 8 发出信号。

主轴孔中切屑和灰尘的自动清除是换刀操作中的一个不容忽视的问题。如果在主轴锥孔中掉进了切屑或其他污物,在拉紧刀杆时,主轴锥孔表面和刀杆的锥柄就会被划伤,甚至使刀杆发生偏斜,破坏刀具的正确定位,影响零件的加工精度,甚至使零件报废。为了保持主轴锥孔的清洁,常用压缩空气吹屑。图 8-7 中活塞 6 的中心钻有压缩空气通道,当活塞向上移动时,压缩空气经拉杆 4 吹出,将主轴锥孔清理干净。喷气头中的喷气小孔要有合理的喷射角度,并均匀分布,以提升吹屑效果。

3. 主轴机械准停装置

自动换刀时,刀柄上的键槽要对准主轴的端面键;另外,在反镗孔等加工中,刀具要沿刀尖反方向偏移让刀。这就要求主轴具有准确周向定位的功能,即主轴准停功能,可由机械准停或电气准停来实现。机械准停装置定向较可靠、精确,但结构复杂。

图 8-8 所示为机械控制的主轴准停装置。准停装置设在主轴尾端,当主轴需要准停时,数控装置发出降速信号,主轴箱自动改变传动路线,使主轴转速换到低速。时间继电器延时数秒后,接通无触点开关 4。在凸轮 2 上的感应片对准无触点开关时,发出

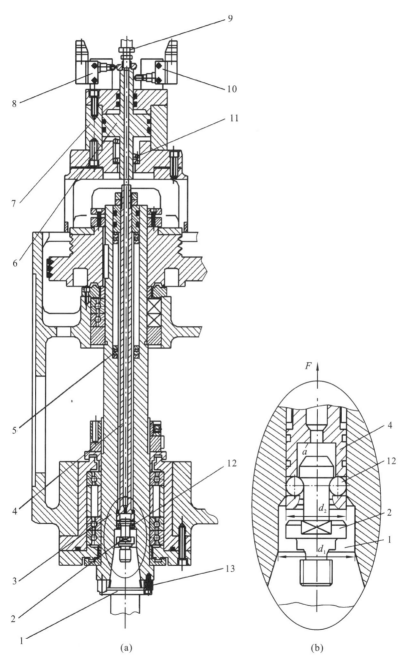

(a)   (b)

图 8-7 自动换刀立式镗铣床主轴组件(JCS-018)

1—刀夹;2—拉钉;3—主轴;4—拉杆;5—碟形弹簧;6—活塞;7—液压缸;

8、10—行程开关;9—压缩空气管接头;11—弹簧;12—钢球;13—端面键

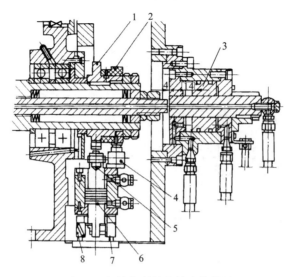

图 8-8　机械控制的主轴准停装置

1、2—凸轮;3—活塞;4—无触点开关;5—滚子;6—定位活塞;7—限位开关;8—行程开关

准停信号,立即切断主电动机电源,脱开与主轴的传动联系,以排除传动系统中大部分旋转零件的惯性对主轴准停的影响,使主轴低速空转。再经过时间继电器的短暂延时,接通压力油,使定位活塞 6 带动滚子 5 向上运动,并压紧在凸轮 1 的外表面。当主轴带动凸轮 1 慢速转至其上的 V 形槽,对准滚子 5 时,滚子进入槽内,使主轴准确停止。同时限位开关 7 发出信号,表示已完成准停。如果在规定的时间内限位开关 7 未发出完成准停信号,即表示滚子 5 没有进入 V 形槽,这时时间继电器发出重新定位信号,并重复上述动作,直到主轴完成准停。然后,定位活塞 6 退回到释放位置,行程开关 8 发出相应的信号。

4. 卡盘结构

为了减少辅助时间和劳动强度,并适应自动化和半自动化加工的需要,数控机床多采用动力卡盘装夹工件。目前使用较多的是自定心液压动力卡盘。

如图 8-9 所示为某数控车床上采用的一种自定心液压动力卡盘。卡盘用螺钉固定在主轴(短锥定位)上,液压缸固定在主轴后端。改变液压缸左、右腔的通油状态,活塞杆即可带动卡盘内的驱动爪和卡爪夹紧或放松工件,并通过行程开关发出相应的信号。

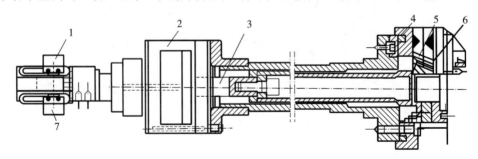

图 8-9　自定心液压动力卡盘

1、7—行程开关;2—液压缸;3—活塞杆;4—卡盘;5—卡爪;6—驱动爪

8.3   数控机床的进给传动系统

数控机床的进给传动系统是数字控制的直接对象,不论点位控制还是轮廓控制,被加工工件的最终坐标精度和轮廓精度都受进给系统的传动精度、灵敏度和稳定性的影响。为此,在设计进给传动系统时应充分注意保证足够宽的进给调速范围,提高传动精度与刚度,减少摩擦阻力,消除传动间隙,以及减少运动部件的惯量,保证进给传动系统响应速度快、稳定性好、寿命长、使用及维护方便等。

8.3.1   进给传动系统常见结构

数控机床的进给传动系统普遍采用无级调速的驱动方式。伺服电动机的动力和运动只需经过1~2级齿轮副或带轮副降速,传递给滚珠丝杠副(大型数控机床常采用齿轮齿条副、蜗杆副),驱动工作台等执行部件运动。如图8-10所示,传动系统的齿轮副或带轮副的作用主要是将高转速低转矩的伺服电动机输出转换成低速大转矩的执行部件输出,另外,还可使滚珠丝杠和工作台的转动惯量在系统中占有较小的比重。此外,对开环系统还可以匹配所需脉冲当量,保证系统所需的运动精度。滚珠丝杠副(或齿轮齿条副、蜗杆副)的作用是实现旋转运动与直线移动之间的转换。

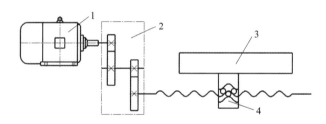

图8-10   数控机床进给传动系统

1—伺服电动机;2—定比传动机构;3—执行元件;4—换向机构

近年来,由于伺服电动机及其控制单元性能的提高,许多数控机床的进给传动系统去掉了降速齿轮副,直接将伺服电动机与滚珠丝杠连接。随着高加、减速度直线电动机的发展,由直线电动机直接驱动进给部件的数控机床也在不断涌现。

8.3.2   齿轮副

在数控机床的进给伺服系统中,常采用机械变速装置将高转速、低转矩的伺服电动机输出,转换成低速、大转矩的执行部件输出,其中应用最广的就是齿轮副。齿轮副设计时要考虑传动级数和齿轮速比分配,以及齿轮传动间隙的消除。

1. 齿轮副传动级数和齿轮速比分配

齿轮副的传动级数和齿轮速比分配,一方面影响传动件的转动惯量,另一方面还影响执行件的传动效率。增加传动级数,可以减少转动惯量,但会导致传动装置结构复杂,传动效率降低,噪声增大,同时也会使传动间隙和摩擦损失加大,对伺服系统不利。若传动链中齿轮速比按递减原则分配,则传动链的起始端的间隙影响较小,末端的间隙影响较大。

2. 齿轮传动间隙消除

由于齿轮在制造中不可能达到理想齿面要求,存在着一定的误差,因此两个啮合着的齿轮总有微量的齿侧间隙。数控机床进给系统经常处于自动换向状态,在开环系统中,齿侧间隙会造成位移值滞后于指令信号,使换向时指令脉冲丢失而产生反向死区,从而影响加工精度;在闭环系统中,由于有反馈单元,滞后值虽然可得到补偿,但换向时可能造成系统振荡。因此必须采取措施消除齿轮传动中的间隙。

齿轮传动间隙消除方法一般可分为刚性调整法和柔性调整法。采用刚性调整法能暂时消除齿侧间隙,但调整之后又产生的齿侧间隙不能得到自动补偿,因此,齿轮的齿距及齿厚要严格控制,否则会影响传动的灵活性。这种调整方法结构比较简单,具有较好的传动刚度。采用柔性调整法能消除齿侧间隙,而且调整后产生的齿侧间隙仍可得到自动补偿。一般都采用调整压力弹簧的压力来消除齿侧间隙,并在齿轮的齿厚和齿距有变化的情况下,也能保持无间隙啮合。但这种结构较复杂,轴向尺寸大,传动刚度低,同时,传动平稳性也较差。

1) 直齿圆柱齿轮传动间隙的消除

(1) 偏心套调整法　如图 8-11 所示,齿轮 2 装在电动机 4 的输出轴上,电动机输出轴上安装偏心套 3,同时偏心套又装在减速箱体的座孔内。齿轮 1 与 2 相互啮合,通过转动偏心套的转角,就能够方便地调整两啮合齿轮间的中心距,从而消除齿轮副正、反转时的齿侧间隙。这种方法属于刚性调整法。

(2) 轴向垫片调整法　如图 8-12 所示,在加工齿轮 1 和 2 时,将分度圆柱面制成带有小锥度的圆锥面,使其齿厚在齿轮的轴向稍有变化(其外形类似于插齿刀)。装配时只要改变垫片 3 的厚度,使齿轮 2 做轴向移动,就能调整两齿轮的轴向相对位置,从而消除齿侧间隙。但圆锥面的锥度不能过大,否则将使啮合条件恶化。这种方法属于刚性调整法。

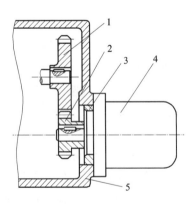

图 8-11　偏心套调整法

1、2—啮合齿轮;3—偏心套;4—电动机;5—减速箱体

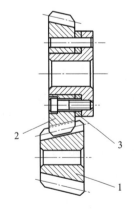

图 8-12　轴向垫片调整法

1、2—齿轮;3—垫片

(3) 双片薄齿轮错齿调整法　如图 8-13 所示,两个齿数相同的薄片齿轮 1 和 2 与另一个宽齿轮(图中未示出)相啮合,齿轮 1 空套在齿轮 2 上,两齿轮可以相对回转。齿轮 1 上均匀装有四个螺纹凸耳 3,齿轮 2 上均匀装有四个螺纹凸耳 8,且齿轮 1 的端面内有四个通孔,凸耳 8 可以从中穿过,弹簧 4 分别钩在调节螺钉 7 和凸耳 3 上,通过螺母 5 调节弹簧 4 的拉力,调节完毕用螺母 6 锁紧。弹簧的拉力可以使薄片齿轮错位,即两片薄齿轮

的左、右齿面可以分别与宽齿轮轮齿齿槽的左、右贴紧,从而消除齿侧间隙。这种方法属于柔性调整法。

2）斜齿圆柱齿轮传动间隙的消除

（1）轴向垫片错齿调整法　如图 8-14 所示,宽斜齿圆柱齿轮 1 同时与两个相同齿数的薄片斜齿轮 3 和 4 啮合,薄片斜齿轮经平键与轴连接,无相对回转。斜齿轮 3 和 4 间夹有厚度为 t 的垫片 2,用螺母拧紧齿轮 3 和 4,使两者的螺旋线产生错位,前、后两齿面分别与宽齿轮的齿面贴紧而消除间隙。这种方法属于刚性调整法。

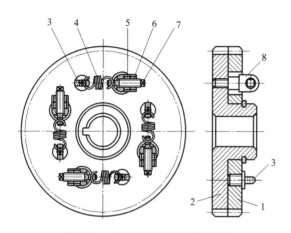

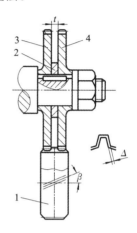

图 8-13　双片薄齿轮错齿调整法

1、2—齿轮;3、8—凸耳;4—弹簧;5、6—螺母;7—螺钉

图 8-14　轴向垫片错齿调整法

1—宽斜齿圆柱齿轮;2—垫片;3、4—薄片斜齿轮

（2）轴向压簧错齿调整法　如图 8-15 所示,这种方法与轴向垫片错齿调整法相似,所不同的是薄片斜齿圆柱齿轮的轴向平移是通过弹簧的弹力来实现的。调整螺母 5,即可调整弹簧压力的大小,进而调整齿轮 4 轴向平移量的大小,调整方便。这种方法属于柔性调整法。

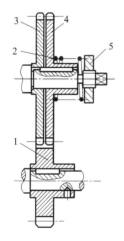

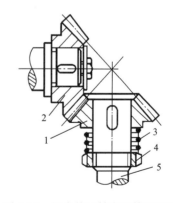

图 8-15　轴向压簧错齿调整法

1—宽斜齿圆柱齿轮;2—弹簧;3、4—薄片斜齿轮;5—螺母

图 8-16　锥齿轮的轴向压簧调整法

1、2—锥齿轮;3—弹簧;4—螺母;5—传动轴

3）锥齿轮传动间隙的消除

图 8-16 所示为锥齿轮的轴向压簧调整法。锥齿轮 1 和 2 相啮合,在装锥齿轮 1 的传动轴 5 上装有弹簧 3,锥齿轮 1 在弹簧力的作用下可稍做轴向移动,从而消除间隙。弹簧

力的大小由螺母 4 调节。这种方法属于柔性调整法。

8.3.3　滚珠丝杠副

滚珠丝杠副是回转运动与直线运动相互转换的新型传动装置,在数控机床上得到了广泛的应用。

滚珠丝杠副的优点是:摩擦因数小,传动效率高(一般为 $\eta = 0.92 \sim 0.98$),所需传动转矩小;灵敏度高,传动平稳,不易产生爬行,随动精度和定位精度高;磨损小,寿命长,精度保持性好;可通过预紧和间隙消除措施提高轴间刚度和反向精度;运动具有可逆性,不仅可以将旋转运动变为直线运动,也可将直线运动变为旋转运动。其缺点是制造工艺复杂,成本高,在竖直安装时不能自锁,因而须附加制动机构。

1. 滚珠丝杠副的结构和工作原理

按滚珠的循环方式不同,滚珠丝杠副有外循环和内循环两种结构。滚珠在返回过程中与丝杠脱离接触的为外循环,与丝杠始终接触的为内循环。

图 8-17 所示为外循环滚珠丝杠副。丝杠与螺母上都加工有圆弧形的螺旋槽,将它们对合起来就形成了螺旋滚道,在滚道里装满了滚珠。当丝杠相对于螺母旋转时,丝杠的旋转面经滚珠推动螺母轴向移动,同时滚珠沿螺旋滚道滚动,使丝杠与螺母间的滑动摩擦转变为滚珠与丝杠、螺母之间的滚动摩擦。滚珠沿螺旋槽在丝杠上滚过数圈后,通过回程引导装置,逐个又滚回到丝杠与螺母之间,构成一个闭合的回路。

按回程引导装置的不同,外循环滚珠丝杠副又分为插管式和螺旋槽式。图 8-17(a)所示为插管式,它用弯管作为返回管道。这种形式结构工艺性好,但由于管道突出于螺母体外,径向尺寸较大。图 8-17(b)所示为螺旋槽式,这种滚珠丝杠副的螺母外圆上铣有螺旋槽,槽的两端钻有通孔并与螺纹滚道相切,形成返回通道。这种结构比插管式径向尺寸小,但制造较复杂。

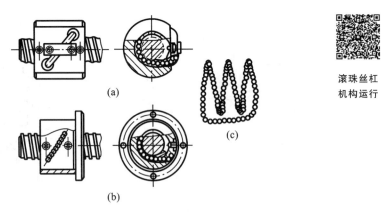

滚珠丝杠
机构运行

图 8-17　外循环滚珠丝杠副
(a)插管式;(b)螺旋槽式;(c)滚珠闭合回路

图 8-18 所示为内循环滚珠丝杠副。在螺母的侧孔中装有圆柱凸轮式反向器,反向器上铣有 S 形回珠槽,将相邻两螺纹滚道连接起来。滚珠从螺纹滚道进入反向器,借助反向器迫使滚珠越过丝杠牙顶进入相邻滚道,实现循环。其优点是径向尺寸紧凑,刚度高,因返回滚道较短,摩擦损失小。缺点是反向器加工困难。

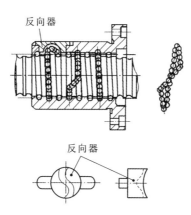

滚珠丝杠内部循环原理

图 8-18　内循环滚珠丝杠副

2. 滚珠丝杠副轴向间隙调整与预紧

滚珠丝杠的传动间隙是轴向间隙。为了保证反向传动精度和轴向刚度,必须消除轴向间隙。常采用双螺母结构,利用两个螺母的相对轴向位移,使两个滚珠螺母中的滚珠分别贴紧在螺旋轨道的两个相反的侧面上。须注意预紧力不宜过大,预紧力过大会使空载力矩增加,传动效率降低,使用寿命缩短。此外还要消除丝杠安装部分和驱动部分的间隙。

滚珠丝杠副轴向间隙调整方法有以下几种。

1）垫片调隙

如图 8-19 所示,调整垫片 4 的厚度,使左右两螺母 1、2 产生轴向位移,即可消除轴向间隙并产生预紧力。这种方法具有结构简单、刚度高的优点,但调整不便,滚道有磨损时不能随时消除间隙和进行预紧,多用于一般精度的传动。

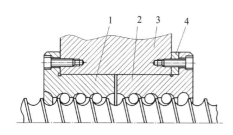

图 8-19　垫片调隙式结构

1、2—螺母；3—螺母座；4—调整垫片

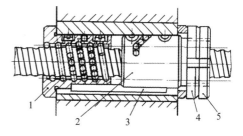

图 8-20　螺纹调隙式结构

1、2—单螺母；3—平键；4—圆螺母；5—锁紧螺母

2）螺纹调隙

如图 8-20 所示,左螺母 1 外端有凸缘,右螺母 2 外端没有凸缘而制有螺纹,并用两个圆螺母 4、5 固定,用平键 3 限制螺母在螺母座内的转动。调整时,只要拧动圆螺母 4 即可消除轴向间隙并产生预紧力,然后用螺母 5 锁紧。这种调整方法具有结构简单、工作可靠、调整方便的优点,但预紧量不很准确。

3）齿差调隙式

如图 8-21 所示,在两个螺母 2、4 的凸缘上各制有圆柱外齿轮(分别与紧固在套筒两端的内齿轮 1、5 相啮合),其齿数分别为 z_1 和 z_2,且 $z_2 - z_1 = 1$。调整时,先取下内齿轮,让两个螺母相对于套筒同方向都转动一个齿,然后再装入内齿圈,则两个螺母便产生相对

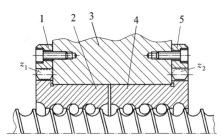

图 8-21　齿差调隙式结构

1、5—内齿轮；2、4—带有外齿轮的螺母；3—套筒

角位移，其轴向相对位移量为 $s=(1/z_1-1/z_2)t$。如 $z_1=80$、$z_2=81$、滚珠丝杠的导程 $t=6$ mm 时，$s\approx0.001$ mm。这种调整方法能精确调整预紧量，调整方便、可靠，但结构尺寸较大，多用于高精度传动。

3. 滚珠丝杠的支承方式

要使数控机床的进给系统具有较高的传动刚度，除了加强滚珠丝杠副本身的刚度外，还应确保滚珠丝杠副安装正确，并要加强支承结构的刚度。如为减少受力后的变形，轴承座应有加强肋，同时应增大螺母座与机床的接触面积，并采用高刚度的推力轴承以提高滚珠丝杠的轴向承载能力。

图 8-22(a)所示为一端安装推力轴承的支承方式。此种方式适用于行程小的短丝杠，其承载能力小，轴向刚度低。

图 8-22(b)所示为一端安装推力轴承，另一端安装向心球轴承的支承方式。此种方式用于丝杠较长的情况，当热变形造成丝杠伸长时，其一端固定，另一端能进行微量的轴向浮动。

图 8-22(c)所示为两端安装推力轴承的支承方式。把推力轴承安装在滚珠丝杠的两端，并施加预紧力，可以提高轴向刚度。但这种安装方式对丝杠的热变形较为敏感。

图 8-22(d)所示为两端安装推力轴承及向心球轴承的支承方式。它的两端均采用双重支承并施加预紧力，使丝杠具有较大的刚度。这种方式还可使丝杠的变形转化为推力轴承的预紧力，但设计时要求提高推力轴承的承载能力和支架的刚度。

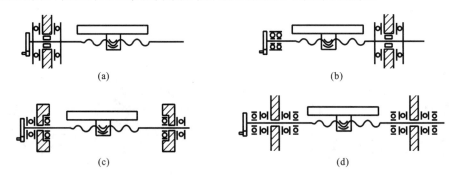

图 8-22　滚珠丝杠在机床上的支承方式

4. 滚珠丝杠副的热变形控制

滚珠丝杠副在工作时会发热，其温度高于床身的温度。丝杠的热膨胀将导致丝杠导程增大，影响定位精度。为了补偿热膨胀，可以对丝杠进行预拉伸。预拉伸量应略大于热膨胀量。发热后，热膨胀量由部分预拉伸量抵消，使丝杠内的拉应力下降，而长度则保持基本不变。另外，将丝杠制成空心的，通入切削液强行冷却，也可以有效地控制丝杠在传动中的热膨胀。目前，国外的空心强冷滚珠丝杠的进给速度已经达到 60～120 m/min，这在一般的滚珠丝杠传动中是难以达到的。由于螺母的温升也会影响丝杠的进给速度和精度，目前国际上出现了螺母冷却技术，在螺母内部钻孔，形成冷却循环通道，通入恒温切削液，进行循环冷却。

5. 滚珠丝杠的制动

滚珠丝杠副的传动效率高但不能自锁，在工作时，特别是用在垂直传动或高速大惯量场合时需要设置制动装置。

电磁制动方式是最常见的制动方式。图 8-23 所示为 FANUC 公司伺服电动机电磁制动器的结构示意图。机床不工作时,永久磁铁失电,在弹簧恢复力作用下,内、外齿轮啮合,内齿轮与电动机端盖合为一体,故与电动机轴连接。机床工作时,在电磁线圈电磁力的作用下,外齿轮与内齿轮脱开,弹簧受压缩,当停机或停电时连接的丝杠得到制动。这种电磁制动器装在电动机机壳内,与电动机形成一体化的结构。

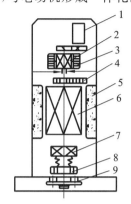

图 8-23　FANUC 公司伺服电动机电磁制动器结构示意图

1—旋转变压器;2—测速发电机转子;3—测速发电机定子;4—电刷;5—永久磁铁;
6—伺服电动机转子;7—电磁线圈;8—外齿轮;9—内齿轮

8.4　数控机床的导轨与回转工作台

8.4.1　导轨

基于数控机床的特点,其导轨对导向精度、精度保持性、摩擦特性、运动平稳性和灵敏性都有很高的要求。数控机床导轨在材料和结构上与普通机床的导轨有着显著的不同,总体来讲,可分为滑动导轨、滚动导轨和静压导轨三大类。

1. 滑动导轨

滑动导轨具有结构简单、制造方便、刚度高、抗振性好等优点,在数控机床上应用广泛。滑动导轨有三角形、矩形、燕尾形及圆形等多种基本形式,如表 8-1 所示。

表 8-1　滑动导轨的几种常用结构形式

形状	对称三角形	不对称三角形	矩　形	燕尾形	圆　形
凸形	45° 45°	15°~30° 90°		55° 55°	
凹形	90°~120°	90° 52°		55° 55°	

一般的铸钢-铸钢、铸钢-淬火钢的导轨存在静摩擦因数大、动摩擦因数随速度变化而变化、在低速时易产生爬行现象等缺陷。可通过选用合适的导轨材料、热处理方法等来提高导轨的耐磨性,改善其摩擦特性。例如,导轨材料可采用优质铸铁、耐磨铸铁或镶淬火钢,热处理采用导轨表面滚压强化、表面淬硬、镀铬、镀钼等方法,以提高导轨的耐磨性能。

为了进一步减少导轨的磨损和提高导轨的运动性能,近年来又出现了新型的塑料滑动导轨。

一种为贴塑导轨(见图 8-24),它是在与床身导轨相配的滑动导轨上粘接上静、动摩擦因数基本相同,耐磨、吸振的塑料软带而构成的。贴塑导轨所用的塑料软带材料是以聚四氟乙烯为基体,加入青铜粉和石墨等填充物混合烧结并制成的。贴塑导轨具有耐磨性好,抗振性强,导热性能佳,工作温度范围广(-200~+280 ℃),动、静摩擦因数非常低且差别小,制造装配工艺简单等优点。

还有一种为注塑导轨(见图 8-25),它是采用注塑的方法在定、动导轨之间设置注塑层而制成的。注塑导轨所用的塑料材料是以环氧树脂和硫化钼为基体,加入增塑剂混合而成的膏状物。这种导轨主要适用于重型数控机床和不能采用塑料软带的场合,也适用于机床导轨的维修。这种导轨具有良好的摩擦特性、耐磨性及吸振性,因此目前在数控机床上应用广泛。

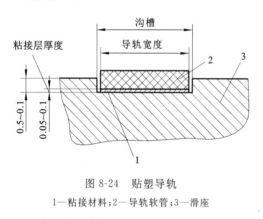

图 8-24　贴塑导轨

1—粘接材料;2—导轨软管;3—滑座

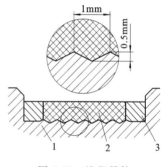

图 8-25　注塑导轨

1—滑座;2—注塑层;3—胶条

2. 滚动导轨

滚动导轨的导轨工作面之间安装有滚动件,使两导轨之间形成滚动摩擦。滚动摩擦因数很小(0.002 5~0.005),动、静摩擦因数相差也很小。滚动导轨运动轻便灵活,所需功率小,精度高,无爬行,应用广泛。现代数控机床常采用的滚动导轨有滚动导轨块和直线滚动导轨两种。

1) 滚动导轨块

滚动导轨块的结构如图 8-26 所示。使用时,滚动导轨块安装在运动部件的导轨面上,每一导轨至少用两块(导轨块的数目与导轨的长度与负载的大小有关),与之相配的导轨多用嵌钢淬火导轨。当运动部件移动时,滚柱 3 在支承部件的导轨面与本体 6 之间滚动,同时绕本体 6 循环滚动。滚柱 3 与运动部件的导轨面不接触,所以运动部件的导轨面不需淬硬磨光。滚动导轨块的特点是刚度高,承载能力大,导轨行程不受限制。

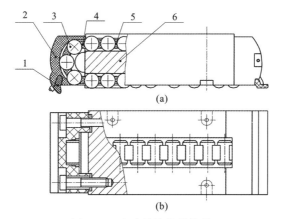

图 8-26　滚动导轨块的结构

1—防护板；2—端盖；3—滚柱；4—导向片；5—保护架；6—本体

精密滚柱
线性导轨

2）直线滚动导轨

直线滚动导轨又称单元式直线滚动导轨，其结构如图 8-27 所示。使用时，导轨固定在不运动的部件上，滑块固定在运动的部件上。当滑块沿导轨体移动时，滚珠在导轨体和滑块之间的圆弧直槽内滚动，并通过端盖内的滚道，从工作负载区到非工作负载区，然后再滚回工作负载区，不断循环，从而把导轨体和滑块之间的移动变成滚珠的滚动。直线滚动导轨突出的优点为无间隙，并且能够施加预紧力。

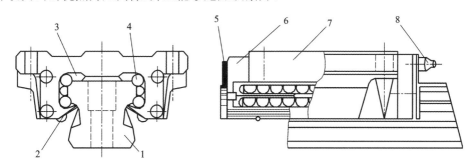

图 8-27　直线滚动导轨

1—导轨体；2—侧面密封垫；3—保持架；4—滚珠；5—端部密封垫；6—端盖；7—滑块；8—润滑油杯

3．静压导轨

1）液体静压导轨

液体静压导轨在导轨的滑动面之间开有油腔，具有一定压力的油液，经节流器被输送到导轨面上的油腔中，形成承载油膜，将相互接触的导轨表面隔开，实现液体摩擦。这种导轨的摩擦因数小（一般为0.005～0.001），效率高，能长期保持导轨的导向精度。承载油膜有良好的吸振性，低速下不易产生爬行现象，所以在机床上得到日益广泛的应用。其缺点是结构复杂，需配置供油系统，且对油液的清洁度要求高，多用于重型机床。液体静压导轨有开式和闭式两大类。

图 8-28 所示为开式液体静压导轨工作原理图。来自液压泵的压力油（压力为 p_0），经节流阀（压力降至 p_1）后进入导轨的各个油腔内，借油腔内的压力将动导轨浮起，将两导轨面以一层厚度为 h_0 的油膜隔开，油腔中的油不断地穿过各油腔的封油间隙流回油箱，压力降为零。当动导轨受到外载 W 作用时，就向下产生一个位移，导轨间隙由 h_0 降为 h

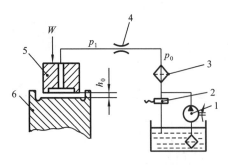

图 8-28　开式液体静压导轨工作原理

1—液压泵；2—溢流阀；3—过滤器；

4—节流阀；5—运动导轨；6—床身导轨

$(h<h_0)$，使油腔回油阻力增大，油腔中压力也相应增大，变为 $p_0(p_0>p_1)$，以平衡负载，使导轨仍在纯液体摩擦下工作。

2）气体静压导轨

气体静压导轨利用恒定压力的空气膜，使运动部件均匀分离，以实现高精度的运动。气体静压导轨摩擦因数小，不易发生热变形。但是，气体静压导轨承载能力小，且导轨间空气膜会随空气压力波动而发生变化，故常用于负载不大的场合，如数控坐标磨床和三坐标测量机。

8.4.2　回转工作台

为了扩大工艺范围，数控机床除了沿 X、Y 和 Z 三个坐标轴做直线进给运动的功能外，往往还需带有绕 X、Y 和 Z 轴的圆周进给运动功能。一般数控机床的圆周进给运动由回转工作台来实现。数控机床中常用的回转工作台有分度工作台和数控回转工作台。

1. 分度工作台

数控机床的分度工作台可按照数控装置的指令，带动工件回转规定的角度；有时也可采用手动分度。分度工作台只能完成分度运动，而不能实现圆周进给，并且其分度运动只限于实现规定的角度（如 90°、60°或 45°等）。为了保证加工精度，对分度工作台的定位（定心和分度）精度要求很高，要有专门的定位元件来保证。常用的定位方式有销定位、反靠定位、齿盘定位和钢球定位等。这里介绍采用销定位和采用鼠牙盘定位的两种分度工作台。

1）定位销式分度工作台

图 8-29 所示为 THK6380 型自动换刀数控卧式镗铣床的定位销式分度工作台。这种工作台依靠定位销和定位孔实现分度。分度工作台 2 的两侧有长方形工作台 11，当不单独使用分度工作台时，可以作为整体工作台使用。分度工作台 2 的底部均匀分布着八个

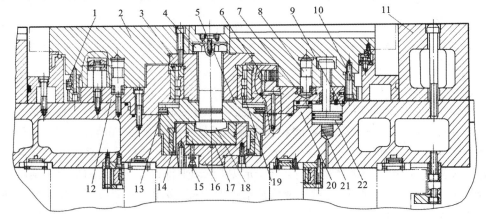

图 8-29　THK6380 型自动换刀数控卧式镗铣床定位销式分度工作台

1—挡块；2—分度工作台；3—锥套；4—螺钉；5—支座；6—消除间隙液压缸；7—定位衬套；

8—定位销；9—锁紧液压缸；10—大齿轮；11—长方形工作台；12—底座；13、14、19—轴承；15—油管；

16—中央液压缸；17—活塞；18—止推螺柱；20—下底座；21—弹簧；22—活塞

削边定位销 8,在底座 12 上有定位衬套 7 及供定位销移动的环形槽。因为定位销之间的分布角度为 45°,因此工作台只能完成二、四、八等分的分度(定位精度取决于定位销和定位孔的精度,最高可达±5″)。

分度时,由数控装置发出指令,由电磁阀控制下底座 20 上六个均布的锁紧液压缸 9 中的压力油经环形槽流回油箱,活塞 22 被弹簧 21 顶起,工作台处于松开状态。同时消除间隙液压缸 6 卸荷,液压缸中的压力油流回油箱。油管 15 中的压力油进入中央液压缸 16 使活塞 17 上升,并通过螺柱 18、支座 5 把推力轴承 13 向上抬起 15 mm。固定在工作台面上的定位销 8 从定位衬套 7 中拔出,完成分度前的准备工作。

然后,数控装置再发出指令使液压马达转动,驱动两对减速齿轮(图中未表示出),带动固定在分度工作台 2 下面的大齿轮 10 转动进行分度。分度时工作台的旋转速度由液压马达和液压系统中的单向节流阀调节,分度初始时做快速转动,在将要到达规定位置前减速,减速信号由大齿轮 10 上的挡块 1(共八个,周向均布)碰撞限位开关发出。当挡块 1 碰撞第二个限位开关时,分度工作台停止转动,同时另一定位销 8 正好对准定位衬套 7 的孔。

分度完毕后,数控装置发出指令使中央液压缸 16 卸荷。液压油经油管 15 流回油箱,分度工作台 2 靠自重下降,定位销 8 进入定位衬套 7 中的孔,完成定位工作。定位完毕后,消除间隙液压缸 6 的活塞顶住分度工作台 2,使可能出现的径向间隙消除,然后再进行锁紧。压力油进入锁紧液压缸 9,推动活塞 22 下降,通过活塞 22 上的 T 形头压紧工作台。至此,分度工作全部完成,机床可以进行下一工位的加工。

2) 鼠牙盘式分度工作台

鼠牙盘式分度工作台是目前应用较多的一种精密的分度定位机构,主要由工作台、底座、夹紧液压缸、分度液压缸及鼠牙盘等零件组成,如图 8-30 所示。

鼠牙盘式分度工作台分度运动时,其工作过程分为以下四个步骤。

(1) 分度工作台上升,鼠牙盘脱离啮合。当需要分度时,数控装置发出分度指令(也可用手压按钮进行手动分度)。由电磁铁控制液压阀(图中未表示出),使压力油经管道 23 至分度工作台 7 中央的夹紧液压缸下腔 10,推动活塞 6 上移,经推力轴承 5 使分度工作台 7 抬起,上鼠牙盘 4 和下鼠牙盘 3 脱离啮合。工作台上移的同时带动内齿圈 12 上移并与齿轮 11 啮合,完成分度前的准备工作。

(2) 工作台回转分度。当分度工作台 7 向上抬起时,推杆 2 在弹簧作用下向上移动,使推杆 1 在弹簧的作用下右移。松开微动开关 S 的触头,控制电磁阀(图中未表示出)使压力油从管道 21 进入分度液压缸的左腔 19 内,推动活塞齿条 8 右移,与它相啮合的齿轮 11 做逆时针转动。根据设计要求,当活塞齿条 8 移动 113 mm 时,齿轮 11 回转 90°,因这时内齿圈 12 已与齿轮 11 啮合,故分度工作台 7 也转动 90°。分度运动的速度由节流阀控制活塞齿条 8 的运动速度来控制。

(3) 分度工作台下降,并定位压紧。当齿轮 11 转过 90°时,它上面的挡块 17 压推杆 16,微动开关 E 的触头被压紧。通过电磁铁控制液压阀(图中未表示出),使压力油经管道 22 流入夹紧液压缸上腔 9,活塞 6 向下移动,分度工作台 7 下降,于是上鼠牙盘 4 及下鼠牙盘 3 又重新啮合,并定位夹紧,分度工作完毕。

(4) 分度活塞齿条退回。当分度工作台 7 下降时,推杆 2 被压下,推杆 1 左移,微动开关 D 的触头被压下,通过电磁铁控制液压阀,使压力油从管道 20 进入分度液压缸的右腔

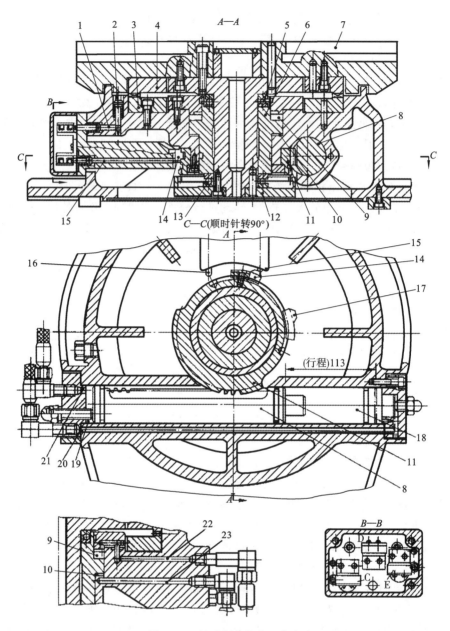

图 8-30　鼠牙盘式分度工作台

1、2、15、16—推杆;3—下鼠牙盘;4—上鼠牙盘;5、13—推力轴承;6—活塞;7—分度工作台;8—活塞齿条;
9—夹紧液压缸上腔;10—夹紧液压缸下腔;11—齿轮;12—内齿圈;14、17—挡块;18—分度液压缸右腔;
19—分度液压缸左腔;20、21—分度液压缸进回油管道;22、23—升降液压缸进回油管道

18,推动活塞齿条 8 左移,使齿轮 11 顺时针旋转。它上面的挡块 17 离开推杆 16,微动开关 E 的触头被放松。因工作台下降,夹紧后齿轮 11 已与内齿圈 12 脱开,故分度工作台不转动。当活塞齿条 8 向左移动 113 mm 时,齿轮 11 就顺时针转动 90°,齿轮 11 上的挡块 14 压下推杆 15,微动开关 C 的触头又被压紧,齿轮 11 停止在原始位置,为下一次分度做好准备。

鼠牙盘式分度工作台具有很高的分度定位精度,可达±0.4″～3″,定位刚度好,精度保持性好,只要分度数能除尽鼠牙盘齿数,都能分度。其缺点是鼠牙盘的制造比较困难,不能进行任意角度的分度。

2. 数控回转工作台

数控回转工作台(简称数控转台)的主要作用是根据数控装置发出的指令脉冲信号,完成圆周进给运动,进行各种圆弧加工或曲面加工;另外,也可以进行分度工作。数控转台可分为开环和闭环两种,这里仅介绍开环数控转台。闭环数控转台结构与开环数控转台相似,但其有转动角度的测量元件,按闭环原理工作,故定位精度更高。

图 8-31 所示为自动换刀数控卧式镗铣床的数控转台。这是一种补偿型的开环数控转台,它的进给、分度转位和定位锁紧都由给定的指令进行控制。

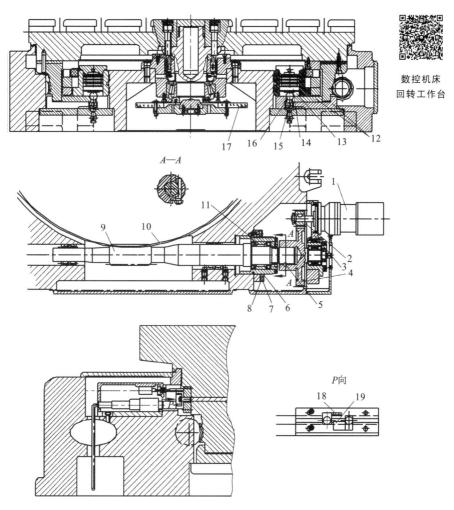

数控机床
回转工作台

图 8-31 开环数控转台

1—电-液脉冲马达;2、4—齿轮;3—偏心环;5—楔形拉紧圆柱销;6—压块;7—螺母;
8—锁紧螺钉;9—蜗杆;10—蜗轮;11—调整套;12—夹紧瓦;13—夹紧液压缸;14—活塞;
15—弹簧;16—钢球;17—圆光栅;18—撞块;19—感应块

数控转台由电-液脉冲马达 1 驱动,经齿轮 2 和 4 带动蜗杆 9,通过蜗轮 10 使工作台回转。为了消除传动间隙,用偏心环 3 来消除齿轮 2 和 4 相啮合的侧隙。齿轮 4 与蜗杆 9 靠楔形拉紧圆柱销 5 来连接,这种连接方式能消除轴与套的配合间隙。蜗杆 9 是双导程渐厚蜗杆,这种蜗杆左右两侧面具有不同的导程,因此蜗杆齿厚从一端向另一端逐渐增厚,可用轴向移动蜗杆的方法来消除蜗轮副的传动间隙。调整时先松开螺母 7 上的锁紧螺钉 8,使压块 6 与调整套 11 松开,同时将楔形拉紧圆柱销 5 松开,然后转动调整套 11,带动蜗杆 9 做轴向移动。根据设计要求,蜗杆有 10 mm 的轴向移动调整量,这时蜗轮副的侧隙可调整 0.2 mm。调整后锁紧调整套 11 和楔形拉紧圆柱销 5,蜗杆的左右两端都有双列滚针轴承支承。左端为自由端,可以伸缩以消除温度变化的影响;右端装有双列推力轴承,能轴向定位。

当工作台静止时,它必须处于锁紧状态。工作台面用沿其圆周方向分布的八个夹紧液压缸 13 进行夹紧。当工作台不回转时,夹紧液压缸 13 的上腔进压力油,使活塞 14 向下运动,通过钢球 16、夹紧瓦 12 将蜗轮 10 夹紧;当工作台需要回转时,数控装置发出指令,使夹紧液压缸 13 上腔的压力油流回油箱。在弹簧 15 的作用下,钢球 16 向上抬起,夹紧瓦 12 松开蜗轮 10,然后由电-液脉冲马达 1 通过传动装置,使蜗轮 10 和回转工作台按控制系统的指令做回转运动。

数控转台设有零点,返回零点时分两步完成:首先由安装在蜗轮上的撞块 18 撞击行程开关,使工作台减速;再通过感应块 19 和无触点开关,使工作台准确地停在零点位置上。

该数控转台可做任意角度的回转和分度,由圆光栅 17 进行读数,光栅 17 在圆周上有 21 600 条刻线,通过六倍频电路,使刻度分辨率为 $10''$,故分度精度可达 $\pm 10''$。

8.5 数控机床的自动换刀装置

数控机床为了能在工件一次安装中完成多个工序甚至所有工序的加工,缩短辅助时间,减少因多次安装工件所引起的误差,应带有自动换刀装置。

自动换刀装置应当满足换刀时间短、刀具重复定位精度高、有足够的刀具储存量、刀库占地面积小,以及安全可靠等基本要求。

8.5.1 数控车床的自动转位刀架

1. 数控车床方刀架

图 8-32 所示为数控车床方刀架结构,该刀架可以安装四把不同的刀具,转位信号由加工程序指定。其工作过程如下。

(1)刀架抬起 换刀指令发出后,电动机 1 启动正转,通过平键套筒联轴器 2 使蜗杆轴 3 转动,从而带动蜗轮丝杠(蜗轮与丝杠为整体结构)4 转动。刀架体 7 内孔加工有螺纹,与丝杠连接。当蜗轮开始转动时,由于加工在刀架底座 5 和刀架体 7 上的端面齿处在啮合状态,且蜗轮丝杠轴向固定,这时刀架体 7 抬起。

(2)刀架转位 将刀架体 7 抬至一定距离后,端面齿脱开。转位套 9 用销钉与蜗轮丝杠 4 连接,随蜗轮丝杠一同转动,当端面齿完全脱开时,转位套正好转过 $160°$,如图 8-32 中 A—A 剖视图所示,球头销 8 在弹簧力的作用下进入转位套 9 的槽中,带动刀架体 7 转位。

(3)刀架定位 刀架体 7 转动时带着电刷座 10 转动,当转到程序指定的刀号时,定

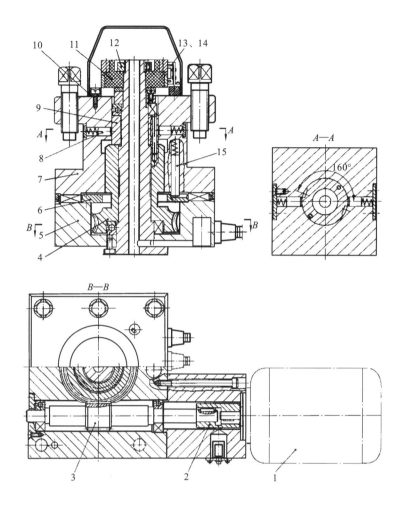

图 8-32　数控车床方刀架结构

1—电动机；2—联轴器；3—蜗杆轴；4—蜗轮丝杠；5—刀架底座；6—粗定位盘；7—刀架体；
8—球头销；9—转位套；10—电刷座；11—发信体；12—螺母；13、14—电刷；15—定位销

位销 15 在弹簧的作用下进入粗定位盘 6 的槽中进行粗定位，同时电刷 13 接触导体使电动机 1 反转，由于粗定位槽的限制，刀架体 7 不能转动，在当前位置垂直落下，与刀架底座 5 上的端面齿啮合，实现精确定位。

(4) 夹紧刀架　电动机继续反转，此时蜗轮停止转动，蜗杆轴 3 自身转动，当两端面齿夹紧力增加到一定程度时，电动机 1 停止转动。

译码装置由发信体 11 和电刷 13、14 组成，电刷 13 负责发信，电刷 14 负责判断位置。当刀架定位出现过位或不到位时，可松开螺母 12，调整发信体 11 与电刷 14 的相对位置。

2. 车削中心用动力刀架

图 8-33(a)所示为全功能数控车床及车削中心的动力转塔刀架。刀盘上既可以安装各种非动力辅助刀夹(如车刀夹、镗刀夹、弹簧夹头、莫氏刀柄等)，夹持刀具进行加工，还可安装动力刀夹进行主动切削，配合主机完成车、铣、钻、镗等各种复杂工序，实现加工程序自动化、高效化。

图 8-33(b)所示为该转塔刀架的内部结构。刀架采用端齿盘作为分度定位元件，刀架

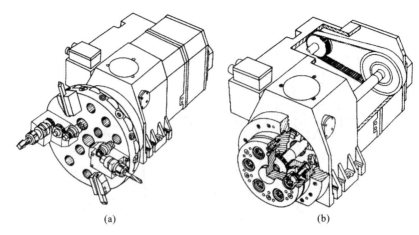

图 8-33　动力转塔刀架
(a)外观；(b)内部结构

转位由三相异步电动机驱动,电动机内部带有制动机构,刀位由二进制绝对编码器识别,并可双向转位和任意刀位就近选刀。动力刀具由交流伺服电动机驱动,通过同步带、传动轴、传动齿轮、端面齿离合器将动力传递到动力刀夹,再通过刀夹内部的齿轮传动,刀具回转,实现主运动切削。

8.5.2　镗铣加工中心自动换刀装置

镗铣加工中心一般需配备较多刀具,故多采用刀库式自动换刀装置,由刀库和刀具交换机构组成。整个换刀过程较为复杂,首先把加工过程中需要使用的全部刀具分别安装在标准的刀柄上,在机外进行尺寸预调整之后,按一定的方式放入刀库,换刀时先在刀库中进行选刀,并由刀具交换装置从刀库中取出和从主轴上取下刀具;在进行刀具交换之后,将新刀具装入主轴,把旧刀具放入刀库。存放刀具的刀库具有较大的容量,它既可安装在主轴箱的侧面或上方,也可作为单独部件安装到机床以外。常见的刀库形式有三种:盘形刀库、链式刀库、格子箱刀库。换刀形式很多,以下介绍几种典型换刀方式。

1. 直接在刀库与主轴(或刀架)之间换刀的自动换刀装置

这种换刀装置只具备一个刀库,刀库中储存着加工过程中需使用的各种刀具,利用机床本身与刀库的运动实现换刀过程。图 8-34 所示为自动换刀数控立式车床的示意图,刀库 7 固定在横梁 4 的右端,它可进行回转以及上下方向的插刀和拔刀运动。机床自动换刀的过程如下:

(1)刀架快速右移,使其上的装刀孔轴线与刀库上空刀座的轴线重合,然后刀架滑枕向下移动,把用过的刀具插入空刀座;

(2)刀库下降,将用过的刀具从刀架中拔出;

(3)刀库回转,将下一工步所需使用的新刀具轴线对准刀架上的装刀孔轴线;

(4)刀库上升,将新刀具插入刀架装刀孔,接着由刀架中自动夹紧装置将其夹紧在刀架上;

(5)刀架带着换上的新刀具离开刀库,快速移向加工位置。

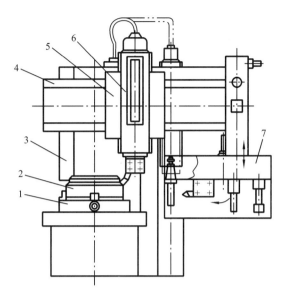

加工中心自动换刀系统　　加工中心换刀过程

图 8-34　自动换刀数控立式车床示意图

1—工作台；2—工件；3—立柱；4—横梁；5—刀架滑座；6—刀架滑枕；7—刀库

2. 用机械手在刀库与主轴之间换刀的自动换刀装置

这是目前应用最为普遍的一种自动换刀装置，其布局结构多种多样。图 8-35 所示为 JCS-013 型自动换刀数控卧式镗铣床的自动换刀过程。四排链式刀库分置机床的左侧，由装在刀库与主轴之间的单臂往复交叉双机械手进行换刀。

（1）开始换刀前，主轴正在用 T05 号刀具进行加工，装刀机械手抓住下一工步需用的 T09 号刀具，机械手架处于最高位置，为换刀做好了准备，如图 8-35(a)所示。

（2）上一工步结束，机床立柱后退，主轴箱上升，使主轴处于换刀位置；接着下一工步开始，其第一个指令是换刀，机械手架回转 180°，转向主轴，如图 8-35(b)所示。

（3）卸刀机械手前伸，抓住主轴上已用过的 T05 号刀具，如图 8-35(c)所示。

（4）机械手架由滑座带动，沿刀具轴线前移，将 T05 号刀具从主轴上拔出，如图 8-35(d)所示。

（5）卸刀机械手缩回原位，如图 8-35(e)所示。

（6）装刀机械手前伸，使 T09 号刀具对准主轴，如图 8-35(f)所示。

（7）机械手架后移，将 T09 号刀具插入主轴，如图 8-35(g)所示。

（8）装刀机械手缩回原位，如图 8-35(h)所示。

（9）机械手架回转 180°，使装刀、卸刀机械手转向刀库，如图 8-35(i)所示。

（10）机械手架由横梁带动下降，找第二排刀套链，卸刀机械手将 T05 号刀具插回 P05 号刀套中，如图 8-35(j)所示。

（11）刀套链转动，把在下一个工步需用的 T46 号刀具送到换刀位置；机械手架下降至第三排刀链，由装刀机械手将 T46 号刀具取出，如图 8-35(k)所示。

（12）刀套链反转，把 P09 号刀套送到换刀位置，同时机械手架上升至最高位置，为下一个工步的换刀做好准备，如图 8-35(l)所示。

3. 用机械手和转塔头配合刀库进行换刀的自动换刀装置

这种自动换刀装置实际是转塔头式换刀装置和刀库换刀装置的结合，其工作原理如

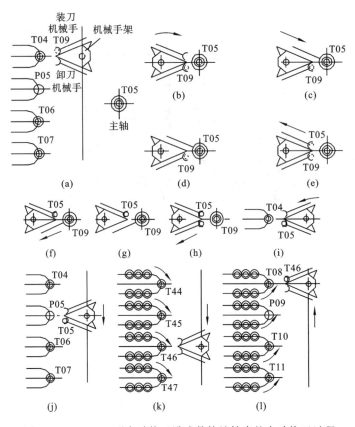

图 8-35　JCS-013 型自动换刀卧式数控镗铣床的自动换刀过程

图 8-36 所示。转塔头 5 上有两个刀具主轴 3 和 4。当用一个刀具主轴上的刀具进行加工时，可由机械手 2 将下一工步需用的刀具换至不工作的主轴上，待上一工步加工完毕后，转塔头回转 180°，即完成换刀工作，因此所需换刀时间很短。

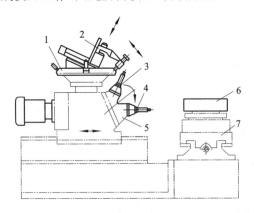

图 8-36　机械手和转塔头配合刀库换刀的自动换刀过程
1—刀库；2—换刀机械手；3、4—刀具主轴；5—转塔头；6—工件；7—工作台

8.5.3　刀具交换装置

实现刀库与机床主轴之间传递和装卸刀具的装置称为刀具交换装置。刀具的交换方

式通常分为由刀库与机床主轴的相对运动实现刀具交换和采用机械手交换刀具两类。刀具的交换方式和它们的具体结构对机床生产率和工作可靠性有着直接的影响。

1. 利用刀库与机床主轴的相对运动实现刀具交换的装置

此装置在换刀时必须首先将用过的刀具送回刀库,然后再从刀库中取出新刀具,这两个动作不可能同时进行,因此换刀时间较长。图8-37 所示的数控立式镗铣床就是采用这类刀具交换方式的实例。由图可见,该机床的格子式刀库的结构极为简单,然而换刀过程却较为复杂。选刀和换刀由三个坐标轴的数控定位系统来完成,因而每交换一次刀具,工作台和主轴箱就必须沿着三个坐标轴两次来回运动,因而增加了换刀时间。另外由于刀库置于工作台上,减少了工作台的有效使用面积。

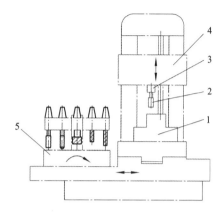

图8-37 利用刀库及机床本身运动
进行自动换刀的数控机床
1—工件;2—刀具;3—主轴;
4—主轴箱;5—刀库

2. 刀库-机械手的刀具交换装置

采用机械手进行刀具交换的方式应用最为广泛,这是因为机械手换刀有很强的灵活性,而且可以减少换刀时间。在各种类型的机械手中,双臂机械手集中地体现了以上优点。在刀库远离机床主轴的换刀装置中,除了机械手以外,还有中间搬运装置。

双臂机械手中最常用的几种结构如图8-38 所示,它们分别是钩手、抱手、伸缩手和叉手。这几种机械手能够完成抓刀、拔刀、回转、插刀及返回等全部动作。为了防止刀具掉落,各机械手的活动爪都必须带有自锁机构。由于双臂回转机械手(见图8-38(a)、(b)、(c))的动作比较简单,而且能够同时抓取和装卸机床主轴和刀库中的刀具,因此换刀时间可以进一步缩短。

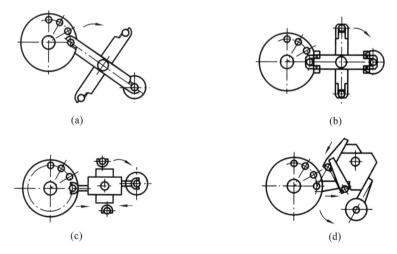

(a)　　　　　　　　　　(b)

(c)　　　　　　　　　　(d)

图8-38 双臂机械手常用机构
(a)钩手;(b)抱手;(c)伸缩手;(d)叉手

图8-39 所示的是双刀库机械手换刀装置,其特点是用两个刀库和两个单臂机械手进

行工作,因而机械手的工作行程大为缩短,有效地节省了换刀时间。还由于刀库分设两处,布局较为合理。

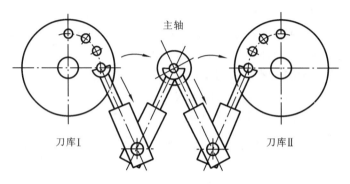

图 8-39　双刀库机械手换刀装置

　　根据各类机床的需要,自动换刀数控机床所使用的刀具的刀柄有圆柱形和圆锥形两种。为了使机械手能可靠地抓取刀具,刀柄必须有合理的夹持部分,而且应当尽可能使刀柄标准化。图 8-40 所示为常用的两种刀柄结构。V 形槽夹持结构(见图 8-40(a))适用于图 8-38 所示的各种机械手,这是由于机械手爪的形状和 V 形槽能很好地吻合,刀具能保持准确的轴向和径向位置,从而提高了装刀的重复精度。法兰盘夹持结构(见图 8-40(b))适用于钳式机械手装夹,这是由于法兰盘的两边可以同时伸出钳口,因此在使用中间辅助机械手时能够方便地将刀具从一个机械手传递给另一个机械手。

(a)　　　　　　　　　　　　(b)

图 8-40　刀柄结构
(a)V 形槽式;(b)法兰盘式

8.6　数控机床的辅助装置

8.6.1　排屑装置

　　为了数控机床的自动切削加工能顺利进行和减少数控机床的发热,数控机床应具有合适的排屑装置。在数控车床和磨床的切屑中往往混合着切削液,排屑装置应从其中分离出切屑,并将它们送入切屑收集箱(车)内;而切削液则被回收到切削液箱。下面简要介绍几种常见排屑装置。

　　(1)平板链式排屑装置　如图 8-41(a)所示,该装置以滚动链轮牵引钢质平板链带在封闭箱中运转,加工中的切屑落到链带上被带出机床。这种装置能排除各种形状的切屑,适应性强,各类机床都能采用。

　　(2)刮板式排屑装置　如图 8-41(b)所示,该装置的传动原理与平板链式基本相同,

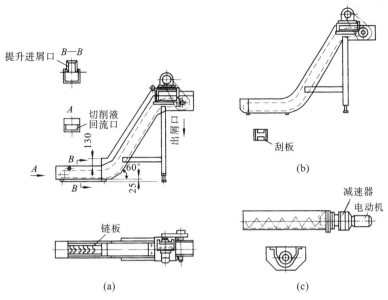

图 8-41 排屑装置

(a)平板链式;(b)刮板式;(c)螺旋式

只是链板不同,它带有刮板链板。这种装置常用于输送各种材料的短小切屑,排屑能力较强。因负载大,故需采用较大功率的驱动电动机。

(3)螺旋式排屑装置 如图 8-41(c)所示,该装置是利用电动机经减速装置驱动安装在沟槽中的一根长螺旋杆进行工作的。螺旋杆转动时,沟槽中的切屑即由螺旋杆推动连续向前运动,最终排入切屑收集箱。螺旋杆有两种结构形式,一种是用扁钢条卷成螺旋弹簧状;另一种是在轴上焊有螺旋形钢板。这种装置占据空间小,适于安装在机床与立柱间空隙狭小的位置上。螺旋式排屑装置结构简单,排屑性能良好,但只适合沿水平或小角度倾斜的直线方向排运切屑,不能大角度倾斜、提升或转向排屑。

8.6.2 刀具预调仪

刀具预调仪

刀具预调仪可以使加工前刀具的准备工作尽量不占用机床的工时,即把测定和调整刀具相对于刀架中心的位置偏差或刀柄基准尺寸的工作预先在刀具预调仪上完成。

预调仪的测量装置有光学刻度、光栅或感应同步器等多种,一般其测量精度径向为 $\pm 0.000\,5$ mm,轴向为 ± 0.01 mm。预调仪上测得的刀尖位置是在无负载的静态条件下进行的,而由于切削力的因素,实际加工尺寸要偏离测量值 $0.01\sim 0.02$ mm。为此,须在首件试切后进行刀尖位置补偿。

对刀仪结构如图 8-42 所示,图中对刀仪平台 7 上装有刀柄夹持轴 2,用于安装被测刀具。若被测刀具为图 8-43 所示钻削刀具,通过快速移动对刀仪单键按钮 4 和微调旋钮 5 或 6,可调整刀柄夹持轴 2 在对刀仪平台 7 上的位置。当光源发射器 8 发光,将刀具放大投影到显示屏幕 1 上时,如图 8-44 所示,即可测得刀具在 X 方向的尺寸(径向尺寸)、Z 方向的尺寸(刀柄基面到刀尖的长度尺寸)。

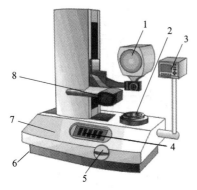
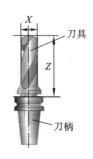
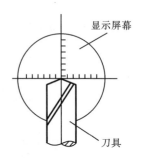

图 8-42　对刀仪结构　　　　　图 8-43　钻削刀具　　　图 8-44　刀尖对准十字线中心

1—显示屏幕;2—夹持轴;3—电气系统;

4—单键按钮;5、6—微调旋钮;

7—对刀仪平台;8—光源发射器

重点、难点和
知识拓展

思考题与习题

8-1　数控机床在机械结构方面有哪些主要特点?

8-2　数控机床的主轴轴承配置有哪些方式? 各适用于什么场合?

8-3　加工中心主轴内的刀具自动装卸的工作原理是什么?

8-4　主轴准停的意义是什么? 如何实现主轴准停?

8-5　数控机床进给传动系统中有哪些机械环节? 它们各有什么要求?

8-6　分别说明直齿圆柱齿轮、斜齿圆柱齿轮,以及锥齿轮的传动间隙的消除方法有哪些。

8-7　滚珠丝杠副的特点是什么?

8-8　滚珠丝杠副的滚珠有哪两类循环方式? 常用的结构形式是什么?

8-9　滚珠丝杠副轴向间隙调整和预紧常用哪几种结构形式? 说明其基本原理。

8-10　滚珠丝杠副在机床上的支承方式有几种? 各有何优缺点?

8-11　数控机床的导轨有哪些类型? 各有何特点?

8-12　简述塑料导轨的材料。

8-13　数控回转工作台的功用如何? 试述其工作原理。

8-14　分度工作台的功用如何? 试述其工作原理。

8-15　螺旋升降式四方刀架有何特点? 简述其换刀过程。

8-16　转塔头式换刀装置有何特点? 简述其换刀过程。

8-17　JCS-013 型自动换刀卧式数控镗铣床的换刀有何特点? 简述其换刀过程。

8-18　常用的刀具交换装置有哪几种? 其各有何特点?

8-19　常见的机械手有几种形式? 其各有何特点?

8-20　数控机床为何需专设排屑装置? 目的何在?

8-21　常见排屑装置有几种? 各应用于何种场合?

第9章　应用 CAD/CAM 系统进行数控加工编程

9.1　CIMCO 系统数控编程

CIMCO 是一款著名数控程序的编辑和仿真软件，由 CIMCO 软件公司专为数控编程而设计。CIMCO 可进行数控程序存储和检索、数控程序优化、后处理，以及快速数控程序仿真。CIMCO 软件目前已有多个版本，本书介绍利用 CIMCO Edit v5 进行数控编程和仿真的方法。

9.1.1　使用 CIMCO Edit v5 编辑数控程序

1. 打开或新建数控程序

打开 CIMCO Edit v5 软件，在主界面菜单栏中单击"文件"→"打开"，选择需要打开的文件，如图 9-1 所示。打开文件后，即进入程序编辑界面，如图 9-2 所示。若单击"文件"→"新建"，则直接进入程序编辑界面。

图 9-1　打开程序

进入程序编辑界面后，可直接对程序进行编辑。

2. 编辑行号

（1）重排行号：在 CIMCO Edit v5 软件主界面的工具栏中单击"重排行号"按钮 ，即可重排行号，如图 9-3 所示。

（2）删除行号：在工具栏中单击"删除行号"按钮 ，即可自动删除全部行号，如图9-4所示。

（3）行号设置：在工具栏中单击"行号设置"按钮 或在菜单栏中单击"设置"→"行号"，即可进入行号设置界面，如图 9-5 所示。

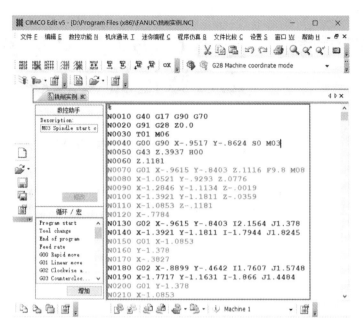

图 9-2 程序编辑界面

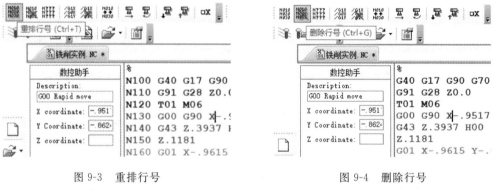

图 9-3 重排行号   图 9-4 删除行号

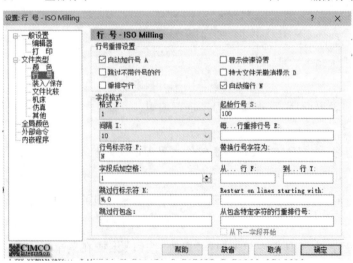

图 9-5 行号设置

9.1.2　使用 CIMCO Edit v5 进行仿真

1. 车削仿真设置

在菜单栏中单击"设置"→"仿真"(见图 9-6(a)),即可进入仿真设置界面。如图 9-6(b)所示,控制器类型选择车床,这里以 FANUC 车床为例,其余参数保持默认设置。

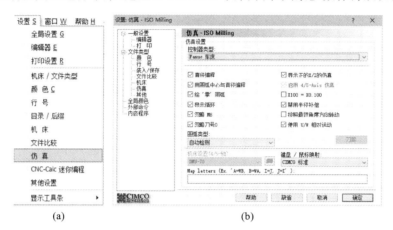

(a)　　　　　　　　　　　　(b)

图 9-6　车削仿真设置

(a)进入仿真设置;(b)编辑仿真设置参数界面

2. 铣削仿真设置

按图 9-6(a)所示方式进入仿真设置界面,控制器类型选择铣床,这里以 FANUC 铣床为例,其余参数保持默认设置,如图 9-7 所示。

图 9-7　铣削仿真设置

3. 对当前 NC 程序仿真

在工具栏中单击"当前窗口仿真"按钮 ✧(见图 9-8),打开仿真界面。在仿真界面中,右侧为仿真视图,左侧为数控程序,如图 9-9 所示。

仿真视图下方为仿真信息条,其中显示了当前刀具位置、进给速度、刀号等信息,如图 9-10 所示。单击 ▶ 按钮即开始仿真,拉动滑动按钮 ▲ 可调整仿真速度,如图 9-11 所示。

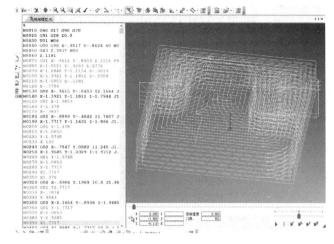

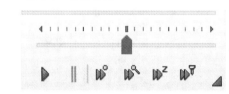

图 9-8　进入仿真　　　　　图 9-9　仿真界面

图 9-10　刀具信息　　　　　图 9-11　仿真控制

刀具轨迹确认完毕后,单击"关闭仿真"按钮，即可退出仿真界面。

4. 保存程序

在工具栏中单击"文件"→"保存",即可保存修改后或创建的数控程序。

车削 NC
文件

铣削 NC
文件

五轴加工
NC 文件

9.2　Mastercam 系统的数控编程

9.2.1　Mastercam 系统的应用概述

Mastercam 系统是一种应用非常广泛的 CAD/CAM 集成数控编程系统。1984 年,美国 CNC Software 公司顺应工业界形势的发展趋势,开发出了 Mastercam 软件的最早版本,在随后不断的改进中,该软件功能日益完善,越来越多地得到使用者的好评,很快雄居同类软件的榜首,并一直保持着这种态势。其以优良的性价比、常规的硬件要求、稳定的运行效果、易学易用的操作方法等特点,在机械、汽车、航空等行业,特别是在模具制造业中得到了广泛应用。应用 Mastercam 系统进行零件数控加工编程,首先应对系统有一个全面的了解,然后确定待加工零件的加工工艺,根据系统的功能进行几何造型和数控加工编程。

1. 熟悉 Mastercam 系统的功能与使用方法

(1) 了解系统的功能框架。Mastercam 系统的总体功能框架包括二维线架设计、曲面造型设计、数控编程等功能模块。在本章后续内容中将对每一个功能模块进行介绍。

（2）了解系统的数控加工编程能力。对于数控加工编程，至关重要的是系统的数控编程能力。Mastercam 系统的数控编程能力主要体现在以下几方面。

①适用范围：车削、铣削、线切割等。

②可编程的坐标系：点位坐标系，第二、第三、第四和第五坐标系。

③具备的编程功能：多坐标点位加工编程、表面区域加工编程、多曲面区域加工编程、轮廓加工编程、曲面交线及过渡区域加工编程、型腔加工编程、曲面通道加工编程等。

④刀具轨迹编辑功能：如刀具轨迹交换、裁剪、修正、删除、转置、分割及连接等。

⑤刀具轨迹验证功能：如刀具轨迹仿真、刀具运动过程仿真、加工过程模拟等。

（3）熟悉 Mastercam 系统的界面和使用方法。通过系统提供的手册和数据，熟悉系统的操作界面和风格，掌握系统的使用方法。

（4）了解 Mastercam 系统的文件管理方式。对于一个零件的数控加工编程，最终要得到的是能在指定的数控机床上完成该零件加工的正确的数控程序，该程序是以文件形式存储的。在实际编程时，往往还要构造一些中间文件，如零件模型文件、工作过程文件、几何元素（曲线、曲面）的数据文件、刀具文件、刀位原文件、机床数据文件等。应熟悉系统对这些文件的管理方式以及这些文件之间的关系。

2. 分析加工零件

当拿到待加工零件的工艺图样（特别是复杂曲面零件和模具图样）时，首先应对零件图样进行仔细的分析。

（1）分析待加工表面。一般来说，在一次加工中，只需对零件的部分表面进行加工。分析零件图样时，需确定待加工表面及其约束面，并对其几何定义进行分析；必要时需对原始数据进行相应的预处理，要求所有几何元素的定义具有唯一性。

（2）确定加工方法。根据零件毛坯形状、待加工表面及其约束面的几何形态、现有机床设备条件，确定零件的加工方法及所需的机床设备和工、夹、量具。

（3）确定程序原点及工件坐标系。根据零件的基面（或孔）的位置、待加工表面及其约束面的几何形态，在零件毛坯上选择一个合适的程序原点及工件坐标系。

3. 对待加工表面及其约束面进行几何造型

对于 Mastercam 系统，可根据几何元素的定义方式，在零件分析的基础上，对待加工表面及其约束面进行几何造型。这是数控加工编程的第一步。

4. 确定工艺步骤并选择合适的刀具

可根据加工方法、待加工表面及其约束面的几何形态选择合适的刀具类型和刀具尺寸。但对于某些复杂曲面零件，则需要对待加工表面及其约束面的几何形态进行数值计算，根据计算结果来确定刀具类型和刀具尺寸。这是因为，对于一些复杂曲面零件的加工，希望所选择的刀具加工效率高，同时又希望所选择的刀具符合待加工表面的要求，且不与非加工表面发生干涉或碰撞。但在某些情况下，待加工表面及其约束面的几何形态数值计算很困难，只能根据经验和直觉选择刀具，这时，便不能保证所选择的刀具是合适的，在刀具轨迹生成之后，需要进行刀具轨迹验证。

5. 刀具轨迹生成及刀具轨迹编辑

对于 Mastercam 系统，可在所定义加工表面及其约束面（或加工单元）上确定其外法矢方向,并选择一种走刀方式,根据所选择的刀具(或定义的刀具)和加工参数,系统将自动生成所需的刀具轨迹。

刀具轨迹生成以后,利用系统的刀具轨迹显示及交互编辑功能,可以将刀具轨迹显示出来,如果有不合适的地方,可以在人工交互方式下对刀具轨迹进行适当的编辑与修改。

6. 刀具轨迹验证

对可能产生过切、干涉与碰撞现象的刀位点,采用系统提供的刀具轨迹验证手段进行检验。

7. 后置处理

根据所选用的数控装置,调用其机床数据文件,运行数控编程系统提供的后置处理程序,将刀位原文件转换成数控加工程序。

9.2.2 Mastercam 系统的工作环境

1. Mastercam 工作界面

本章以 Mastercam 9.0 来介绍 Mastercam 系统的使用。

Mastercam 9.0 中包含四个模块:Design——设计模块;Mill——铣削模块;Lathe——车削模块;Wire——线切割模块。其中后三个模块都完整地包含了 Design 模块。用户可以根据实际需要进入相应的模块进行 CAD/CAM 工作。

Mastercam 9.0 系统主界面分为四个区域:图形显示区(绘图区)、工具条(tool bar)区、屏幕菜单区和系统回应区,如图 9-12 所示。

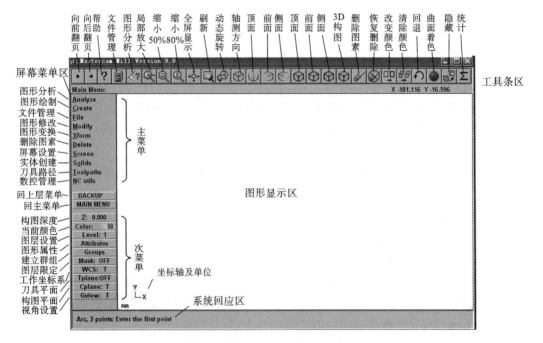

图 9-12　Mastercam 9.0 工作界面

(1) 图形显示区　这是生成和修改几何图形的工作区。

(2) 工具条区　工具条区由一排位于屏幕上方的图标按钮所组成。只要将鼠标置于图标按钮的下方,Mastercam系统即能自动显示该图标的功能。单击该图标按钮,对应的功能即启动。

(3)屏幕菜单区　本区位于屏幕左边,包含一个主菜单和一个次菜单。主菜单用于选择系统的主要功能,例如绘图、修整,或者刀具轨迹。次菜单用于改变系统的参数,例如,调整构图深度或者当前颜色。所有在Mastercam中能使用的命令都已在本区中给出。

(4)系统回应区　系统回应区在屏幕的下方,是Mastercam系统给用户提供信息的区域。系统回应区的文字可表明命令的状态。这个区域有时会要求用户从键盘输入一些数据。绘图时要注意系统回应区里的提示,它将提供重要的信息,供用户参照,以完成绘图。

2. 选择一个菜单项目

在Mastercam系统中,选择一个菜单项目可以用两种方式:

①移动鼠标或者其他定位设备至菜单区,在所要的菜单项反白显示或以其他颜色显示时,单击该项即启动命令。

②输入命令的第一个大写字母启动命令。

Mastercam主菜单中的某些菜单项有更详细的下一级子菜单,用户可从其中选择所需的命令。

Mastercam的菜单、命令及选择的结构是呈树状排列的,图9-13所示为矩形命令树状菜单结构。

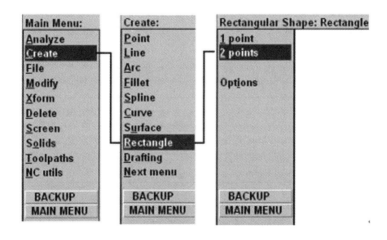

图 9-13　矩形命令树状菜单结构

例如:在主菜单中单击鼠标选择"Create"(绘图),菜单区会显示"Creat"子菜单。若再在"Creat"子菜单中选择"Rectangle"(矩形),则在菜单区会显示"Rectangular Shape：Rectangle"子菜单。选择"2 points"(双击),启动矩形绘图功能。

整个Mastercam命令架构是相当系统的。在后面几节里,将进一步介绍其他的屏幕命令。

3. 使用 Mastercam 巡航命令

要想有效率地操作Mastercam系统,了解系统的巡航(navigation)命令是非常有必要的。前面已经介绍过如何从屏幕菜单区选择一个选项。接下来介绍如何使用其他的命令,譬如如何接受缺省值和使用快捷键。

1) 缺省值的使用

在 Mastercam 里,系统所设定的缺省值(或者使用前一次所输入的值)显示于系统回应区,例如:输入半径 0.5。

如果决定使用这个缺省值,不必重新输入该值,只需采用以下两种方式接受该值即可:①按下 Enter 键;②按任何一个鼠标按键。

如果需要改变缺省值,不必擦去原来的值,只要输入新值取代它即可。

2) 回上层菜单与回主菜单

在屏幕菜单区单击"BACKUP"一次,菜单将往上退回一层;单击"MAIN MENU",则菜单将退回根页。这两个选项经常会用到,所以在每个菜单中都能找到。可以用鼠标选择这两个选项或者使用 Esc 快捷键返回。

3) Mastercam 快捷键

Mastercam 系统提供了 10 个特殊用途快捷键,见表 9-1。

表 9-1 特殊用途快捷键

键	功　　能	键	功　　能
Alt+A	启动"自动存档"功能	Alt+L	设定目前的曲线形式
Alt+B	控制"工具"区域的开闭	Alt+T	切换数控刀具轨迹显示模式
Alt+C	执行 C-HOOK 应用程序	Alt+U	取消前一个动作
Alt+D	修改绘图参数	Alt+V	显示 Mastercam 系统版本和序号
Alt+F	设定字型参数	Alt+W	设定视区视窗
Alt+H	显示即时(on-line)帮助	Page Up/Down	视窗放大与缩小
Alt+S	显示曲面		

另外,在 Mastercam 里有 19 个特殊用途即时键。

熟练地使用 Mastercam 的快捷键和即时键有利于快速完成操作,节省绘图时间。

4. 获得帮助

在 Mastercam 9.0 中,调出即时帮助界面可以用 Alt+H 键或点击工具条区中的 ? 图标。即时帮助界面能提供详尽的帮助说明,如图 9-14 所示。可以用鼠标选择一个主题,获取即时帮助;按 Esc 键则可离开即时帮助界面。

5. 退出 Mastercam 系统

退出 Mastercam 系统的步骤如下。

步骤 1 回到主菜单的根页。

步骤 2 单击"BACKUP",选择"离开系统"项目。

步骤 3 选择"Yes",确定要离开 Mastercam。

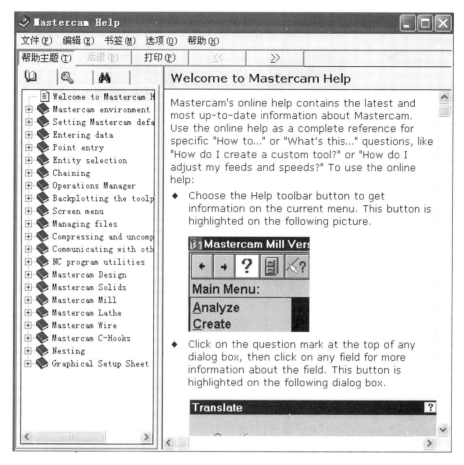

图 9-14   Mastercam 即时帮助屏幕

9.2.3   Mastercam 系统的几何建模功能

1. 几何图形绘制

Mastercam 将几何图形绘制命令置于"Create"菜单之下，如图 9-15 所示。要生成一个几何图素，可顺序打开"Create"菜单→几何图素的子菜单→进一步加工的菜单，选择相应的命令来绘制图形。

由于在 Mastercam 中绘制二维图形较为简单，且绘制方法与 AutoCAD 等软件系统相似，在此对二维图形绘制不做介绍。下面主要介绍 Mastercam 的三维绘图功能。

1）三维模型的基本概念

（1）线框模型（wireframe model） 绘制曲面之前通常要先绘制线框模型。线框模型是以形体的边界来表示形体的，如图 9-16 所示。为了能正确表现出形体的形状，常需要以线框图案来构造"非平面的表面"。也就是说，对于形体上的平面部分，不需再建立曲面模型，只需以线条（架构）来表现即可。线框模型是用来定义曲面的边界和曲面的横断面特征的。

（2）曲面模型（surface model） 曲面模型用于定义曲面的形状，包括每一曲面的边界（缘）。这是对线架模型做进一步处理之后所得到的结果。曲面模型不仅能显示曲面的

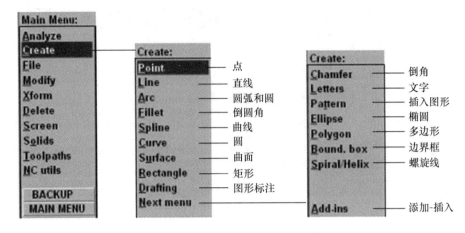

图 9-15　Create 几何图形绘制

边界(缘),而且还能呈现出曲面的真实形状。曲面模型可以直接用来产生加工曲面的刀具轨迹。曲面模型能提供比线框模型更多的信息,并且能够编辑和上色。然而,曲面模型不能提供工件的重量等信息。图 9-17 所示为一个典型的曲面模型,它与图 9-16 表达的是同一个几何形体,只是采用了曲面的方式来显示。

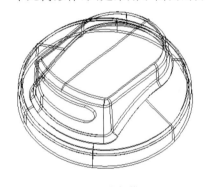

图 9-16　线框模型

图 9-17　曲面模型

(3) 曲面的外形图素(profile elements of surface)　基本的几何图案可用于形成曲面的边界轮廓或边缘。基本图素包括直线、圆弧、平滑曲线(spline)和椭圆(ellipse)等,如图 9-18 所示。图 9-19 所示的曲面就是由这些基本图素所定义的线框边界和横断面构成的。

图 9-18　基本图素

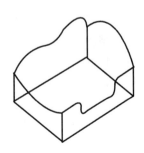

图 9-19　由基本图素构成的线框图

（4）构图平面（construction plane）　构图平面用于定义平面的方向，几何图形就是要绘制于所定义的构图平面上。譬如一个圆弧可以构造在平行于 XOY 平面、ZOX 平面或 YOZ 平面的平面上，这完全根据绘制圆弧之前所选用的平面而定。换言之，在使用CAD 系统绘制任何图案之前，必须先指定构图平面。Mastercam 提供了以下 9 种基本的构图平面选项：①俯视构图平面（top cplane）；②前视构图平面（front cplane）；③侧视构图平面（side cplane）；④空间构图平面（3D cplane）；⑤视角号码（number）；⑥法线构面（normal cplane）；⑦上次所用的构图平面（last）；⑧图素定面（entry）；⑨旋转定面（rotate）。

2）曲面的基本概念和曲面构造

（1）曲面　曲面用数学方程式来定义工件表面的形状。一个曲面含有许多断面（sections）或曲面片（patches），它们熔接在一起，形成一个图案。由于计算机计算能力的增强以及曲面模型化技术的不断创新，现今利用 CAD/CAM 系统中的曲面模组功能已经能够精确而完整地描述复杂的工件形状。另外，对于较复杂的工件，通过多曲面结合，依靠曲面熔接技术，产生单一曲面模型，对于曲面构造与刀具轨迹生成是非常有用的。由多个曲面熔接而成的曲面模型通常称为复合曲面（composite surface）。

曲面模型化技术被广泛应用于描述复杂几何形体，如汽车、轮船和飞机机身，以及各种模具和模型。在 Mastercam 系统中，曲面模型可以用于完成以下任务：

①工件几何图形的设计和显示；

②数控加工刀具轨迹的创建。

（2）曲面的类型　Mastercam 把曲面分为以下三大类型：几何图形曲面、自由曲面和编辑过的曲面。

所谓几何图形曲面是指有固定几何形状的曲面，例如球面、圆锥面、圆柱面、牵引曲面和旋转曲面。几何图形曲面是用直线、圆弧、样条曲线等图案所生成的，因此这些曲面的定义有点含糊，并不是那么确切。Mastercam 提供了两种曲面技术，用于构造几何图形曲面，即牵引曲面技术和旋转曲面技术。

自由曲面（freeform surface）不是特定形状的几何图形，它的形状通常是由直线和曲线确定的。这些曲面需要更复杂而难度更高的曲面造型技术，如 Coons 曲面、Bezier 曲面、B 样条曲面等。

根据其用途，自由曲面可以进一步细分为约束式曲面和非约束式曲面两类。约束式曲面受限于既有的断面或横断面的数据，换言之，这种曲面一定会通过所指定的断面形状。断面 Coons 曲面片就是典型的约束式曲面，因为这些曲面片是直接由几何图形形成的。

非约束式曲面不受限于先前存在的点或曲线的数据，它们采用控制点（control point）来构造曲面的形状，而非通过所有预先定义的点或曲线的数据来构造。非约束式曲面主要用于概念性的设计（形状比尺寸重要），如 Bezier 曲面、B 样条曲面和 NURBS 曲面等都是非约束曲面。

编辑过的曲面（edited surface）是通过编辑已有的曲面而产生的一种曲面。

2．编辑功能

1）删除（Delete）功能

删除功能用于从屏幕和系统的数据库中删除一个或一组设定的图素。从主菜单选择"Delete"选项，系统就会提示用户选择要使用它的子功能表或者选择一个图素，如图 9-20 所示。

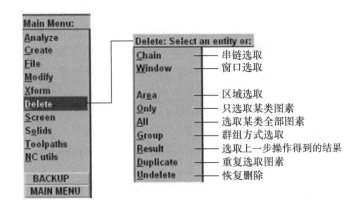

图 9-20　删除功能菜单

2)修整(Modify)功能

修整功能用于修改现有的图素。从主菜单选择"Modify"选项,则在屏幕菜单区将出现如图 9-21 所示的子菜单。

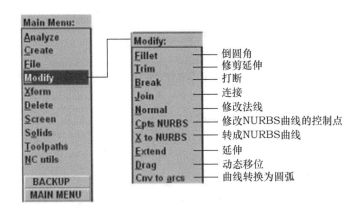

图 9-21　修整功能菜单

(1)倒圆角(Fillet)功能　用于在两个图素之间产生一圆角。

(2)修剪延伸(Trim)功能　用于修剪至多三个图案至一指定的边界。修剪延伸可以修剪或是延伸图素到它们的交点。

(3)打断(Break)功能　用于将一个图素断开,形成多个图素。

(4)连接(Join)功能　用于将两个图素连接成一个图素。要注意两点:第一,不能连接 NURBS 曲线;第二,这两个图素必须是相容的,如果两个图素不相容,系统就会显示一个错误信息。

(5)法线方向(Normal)功能　用于改变曲面的法线方向。

(6)控制点(Cpts NURBS)功能　用于修改 NURBS 曲线和曲面的控制点,以产生新的 NURBS 曲线和曲面。

(7)转成 NURBS(X to NURBS)功能　用于将弧、线、spline 曲线和曲面转换成 NURBS 格式。新图素在数据库里被储存为 NURBS 曲线。

(8)延伸(Extend)功能　用于将弧或者曲线延伸一定的长度。用户先输入长度值,然后选择一条线或者弧单击即可。单击的点必须靠近所要延伸的那一端。

（9）动态移位（Drag）功能　用于动态地移动或者是置图素到指定的新位置。动态移位时，在命令完成之前就能看见命令的结果。

（10）曲线变弧（Cnv to arcs）功能　用于将图形曲线及 NURBS 曲线转成圆弧。

3）转换（Xform）功能

Mastercam 提供了 10 种编辑功能，用来改变几何图素的位置、方向和大小。这 10 种功能分别是：镜像（Mirror）、旋转（Rotate）、等比例缩放（Scale）、不等比例缩放（Squash）、平移（Translate）、偏置（Offset）、外形偏置（Ofs ctour）、排样（Nesting）、拉伸（Stretch）和卷圆设定（Roll）。转换功能子菜单如图 9-22 所示。

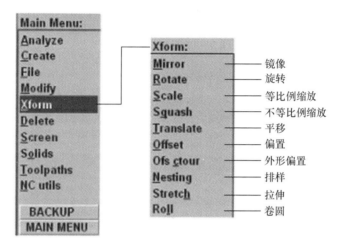

图 9-22　Xform 转换功能子菜单

3. 实体创建（Solids）功能

实体造型是目前比较成熟的造型技术，其造型思想容易被人接受，过程直观、结果逼真，已被广泛采用。Mastercam 从 7.0 版开始就引入了这种造型技术。

实体造型和编辑命令的位置及功能如图 9-23 所示。

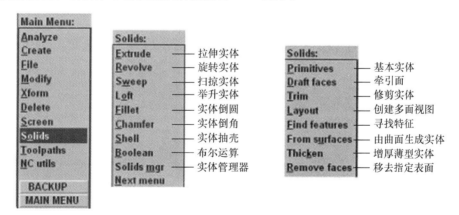

图 9-23　实体造型和编辑命令

4. 刀具轨迹生成（Toolpaths）功能

Mastercam 中重点设计了二维和三维加工刀具轨迹两大刀具轨迹生成功能。二维加工包括外形铣削（Contour）、挖槽（Pocket）、钻孔（Drill）和平面铣削（Face）四种加工方式；三维（包含实体表面）加工分粗加工（Rough）和精加工（Finish）两大类，共设计了十多种加工方式。此外,还设计了其他一些特殊情况下的加工方式,并可以对生成的刀具轨迹进行编辑修改等。刀具轨迹生成相关命令都设置在 Toolpaths 菜单下,如图 9-24 所示。

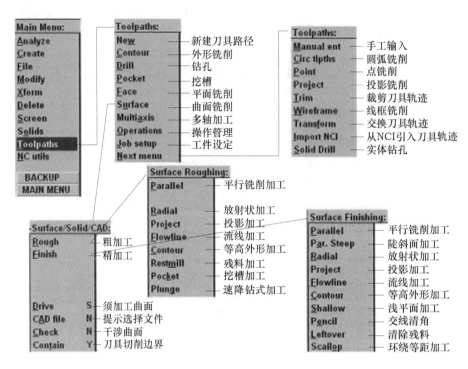

图 9-24　Toolpaths 刀具轨迹生成功能

5. 数控加工管理(NC utils)功能

数控加工管理功能包括加工仿真(Verify)、轨迹模拟(Backplot)、批次模式(Batch)、程序过滤(Filter)、后处理(Post proc)、建立加工报表(Setup sheet)、定义操作(Def. ops)、定义刀具(Def. tools)、定义材料(Def. matls)等命令,如图 9-25 所示。

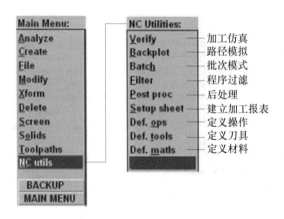

图 9-25　数控加工管理功能

9.2.4　Mastercam 系统的数控加工编程功能

在 Mastercam 系统中,使用二维刀具轨迹模组来生成二维加工刀具轨迹,使用三维刀具路径模组来切削各种三维曲面。这里先介绍二维刀具轨迹模组。Mastercam 主要有四种二维刀具轨迹模组，分别是外形铣削（Contour）、挖槽（Pocket）、钻孔（Drill）和平面铣削（Face）。

无论是在铣床还是在加工中心中，在生成刀具路径之前，首先都需要对工件的大小、材料以及加工用刀具等进行设置。下面介绍铣床和加工中心的参数设置方法。

在主菜单中顺序选择"Toolpaths"→"Job setup"选项后，弹出如图 9-26 所示的"Job Setup"对话框，用户便可以通过该对话框进行工作设置。

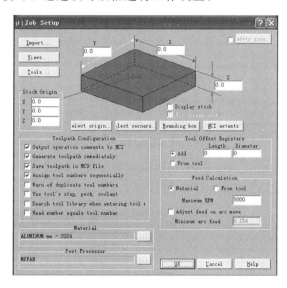

图 9-26　"Job Setup"对话框

1. 工作设置

对于铣削加工，工件的形状只能设置为立方体。可以采用以下几种方法来设置工件外形尺寸。

①直接在"Job Setup"对话框的 X、Y 和 Z 输入框中输入工件长、宽、高的尺寸。

②单击"Select corners"按钮，在绘图区选取工件的两个对角点。

③单击"Bounding box"按钮，在绘图区选取几何对象。系统用选取对象的包络外形来定义工件的大小。

在设置了工件大小后，还要确定工件的位置。在 Mastercam 铣床加工中，通过设置工件的原点位置来定义工件的位置。用户可以直接在 Stock Origin 输入框中输入工件原点的坐标，也可以单击 Stock Origin 按钮后在绘图区选取一点作为工件的原点。工件上的八个角点及上、下面的中心点都可作为工件的原点，系统用一个小箭头来指示原点在工件上的位置。将光标移动到选定的点上，单击鼠标左键即可将该点设置为工件原点。

2. 刀具的选择与管理

在生成刀具轨迹前，首先要选取加工所使用的刀具，而加工用的刀具只能在当前刀具列表中选取。单击"Job Setup"对话框中的"Tools"按钮，弹出如图 9-27 所示的"Tools Manager"对话框，通过这个对话框可以对当前刀具列表进行设置。

在"Tools Manager"对话框中的任意位置单击鼠标右键，弹出如图 9-28 所示的快捷菜单，主要通过该快捷菜单来实现对刀具列表的设置。

（1）添加新刀具（Create new tool）　该命令用来在刀具列表中添加新的刀具。添加

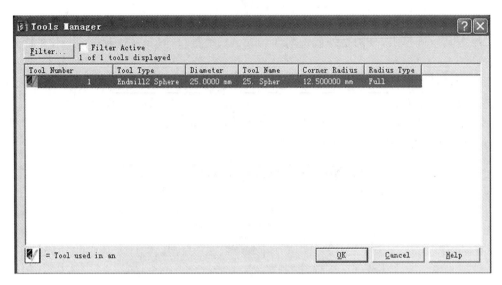

图 9-27 "Tools Manager"对话框

的刀具只能是刀具库中已有的刀具,但是可以设置该种刀具的有关参数。选择该选项后,弹出如图 9-29 所示的"Define Tool"对话框。

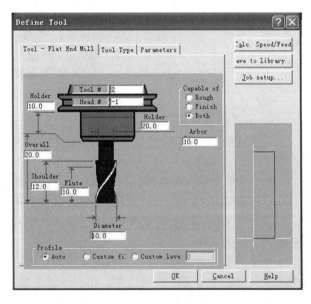

图 9-28 快捷菜单   图 9-29 "Define Tool"对话框

系统弹出"Define Tool"对话框时,默认显示"Tool"选项卡。对于不同外形刀具,该选项卡的内容不尽相同,一般包括以下参数。

①Diameter:刀具切口的直径。

②Flute:刀具有效切削刃的长度。

③Shoulder:刀具从刀尖到刀刃的长度。

④Overall:刀具从刀尖到夹头底端的长度。

⑤Arbor:刀柄直径。

⑥Holder:夹头的直径以及夹头的长度。

⑦Tools#：刀具编号，可以由系统自动设置，也可以由用户自己设置。

⑧Capable of：这是一个选项组，用来设置刀具适用的加工类型。当选中"Rough"（粗加工）单选按钮时，该刀具只能用于粗加工；当选中"Finish"（精加工）单选按钮时，该刀具只能用于精加工；当选择"Both"（粗、精加工）单选按钮时，该刀具在粗加工和精加工中都可以使用。

系统默认的刀具类型为 Flat End Mill（平铣刀），若要添加其他类型的刀具，可以单击"DefineTool"对话框中的"Tools Type"标签，在图 9-30 所示的"Tools Type"选项卡中选择需要的刀具类型。当选定了新的刀具类型后，系统返回到该类刀具的"Tool"选项卡。

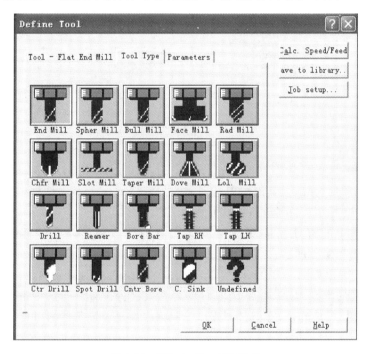

图 9-30　"Tools Type"选项卡

在"Tool"选项卡中仅可设置刀具的外形参数，这些参数一般用于刀具轨迹的生成。要进一步设置该刀具的其他参数，则需要在"Parameters"选项卡中进行设置。单击"Parameters"标签，打开如图 9-31 所示的"Parameters"选项卡。该选项卡主要用于设置刀具在加工时的有关参数。

"Parameters"选项卡中主要参数的含义如下。

①Rough XY step(%)：粗加工时，在垂直于刀具方向上的进刀量。

②Finish XY step：精加工时，在垂直于刀具方向上的进刀量。

③Rough Z step：粗加工时，沿刀具方向的进刀量。

④Finish Z step：精加工时，沿刀具方向的进刀量。

⑤Coolant：加工时的冷却方式。

⑥% of matl. cutting：切削速度的百分比。

⑦% of matl. feed per：进刀量的百分比。

（2）调用库中刀具（Get from library）　利用"Create new tools"命令添加新刀具时是在刀具库中选择刀具外形，并需要设置刀具的有关参数。而利用"Get from library"命令

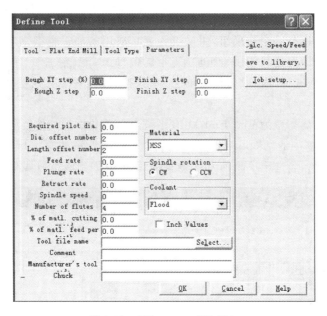

图 9-31　"Parameters"选项卡

来添加新刀具,则是直接从刀具库中选择一个刀具添加到当前刀具列表中。选择"Get from library"选项后,弹出刀具库中刀具列表的"Tools Manager"对话框,在列表中选择一个刀具,就可将该刀具添加到当前刀具列表中。

　　由于刀具库中的刀具数量较大,在选取刀具时比较困难。为了简化刀具的选择,"Tools Manager"对话框提供了刀具过滤功能。单击"Tools Manager"对话框中的"Filter"按钮后,弹出如图 9-32 所示的"Tools List Filter"对话框,用户可以在该对话框中根据需要对刀具的类型、刀具直径、刀具材料等参数进行设置。当选中条件筛选框(如图 9-32 中"Full")时,一经确认,在刀具列表中就只列出满足设置条件的刀具。

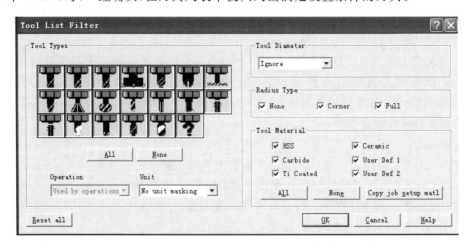

图 9-32　"Tools List Filter"对话框

　　(3)编辑刀具(Edit tools)　该命令用来编辑当前刀具库中已有的刀具。选择该选项后,也会弹出"Define Tools"对话框,对刀具进行编辑的方法与用"Create new tools"选项来添加新刀具的方法相同。

（4）删除刀具（Delete tools）　该命令用于在当前刀具列表中删除选取的刀具。

（5）添加刀具到库（Save to library）　该命令用于将所选刀具添加到刀具库中。

（6）改变刀具库（Change library）　该命令用于选择新的刀具库。选择 Change library 后，弹出如图 9-33 所示的"Select tool library"对话框，用户可以在该对话框中选择新的刀具库。

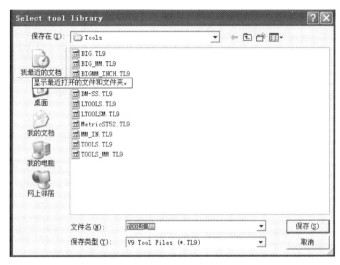

图 9-33　Select tool library 对话框

3．材料设置

工件材料设置与刀具设置方法相似，用户可以直接从系统材料库中选择要使用的材料，也可以设置不同的参数来定义材料。单击"Job Setup"对话框"Material"选项组中的选择按钮，弹出如图 9-34 所示的"Material List"对话框，通过该对话框可以对当前材料列表进行设置并选取工件的材料。

在"Material List"对话框中的任意位置单击鼠标右键，弹出如图 9-35 所示的快捷菜单，可通过该快捷菜单来实现对材料列表的设置。

（1）添加新材料（Create new）　该命令用于通过设置材料各参数来定义材料。选择该选项后，弹出如图 9-36 所示的"Material Definition"对话框。

"Material Definition"对话框中主要给出了以下几个材料参数。

①Material：材料的名称。

②Base cuttings speed：材料的基本切削线速度。

③Base feed per tooth/revolution：材料的基本进刀量。

④Output feed rate units：进刀量的单位。

（2）从材料库中调用（Get from library）　利用该命令，可以从系统的材料库中直接选择要使用的材料，添加到当前材料列表中。

4．其他参数设置

在"Job Setup"对话框中，除了可进行工件设置、刀具设置和材料设置外，还可进行以下几项设置。

（1）刀具轨迹（Toolpath Configuration）　有如下几个设置项。

①Output operation comments to NCI　若选中该复选框，则生成的 NCI 文件中包括

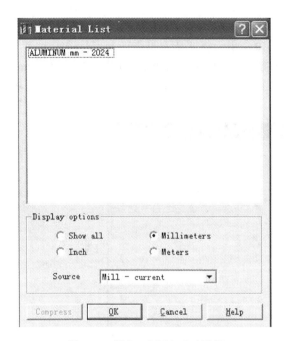

图 9-34 "Material List"对话框

图 9-35 材料列表设置快捷菜单

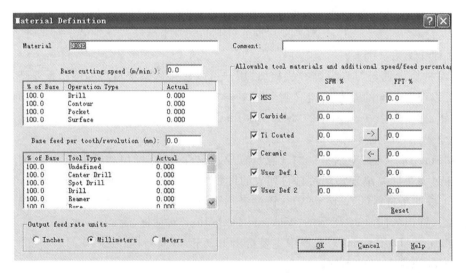

图 9-36 "Material Definition"对话框

操作注解。

②Generate toolspath immediately 若选中该复选框,则在编辑刀具轨迹后,系统立即更新 NCI 文件。

③Save toolspath in MC9 file 若选中该复选框,则在 MC9 文件中存储刀具轨迹。

④Assign tool numbers sequentially 若选中该复选框,则在设置当前刀具列表时,系统自动依次指定刀具号。

⑤Use tools'step,peck,coolant 若选中该复选框,则在加工中采用刀具的下刀量、冷却设置等参数。

⑥Search tool library when entering tool 若选中该复选框,则在 Tools parameter 选

项卡中输入刀具号时,系统自动使用刀具库中对应刀具号的刀具。

(2) 刀具偏移(Tools Offset Registers)　该选项组用来设置在生成刀具轨迹时的刀具偏移值。当选中"From tool"项时,系统使用刀具的长度和直径来计算偏移值。当选中"Add"项时,系统将"Length"(长度)和"Diameter"(直径)输入框中的输入值与刀具长度和直径相加作为偏移值。长度和直径的设置值可以为正值也可以为负值,设置偏移值后,当刀具长度和直径改变或有磨损时,仍可用原刀具生成的刀具轨迹进行加工。

(3) 进刀量计算(Feed Calculation)　该选项组用来设置在加工时进刀量的计算方法。当选中"Material"项时,进刀量按材料的设置参数进行计算;当选中"From tool"项时,进刀量按刀具的设置参数进行计算。

(4) 后处理(Post Processing)　要得到 CNC 控制器可以解读的 NC 代码,就需要进行后处理。在操作管理器中单击"Post"按钮,这时弹出如图 9-37所示的"Post processing"对话框。这个对话框用来设置后处理中的有关参数。

首先需要根据用户的加工数控铣床选择后处理器,系统默认的后处理器为 MPFAN. PST(日本 FANUC 控制器),若需要使用其他的后处理器,可单击"Change Post"按钮,在弹出的后处理器选择对话框(见图 9-38)中选取用户加工机床对应的后处理器。

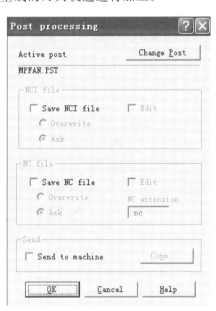

图 9-37　"Post processing"对话框

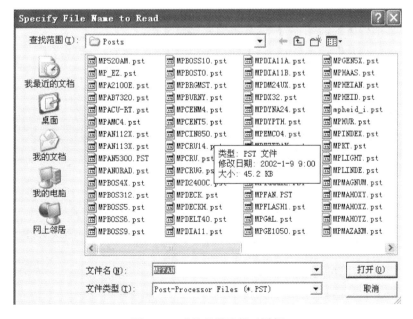

图 9-38　后处理器选择对话框

此外,在"Job Setup"对话框中还可以进行工件显示控制设置:选中"Display stock"复选框,屏幕中将显示出设置的工件。当选中"Fit Screen to stock"(屏幕适配)复选框时,在进行调整屏幕大小(Fit Screen)操作时,操作对象包括设置的工件。

9.2.5　Mastercam 系统的应用

1. Mastercam 几何造型

在 Mastercam 中创建如图 9-39 所示的有四个外形的线框模型和一个 Coons 曲面。首先在俯视构图面中绘制一个矩形盒,在前视构图面中绘制圆弧 C_1 和 C_2,在侧视构图面中绘制其余的两个圆弧;然后再建立 Coons 曲面。

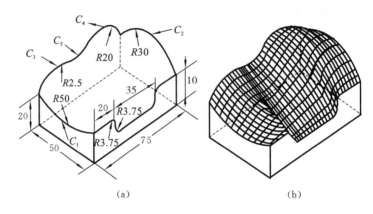

图 9-39　Coons 曲面构造范例

关键提示:

①在俯视构图面内绘制一个矩形盒。

②在前视构图面内构造由端点和半径所定义的圆弧 C_1 和 C_2。

③在侧视构图面内构造其余两个圆弧。

④产生三条构图辅助线,为构造右边的外形做准备。

⑤构造一条垂直的辅助线,以此来确定左边两个基本圆弧的端点。

⑥上表面是只有一个缀面的曲面。

⑦使用自动串联方式来串联外形。

具体步骤如下。

步骤 1　进入 Mastercam Mill 系统,并设定次菜单。

①选择 Z,然后输入"0"→回车。

②选择"Cplane:T"(构图面)→"Top"(俯视图)。

③选择"Gview:T"(视角)→"Isometric"(等角视图)。

步骤 2　构造一个矩形盒。

①选择"Main Menu"(主菜单)→"Create"(绘图)→"Rectangle"(矩形)→"2 points"(两点)。

②输入左下角:0,0→回车。

③输入右上角:50,75→回车。

④按 Alt+F1 键,然后再按 Alt+F2 键,使屏幕上的图形充满整个屏幕后缩小 80%。

⑤选择"Main Menu"(主菜单)→"Xform"(转换)。

⑥选择"Translate"(平移)→"All"(所有的)→"Lines"(线)→"Done"(执行)→

"Rectang"（直角坐标）。

⑦输入平移之向量：Z－20→回车。

设定对话框内的参数，如图9-40所示，然后按"OK"键确定。

所绘制的矩形盒如图9-41所示。

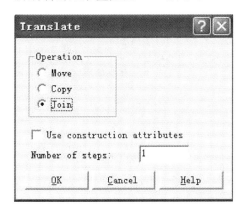

图9-40　平移参数

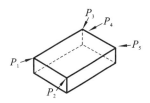

图9-41　矩形盒图

步骤3　在前视构图面内绘制圆弧 C_1 和 C_2。

①选择"Cplane"（构图面）→"Front"（前视图）。

②选择回主菜单→"Create"（绘图）→"Arc"（圆弧）→"Endpoints"（两点画弧）→"Endpoint"（端点）。

③选取 P_1 和 P_2。

④输入半径（1.00）：50→回车。此时，屏幕上应出现四个弧形。

⑤用鼠标选择需要的圆弧（从上方算起第三个圆弧）。

⑥选择次菜单的 Z→"Endpoint"（端点）。

⑦把工作深度定位于所选取之线的端点：选择 P_3。

⑧选取 P_4 和 P_5 以定义第二个圆弧的两个端点。

⑨输入半径（50.0）：30→回车。

⑩选择需要的弧（从上方算起第二个弧）。

点的选择如图9-41所示，生成的图形如图9-42所示。

步骤4　绘制两条辅助构图线。

①选择"Cplane"（构图面）→"Side"（侧视图）。

②选择 Z→"Endpoint"（端点）。

③选取 P_1 以获得工作深度（应该是 $Z=50$）。

④选择"Main Menu"（主菜单）→"Create"（绘图）→"Line"（线）→"Horizontal"（水平线）。

⑤指定第一个点：选取 P_2 和 P_3。然后输入所在 Y 轴的位置参数－10。

⑥选择"Backup"（回上层菜单）→"Vertical"（垂直线）。

⑦指定第一个点：选取 P_4 和 P_5。然后输入所在 X 轴位置参数20。

⑧指定第一个端点：选取 P_6 和 P_7。然后输入所在 X 轴位置参数55。

点的选择如图9-42所示，生成的图形如图9-43所示。

步骤5　加入四个倒圆角。

①选择"Main Menu"（主菜单）→"Modify"（修整）→"Break"（打断）→"2 pieces"（两段）。

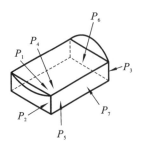

图 9-42　产生圆弧

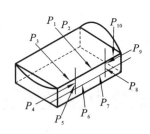

图 9-43　建立侧面

②选择要打断图素:选取 P_1。

③选择任意点。

④输入断点:选取 P_2。

⑤选择"Main Menu"(主菜单)→"Modify"(修整)→"Fillet"(倒圆角)→"Radius"(半径)。

⑥输入倒圆角半径(6):3.75→回车。

⑦依序选取 P_3、P_4、P_5、P_6、P_7、P_8、P_9、P_{10},以完成四个倒圆角。

点的选择如图 9-43 所示,生成图形如图 9-44 所示。

步骤 6　构造一条垂直的构图辅助线,以绘制 C_3、C_4、C_5 三个圆弧。

①选择 Z→"Endpoint"(端点)。

②选取 P_1 以设定工作深度(应该是 $Z=0$)。

③选择"Main Menu"(主菜单)→"Create"(绘图)→"Line"(线)→"Vertical"(垂直线)。

④选取 P_2 和 P_3。

⑤输入所在 X 轴的位置:37.5→回车。

点的选择如图 9-44 所示,构造辅助线之后的图形如图 9-45 所示。

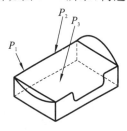

图 9-44　完成前侧面

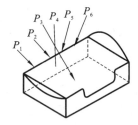

图 9-45　建立后侧面

步骤 7　构造两个圆弧 C_3 和 C_4。

①选择"Main Menu"(主菜单)→"Create"(绘图)→"Arc"(圆弧)→"Endpoints"(两点画弧)→"Endpoint"。

②选取 P_1 作为第一点,如图 9-45 所示。

③从"Point Entry"(抓点方式)菜单中选取"Intersec"(交点)选项。

④选取 P_2 和 P_3 来决定第二个端点。

⑤输入半径(Radius)值"25"→回车。

⑥用鼠标单击选定圆弧 C_3(矩形盒上方的第二个弧)。

⑦选择"Intersec"(交点)。

⑧选取 P_4 和 P_5 作为圆弧 C_4 的第一个端点。

⑨在"Point Entry"(抓点方式)菜单中选择"Endpoint"(端点)选项,然后取 P_6 作为圆弧的第二个端点。

⑩输入半径值"20"→回车。

⑪从四个圆弧中,用鼠标选定所要的圆弧 C_4(上方的第二个弧),如图 9-46 所示。

步骤 8　构造一个倒圆角 C_5,与 C_3 和 C_4 两个圆弧相切。

①选择"Main Menu"(主菜单)→"Modify"(修整)→"Fillet"(倒圆角)→"Radius"。

②输入圆角半径值"15"→回车。

③选取 P_1 和 P_2,以完成倒圆角,如图 9-46 所示。

生成的图形如图 9-47 所示。

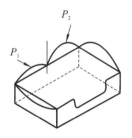

图 9-46　产生两圆弧

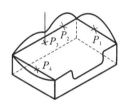

图 9-47　完成后侧面

步骤 9　删除构图辅助线。

①选择"Main Menu"(主菜单)→"Delete"(删除)。

②选取 P_1、P_2、P_3、P_4,删除过这四点的线,如图 9-47 所示。

生成的图形如图 9-48 所示。

步骤 10　构造 Coons 曲面。

①选择 Level 层别。

②输入新的层别数目 2→"OK"(确定)。

③选择"Main Menu"(主菜单)→"Create"(绘图)→"Surfaces"(曲面)→"Coons"(曲面)。

④选择"Yes"项,使用自动串联方式建立 Coons 曲面。

⑤选取 N 和 P_2,以选取左上角相交的曲线。

⑥选取 N,以选取右下角的任一曲线。

⑦点选曲面形式为 NURBS。

⑧点选熔接方式为抛物线。

⑨选择"Do it"(执行)项。

新绘制的 Coons 曲面如图 9-49 所示。

步骤 11　保存完成的曲面模型,文件名为 Coons。

①选择"Main Menu"(主菜单)→"File"(文件管理)→"Save"(保存)。

②输入文件名"Coons"。

2. Mastercam 二维加工

下面以铣削顶端平面并挖一有岛屿的槽为例。

加工图 9-50 所示工件,使用铣平面模组(Face)和挖槽模组(Pocket)产生三条刀具路径:①铣削顶端平面;②切削有一圆形岛屿的内部形状;③挖槽,切削一圆形。原料是

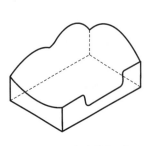

图 9-48　完成线框图

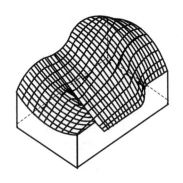

图 9-49　完成 Coons 曲面

一圆盘,圆盘的外圆已被加工到所要求的尺寸,圆盘的一个面也已经加工过,其厚度约为10.5 mm。

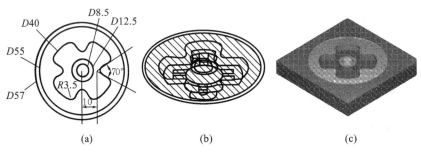

(a)　　　　　　　　　(b)　　　　　　　　　(c)

图 9-50　二维加工范例
(a)图形;(b)刀具轨迹;(c)加工仿真

关键提示:

①操作始于加工顶端平面,其后是内部形状挖槽加工,最后是圆形外围的挖槽加工。

②使用三把刀具,包括:10 mm 顶端铣刀,用于加工顶端平面;6 mm、0.5 mm 顶端铣刀,用于挖槽加工。

③用一个比外圆大的构造圆作为加工顶端平面时的挖槽外边界。如果使用原来的外部圆作为挖槽外边界,工件边缘可能会留下切削残余。在此设定这个构造圆的直径为 57 mm,如图 9-50(a)所示。

④面加工的主要挖槽参数如下。

● 粗切削和精切削次数均为1。

● 粗切间隙为 6 mm。

● 切削方式为双向进刀。

⑤加工较大槽的主要挖槽参数如下。

● 切削方式:由内而外环切。

● 粗切间隙为 4.2 mm。

● 铣削深度为−5 mm。

● 精修次数为1。

● 精修量为 0.01 mm。

● 没有进刀/退刀引线和弧。

● 精修方式:最后深度。

● 三次深度铣削:粗切削次数为 2,每次粗切量为 2 mm;精切削次数为 1,每次精修量
1 mm。

● 不需要附加精修参数。

⑥加工圆形轮廓的主要挖槽参数如下。

● 切削方式:由内而外环切。

● 粗切间隙为 0.35 mm。

● 铣削深度为－10 mm。

● 精修次数为 1。

● 精修量为 0.05 mm。

● 没有进刀/退刀引线和弧。

● 精修方式:每次精修。

● 三次深度铣削:粗切削次数为 2,每次粗切量为 4 mm;精切削次数为 1,每次精切量
为 2mm。

● 不需要附加精修参数。

具体步骤如下。

步骤 1　调入工件文件(假设图 9-50(a)已保存,且文件
名为 pocket)。

选择"Main Menu"(主菜单)→"File"(文件管理)→
"Get"(读取文件)→输入文件名"pocket"→点击"Open",此
时工件图出现在屏幕上,如图 9-51 所示。

步骤 2　启动挖槽模组,如图 9-52 所示。

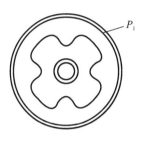

图 9-51　读取文件

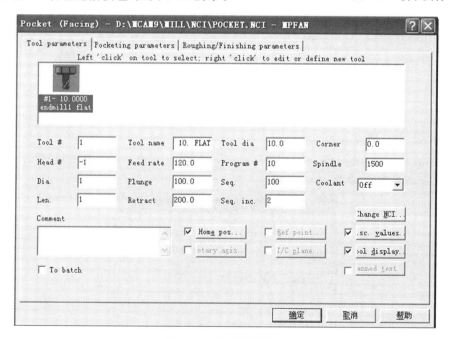

图 9-52　启动挖槽模组

①选择"Main Menu"(主菜单)→"Toolpath"(刀具轨迹)→"Pocket"(挖槽)→
"Single"(单体)。

②选择 P_1（使用图 9-51 中的选择点定义挖槽外形）。

③选择"Done"（结束）。

步骤 3 选择 10 mm 平铣刀及设定刀具参数。

①按鼠标右键,在弹出的菜单中选择"Get tool from library"（从刀具数据库中取得刀具资料）。

②选择刀具♯1（10 mm 平铣刀）,单击"OK"按钮。

③在图 9-52 所示的"Tool parameters"选项卡中设置刀具参数。

步骤 4 定义挖槽参数。

①单击"Pocketing parameters"（挖槽参数）标签。

②设定挖槽参数,如图 9-53 所示。

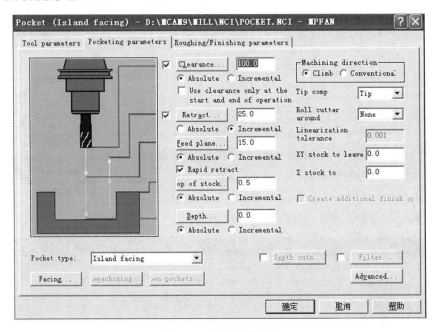

图 9-53　设定挖槽参数

步骤 5 定义边界再加工参数。

①单击"Pocketing parameters"选项卡左下方的 Facing（边界再加工）按钮。

②设定刀具参数,如图 9-54 所示。

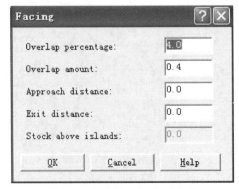

图 9-54　设定边界再加工参数

③单击"OK"按钮。

步骤6　定义粗加工/精加工参数。

①选择"Roughing/Finishing parameters"(粗加工/精加工参数)标签。

②设定参数,如图9-55所示。

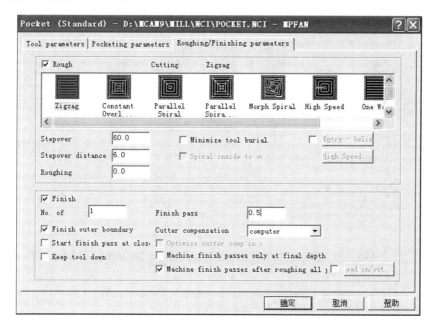

图9-55　设定粗加工/精加工参数

③单击"确定"按钮,生成的挖槽刀具轨迹如图9-56所示。

步骤7　启动挖槽模组,加工内部形状。

①在"Toolpaths"子菜单下选择"Pocketing"(挖槽加工)→"Chain"(串联)。

②单击P_1,选择第一个图案。

③单击P_2点,选择直径为12.5 mm的圆作为岛屿。

④在弹出的对话框中选择Done(执行)。

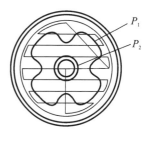

图9-56　确定挖槽加工
刀具轨迹

步骤8　选择6 mm平铣刀及定义刀具参数。

①按鼠标右键,选择"Get tool from library"(从刀具数据库中取得刀具资料)。

②选择刀具♯2(6 mm平铣刀),单击"OK"按钮确定。

③在"Tool parameters"选项卡中设定刀具参数,如图9-57所示。

步骤9　定义挖槽参数。

①在"Pocket(Facing)"对话框中选择"Pocketing parameters"(挖槽参数)标签。

②在"Pocketing parameters"选项卡中设定挖槽参数,如图9-58所示。

步骤10　定义分层铣削参数。

①勾选图9-58所示"Pocketing parameters"选项卡中的"Depth cuts"(分层铣削)项。

②在弹出的"Depth cuts"对话框中设定分层铣削参数,如图9-59所示。

③单击"OK"按钮确定。

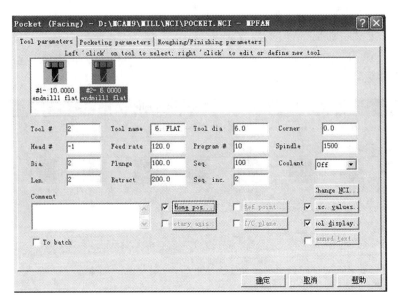

图 9-57　设定刀具参数

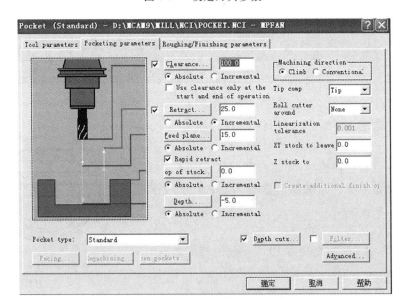

图 9-58　设定挖槽参数

图 9-59　设定分层铣削参数

步骤 11　定义粗加工/精加工参数。

①在"Pocket(Facing)"对话框中选择"Roughing/Finishing parameters"标签。

②在"Roughing/Finishing parameters"选项卡中设定参数，并选择"Zigzag"（环绕切削）方式，如图 9-60 所示。

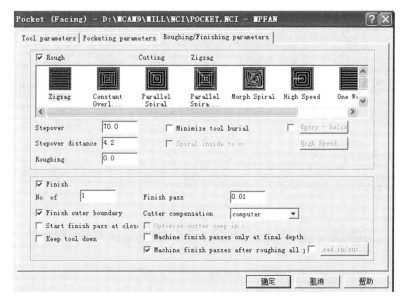

图 9-60　设定粗加工/精加工参数

③单击"确定"按钮，生成挖槽加工刀具轨迹，如图 9-61 所示。

步骤 12　再启动挖槽模组，加工岛屿。

①在"Toolpaths"子菜单下选择"Pocket"（挖槽加工）→"Single"（单体）。

②单击 P_1 点，选择直径为 8.5 mm 的圆。

③选择"Done"（执行）。

④设定刀具参数，如图 9-62 所示。

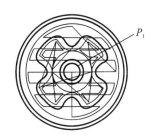

图 9-61　挖槽加工刀具轨迹

步骤 13　设定挖槽参数。

①在"Pocket(Standard)"对话框选择"Pocketing parameters"标签。

②在"Pocketing parameters"选项卡中设定挖槽参数，如图 9-63 所示。

步骤 14　定义分层铣削参数。

①在"Pocketing parameters"选项卡中选择"Depth cuts"（分层参数）项。

②在"Depth cuts"对话框中输入参数，如图 9-64 所示。

③单击"OK"按钮确定。

步骤 15　定义粗加工/精加工参数。

①在"Pocket(Standard)"对话框中选择"Roughing/Finishing parameters"标签。

②在"Roughing/Finishing parameters"选项卡中设定参数，并选择"Zigzag"方式，如图 9-65 所示。

③单击"确定"按钮，产生刀具轨迹。

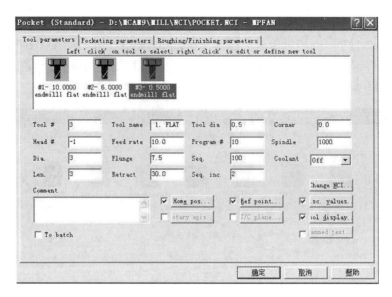

图 9-62 设定刀具参数

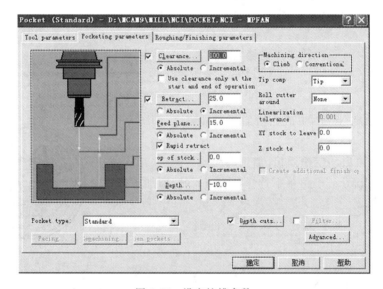

图 9-63 设定挖槽参数

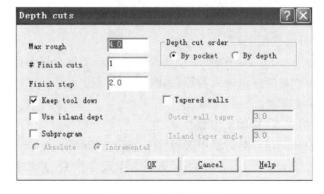

图 9-64 定义分层参数

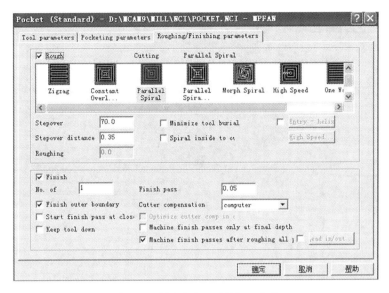

图 9-65 设定粗加工/精加工参数

④在次菜单中选择"Gview"(视角)→"Isometric"
(等角视图),系统产生三种刀具轨迹,如图 9-66 所示。

步骤 16 设定工作参数。

①选择"Main Menu"→"Toolpaths"→"Job
set up"。

②设定工作参数,如图 9-67 所示。

③单击"OK"按钮确定。

步骤 17 验证刀具轨迹。

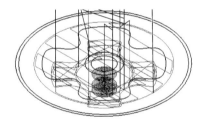

图 9-66 三种刀具轨迹

①选择"Main Menu"→"Toolpaths"→"Operations"(操作管理),打开"Operations
Manager"(操作管理器)对话框,如图 9-68 所示。

②单击"Select All"按钮,选择所有项目。

③单击"Verify"按钮进行验证(见图 9-68)。

④选择执行,验证刀具轨迹。图 9-69 显示了刀具轨迹验证的结果。

⑤在屏幕菜单区选择"Backup",返回"Operations Manager"对话框。

⑥单击"OK"按钮,关闭"Operations Manager"对话框。

步骤 18 储存刀具轨迹文件。

①选择"Main Menu"→"File"→"Save"。

②输入文件名:PocketNC。

步骤 19 选择后处理程序。

选择"Main Menu"→"NC utils"(公用管理)→"Post proc"(后处理)→"Change"(更
换后处理程序)→输入程序名"mpfan.PST"(或者其他后处理程序名称)。

步骤 20 执行后处理程序,将刀具轨迹文档(.NCI)转换为 NC 码(.NC)。

①在后处理界面中选择"Run"按钮。

②在弹出的对话框中输入 NCI 文件名,以便将刀具轨迹文档转成 NC 程序。

③输入 NC 文件名:接受预设文件名。

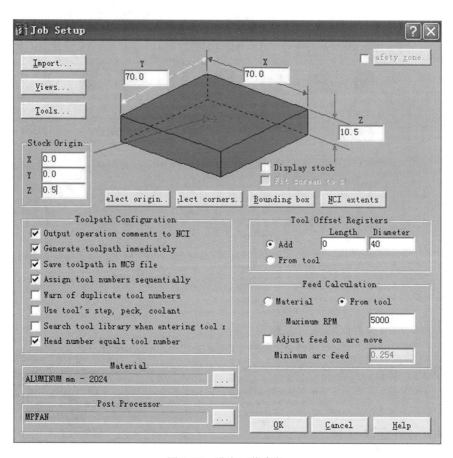

图 9-67　设定工作参数

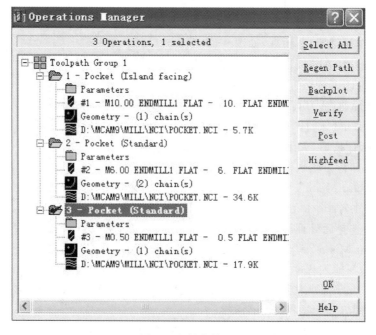

图 9-68　操作管理

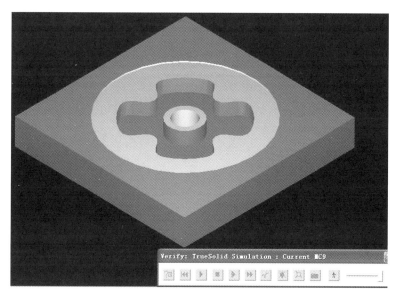

图 9-69　刀具轨迹验证结果

步骤 21　列出 NC 码。

①选择选择"Main Menu"→"File"→"Edit"→NC 程序文件。

②选择文件名"Pocket",最后得到该零件加工的数控程序如下:

```
%
O0010
(PROGRAM NAME-POCKET)
(DATE=DD-MM-YY-26-02-06 TIME=HH:MM-16:33)
N100 G21
N102 G0 G17 G40 G49 G80 G90
( 10. FLAT ENDMILL TOOL-1 DIA. OFF.-1 LEN.-1 DIA.-10. )
N104 T1 M6
N106 G0 G90 G53 X0. Y0. A0. S1500 M3
N108 G43 H1 Z150.
N110 X-.066 Y-22.
N112 Z100.
N114 Z15.
N116 G1Z0. F100.
N118 X.066 F120.
N120 G3 X14.552 Y-16.5 R22.
N122 G1 X-14.552
N124 G2 X-19.053 Y-11. R22.
N126 G1 X19.053
N128 G3 X21.301 Y-5.5 R22.
N130 G1 X-21.301
N132 G2 X-22. Y0. R22.
```

N134 G1 X22.
⋮
N762 X4. R4.
N764 G0 Z100.
N766 Z150.
N768 X0.
N770 M5
N772 G91 G28 Z0.
N774 G28 X0. Y0. A0.
N776 M30
%

9.3　UG CAM 系统数控编程

UG NX 是 Siemens PLM Software 公司出品的一个产品工程解决方案,为用户的产品设计和加工过程提供数字化造型和验证手段。UG 软件自 20 世纪 70 年面世以来,已经逐渐成为当今世界较为主流的 CAD/CAM/CAE 软件,广泛应用于通用机械、模具、家电、汽车及航空航天领域,尤其便于在数控加工中使用。下面以 UG NX 12.0 为例来介绍利用其进行数控编程的步骤。

1. 进入加工环境

打开零件,有夹具体时需要将零件与夹具体安装完成。在软件主界面中选择应用模块,然后单击"加工"按钮 进入加工环境,设置加工环境,如图 9-70 所示。

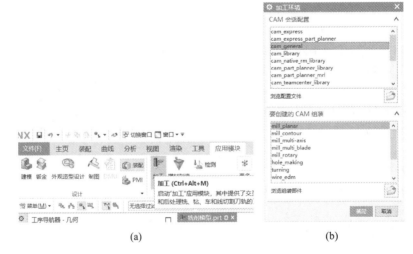

(a)　　　　　　　　　　　　　　　　(b)

图 9-70　设置加工环境
(a)进入加工模块;(b)加工环境设置

2. 选择环境视图

在主界面左侧工序导航器"名称"标签上右击,系统将显示如图 9-71 所示的工具条,选择环境视图。

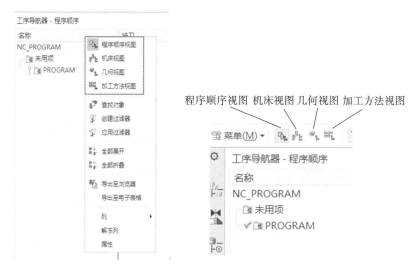

图 9-71 选择环境视图

3. 设置机床坐标系及切削几何体

在主界面的工具栏下方点击按钮 进入"几何视图",右击"MCS_MILL"→"编辑",即可设置机床坐标系,如图9-72所示。随后点击"MCS_MILL"前的"＋"号展开子选项,再右击"WORKPIECE"→"编辑",即可设置切削几何体,如图9-73所示。

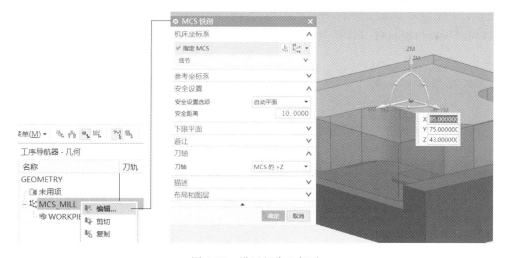

图 9-72 设置机床坐标系

在图 9-73 中:

(1) 指定机床坐标系,用于设定刀具轨迹各坐标点的基准位置。

(2) 指定部件,用于设定零件精加工后得到的几何体,点击按钮 可以设置部件。

(3) 指定毛坯,用于设定加工零件的原材料,切削掉毛坯几何体上的部分材料,即得到部件几何体。点击按钮 可以设置毛坯。

(4) 指定检查,检查加工中不能被侵犯的几何体,如工装夹具等,点击 按钮可以设置检查对象。

毛坯可以在对零件进行建模时一起建好,同时也可以使用系统提供的毛坯。系统提供的生成毛坯的方法有很多,如图 9-74 所示。

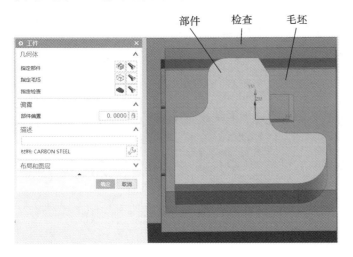

部件　检查　毛坯

图 9-73　设置切削几何体　　　　　　　　　　　图 9-74　设置毛坯

4.插入刀具

在主界面的工具栏下点击 按钮进入程序顺序视图,右击"PROGRAM",然后单击"插入"→"刀具",或直接点击主界面的"创建刀具"按钮 插入刀具,如图 9-75 所示。运用此方法可创建刀具及夹持器,并设置类型、直径、角度等相关参数,也可以在刀库中搜索刀具,同时可以给定材料,如图 9-76 所示;使用图示参数生成的刀具如图 9-77 所示。

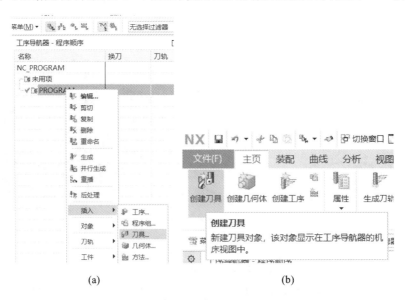

(a)　　　　　　　　　　　　　　(b)

图 9-75　插入刀具

(a)在工序导航器中创建刀具;(b)在标签选项卡中创建刀具

注意:命名刀具时不能使用中文字符;步骤 3 与步骤 4 的顺序可以调换。

5.设置加工方法

在"加工方法"视图中,系统已自动建立了粗加工、半精加工、精加工的父项,双击父项

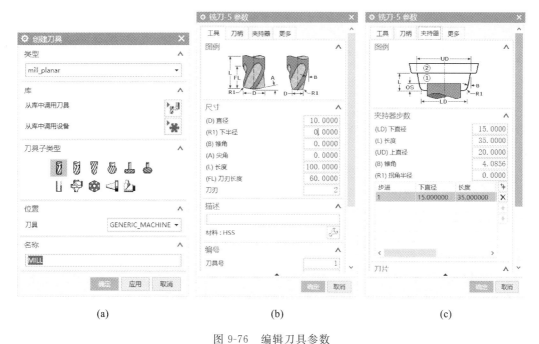

图 9-76　编辑刀具参数

(a)刀具编辑界面;(b)刀具参数编辑界面;(c)夹持器参数编辑界面

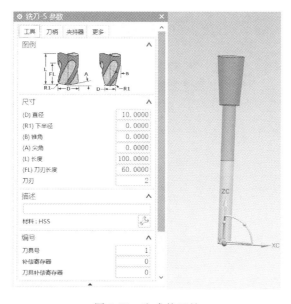

图 9-77　生成的刀具

设置余量和公差,如图 9-78 所示。

6.插入工序

在程序顺序视图中,右击"PROGRAM",然后单击"插入"→"工序",如图 9-79 所示。选择需要的工序子类型,注意选择对象、刀具、方法(粗/精加工)。单击"确定"按钮,进入下一对话框,可进行更细致的设置。

轮廓铣设置如图 9-80 所示。

(a)　　　　　　　　　　(b)

图 9-78　加工方法设置
(a)加工方法视图;(b)设置加工方法

图 9-79　插入工序

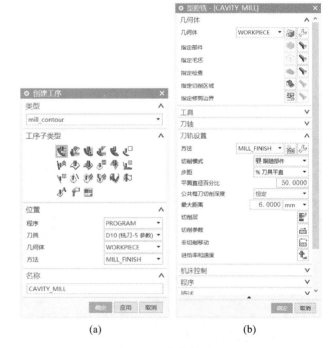

(a)　　　　(b)

图 9-80　轮廓铣设置
(a)创建轮廓铣工序;(b)编辑轮廓铣工序参数

平面铣设置如图 9-81 所示。
车加工设置如图 9-82 所示。
五轴加工设置如图 9-83 所示。

(a)   (b)

图 9-81 平面铣设置

(a)创建平面铣工序;(b)编辑平面铣工序参数

(a)   (b)

图 9-82 车加工设置

(a) 创建车削工序;(b) 编辑车削工序参数

①部件、毛坯默认从步骤 3 中继承,可省略。

②铣削加工中,切削模式选择"跟随周边",如图 9-84 所示,实际应用中"跟随部件"选择较少。在"切削参数"中设置跟随方式为"向内/向外"。车削加工中,需要设定"切削区域",切削策略选用"单向线性切削",如图 9-85 所示。在使用五轴加工中心加工叶轮时,需要设定加工的驱动方法,如图 9-86 所示。

图 9-83　五轴加工设置

(a) 创建五轴加工工序;(b) 编辑五轴加工工序参数

图 9-84　切削模式设置

③在五轴加工中,设定刀轴倾角以配合加工驱动方法对部件进行切削,如图 9-87 所示。

④设置切削深度最大值。也可点击进入"切削层"设置。

⑤在切削参数中设置"连接"方式为"沿部件进料",角度取小一点,可设为 5°。球头刀

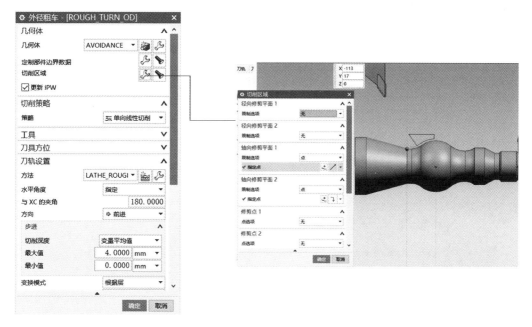

图 9-85 切削区域设置

图 9-86 驱动方法设置

铣非竖直的平面,即与水平面所成角度不是 90°的平面。

⑥全部设置完成后,点击"生成"按钮 ,如图 9-88 所示,系统即可自动生成刀具轨迹。轮廓铣、平面铣、车削、五轴加工刀具轨迹分别如图 9-89 至图 9-92 所示。

7. 仿真

①生成刀具轨迹后,在工序设置界面中单击"确认"按钮,可进行该工序的仿真,如图 9-93所示。

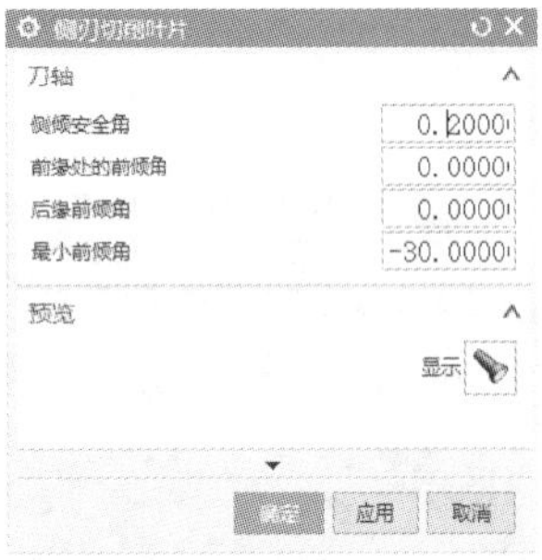

图 9-87　设定刀轴倾角

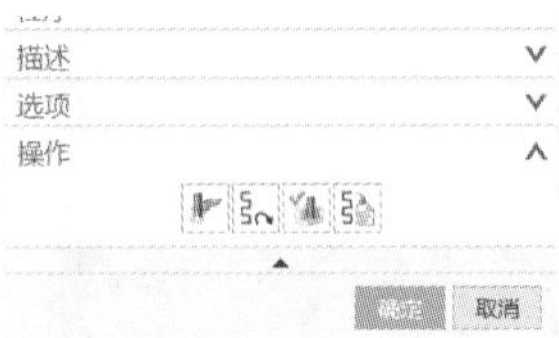

图 9-88　生成刀具轨迹

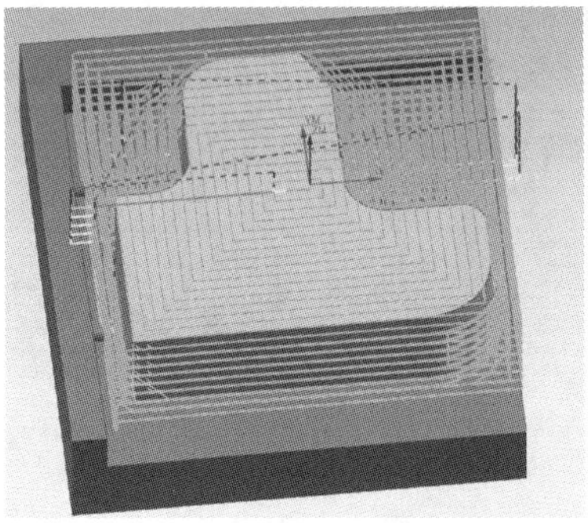

图 9-89　轮廓铣刀具轨迹

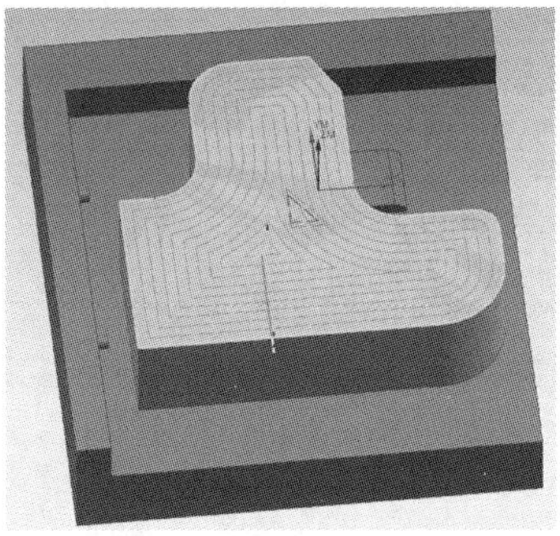

图 9-90　平面铣刀具轨迹

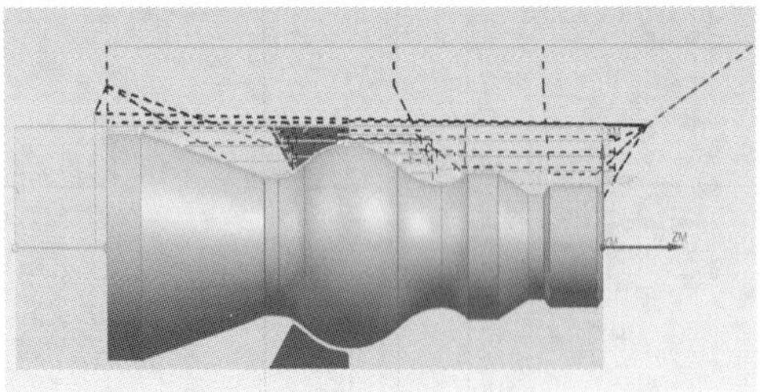

图 9-91　车削刀具轨迹

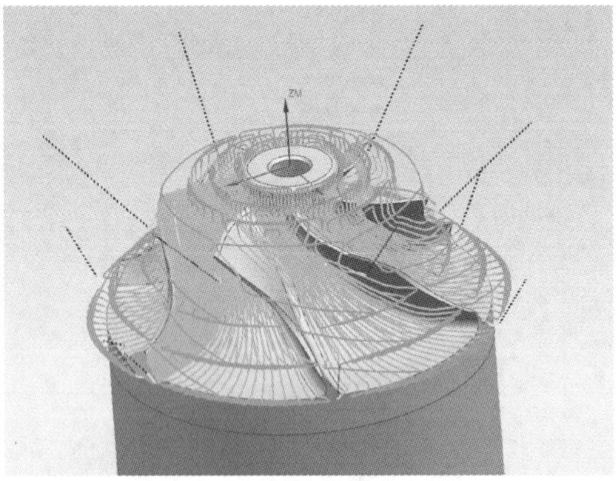

图 9-92　五轴加工刀具轨迹

②在导航器中右击该工序，然后单击“刀轨”→“确认”，也可进行仿真，如图 9-94 所示。还可以在工具选项卡中点击“确认刀轨”进行仿真，如图 9-95 所示。

③全局仿真。在“PROGRAM”上右击→“刀轨”→“仿真”，弹出与步骤①相同的对话框。

④全局仿真时，可显示在机床环境(若设置了机床的话)中的加工状态。此外，还可设置刀具转速，可勾选“显示 3D 材料移除”。轮廓铣、平面铣、车削、五轴加工仿真视图分别如图 9-96 至图 9-99 所示。

机床控制　　　　　　　∨
程序　　　　　　　　　∨
描述　　　　　　　　　∨
选项　　　　　　　　　∨
操作　　　　　　　　　∧

确认　　取消

图 9-93　仿真确认

图 9-94　导航器仿真确认

图 9-95　在工具选项卡中确认刀具轨迹

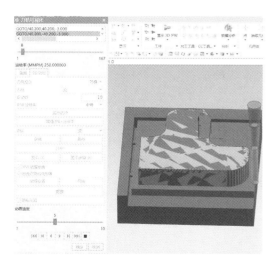

图 9-96　轮廓铣仿真视图

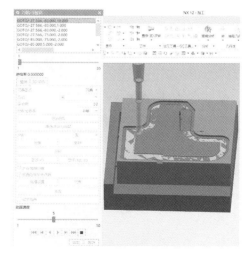

图 9-97　平面铣仿真视图

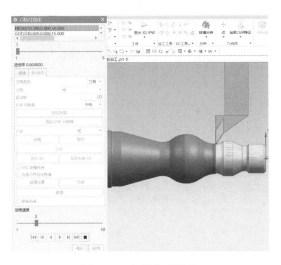

图 9-98　车削仿真视图

图 9-99　五轴加工仿真视图

⑤铣削、车削及五轴模型见如下二维码文件。

铣削加工
模型

车削加工
模型

五轴加工
模型

⑥铣削、车削及五轴完整加工过程见如下二维码文件。

铣削加工
过程

车削加工
过程

五轴加工
过程

8. 自动生成代码

①在工序导航器中右击"PROGRAM",然后单击"后处理",可输出所有加工的 NC 代码。

②在某一工步上右击,然后在弹出的快捷菜单中选择"后处理",则输出该工步的 NC 代码。

选择合适的后处理器,也可以通过浏览查找自己设定后处理器,如图 9-100 所示。

图 9-100　后处理设置

③列出 NC 代码。该零件的部分数控程序如下。

铣削加工程序如下:

%

O0010

N1 G40 G17 G90 G70

N2 G91 G28 Z0.0

N3 T01 M06

N4 G00 G90 X－.9517 Y－.8624 S0 M03

N5 G43 Z.3937 H00

N6 Z.1181

N7 G01 X－.9615 Y－.8403 Z.1116 F9.8 M08

N8 X－1.0521 Y－.9293 Z.0776

N9 X－1.2846 Y－1.1134 Z－.0019

N10 X－1.3921 Y－1.1811 Z－.0359

……

N354 X－3.5434 Y－1.4348 Z－1.6871

N355 X－3.5433 Y－1.4564 Z－1.6929

N356 Y－1.5745

N357 Y－1.6914

N358 Y－1.4575

N359 Y－1.5745

N360 Z－1.5748

N361 G00 Z.3937

N362 M02

%

车削加工程序如下：

%

O0020

N1 G40 G18 G710 G94 G97 G90 G36

N2 T1 M06

N3 T2

N4 S800 M03

N5 G00 G90 X60. Z－120.

N6 G00 G90 X62.4 Z－110.1

N7 G41 D01

N8 G95 G01 X60. F.15 M08

N9 X52.586 Z－107.306

N10 Z－84.629

……

N345 X0.0

N346 G00 G90 X66.4

N347 G00 G90 X80. Z－165

N348 G00 G90 X100

N349 G00 G90 Z50

N350 M05

N351 M09

N352 G91 G28 Z0

N353 M30

%

五轴加工程序如下：

%

O0030

N1 BEGIN PGM 五轴加工 MM

N2 FN 0：Q501＝＋0.0 ；X HOME POSITION

N3 FN 0：Q502＝＋0.0 ；Y HOME POSITION

N4 FN 0：Q503＝＋0.0 ；Z HOME POSITION

N5 ＊ － OPERATION：MULTI_BLADE_ROUGH － TOOL：T1 BALL_MILL_8

N6 PLANE RESET STAY

N7 M5

N8 M140 MB MAX

N9 L ZQ503 R0 FMAX M91

N10 L XQ501 YQ502 R0 FMAX M91

......

N8626 M5

N8627 M140 MB MAX

N8628 L ZQ503 R0 FMAX M91

N8629 L XQ501 YQ502 R0 FMAX M91

N8630 L B+0.0 C+0.0 FMAX

N8631 M9

N8632 TOOL CALL 0

N8633 M30

N8634 END PGM 五轴加工 MM

%

重点、难点和
知识拓展

思考题与习题

9-1 列出四种 Mastercam 系统中的二维刀具轨迹模组,并简要地描述它们的功能。

9-2 什么是共同参数和加工模块专用参数?

9-3 刀具补偿的作用是什么?

9-4 采用编程系统进行刀具补偿和采用数控系统进行刀具补偿的区别是什么?

9-5 采用编程系统时,刀具补偿的选择(左补偿、右补偿或不补偿)是如何影响刀具轨迹的?

9-6 加工预留量的主要作用是什么?

9-7 描述 X、Y 轴进给速度和 Z 轴进给速度的区别。

9-8 设置安全高度的目的是什么? 它对刀具轨迹有何影响?

9-9 什么是分层铣削? 解释分层铣削的参数设定是怎样影响刀具轨迹的。

9-10 什么是线性阵列功能? 什么时候可使用这种功能?

9-11 哪三个参数可以用于改变一个工件程序的坐标值?

9-12 什么是刀具原点? 刀具原点的设定如何影响工件程序中的坐标值?

9-13 三个主要刀具平面是什么?

9-14 试用图说明所选择的刀具平面是如何影响切削刀具接近工件的方向的。

9-15 图 9-101 所示工件有五个需要加工的特征,包括顶端平面、两个槽、四个 $\phi6$ 的孔和六个 $\phi4$ 的孔。用 Mastercam 生成其 NC 代码。使用两个刀具轨迹模组:挖槽和钻孔。

9-16 图 9-102 所示工件有六个需要加工的特征,包括外部轮廓、两个小的轮、一个槽和两个同尺寸的孔。毛坯是有大概形状和尺寸的铸件。用 Mastercam 生成其 NC 代码。

9-17 图 9-103 所示工件有五个特征,包括外部轮廓、顶端平面、凸缘、六角形的槽和两个孔。用 Mastercam 生成其 NC 代码。

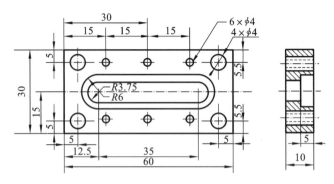

图 9-101 题 9-15 图

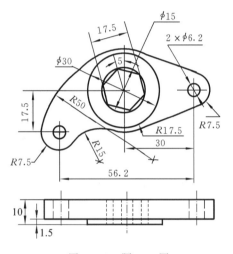

图 9-102 题 9-16 图

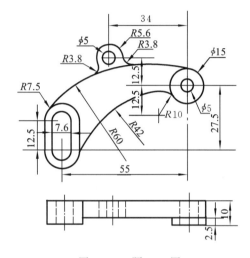

图 9-103 题 9-17 图

附 录

附录 A 数控系统 G、M 及其他指令

表 A-1 FANUC 系统车削 G 指令系列

G 指令	模态	功　　能	G 指令	模态	功　　能
G00*	01	快速点定位	G56	07	选择工件坐标系 3
G01		直线插补	G57		选择工件坐标系 4
G02		顺时针圆弧插补	G58		选择工件坐标系 5
G03		逆时针圆弧插补	G59		选择工件坐标系 6
G04	♯	暂停	G65	00	调出用户宏程序
G10	00	可编程数据输入	G66	08	模态调出用户宏程序
G11		取消可编程数据输入	G67*		取消 G66
G18*	02	XOZ 平面选择	G68	09	双刀架镜像开
G20	06	英制编程	G69		双刀架镜像关
G21		公制编程	G70	♯	精车循环
G22*	04	存储行程校验功能开	G71		内外圆粗车固定循环
G23		存储行程校验功能关	G72		端面粗车固定循环
G27	♯	返回参考点检查	G73		固定形状粗车固定循环
G28		返回参考点	G74		Z 向端面钻削循环
G29		从参考点返回	G75		X 向外圆/内孔切槽循环
G30		返回第二、三、四参考点	G76		螺纹切削复合循环
G31		跳转功能	G80*	10	取消钻孔固定循环
G32	01	螺纹切削	G83		正面钻孔循环
G40*	07	取消刀具半径补偿	G84		正面攻螺纹循环
G41		刀具半径左补偿	G85		正面镗孔循环
G42		刀具半径右补偿	G87		侧面钻孔循环
G50	♯	设定工件坐标系或限定主轴最高转速	G88		侧面攻螺纹循环
G52		局部坐标系设定	G89		侧面镗孔循环
G53		机床坐标系选择	G90	01	外径/内径车削固定循环
G54*	07	选择工件坐标系 1	G92		简单螺纹切削单一循环
G55		选择工件坐标系 2	G94		端面车削固定循环

续表

G 指令	模态	功　　能	G 指令	模态	功　　能
G96	11	表面恒线速控制	G98*	12	每分钟进给量
G97*		恒转速控制	G99		每转进给量

注:①表中模态列中01,02,…,12等数字指示的为模态指令,同一数字指示的为同一组模态指令;

②表中模态列中"#"指示的为非模态指令;

③在程序中,模态指令一旦出现,其功能在后续的程序段中会一直起作用,直到同一组的其他指令出现才终止;

④非模态指令的功能只在它出现的程序段中起作用;

⑤带"*"者是开机或按下复位键时会初始化的指令。

表 A-2　FANUC 系统铣削 G 指令系列

G 指令	模态	功　　能	G 指令	模态	功　　能
G00*	01	快速点定位运动	G43	07	刀具长度正偏置
G01*		直线插补运动	G44		刀具长度负偏置
G02		顺时针圆弧插补	G49*		取消刀具长度偏置
G03		逆时针圆弧插补	G45	#	刀具偏置值增加
G04	#	暂停	G46		刀具偏置值减少
G09		准确停止	G50	08	取消比例缩放
G10	02	可编程数据输入	G51		比例缩放有效
G10		取消可编程数据输入	G52	#	局部坐标系设定
G17*	03	XOY 平面选择	G53		机床坐标系选择
G18*		XOZ 平面选择	G54*	09	选择工件坐标系1
G19*		YOZ 平面选择	G55		选择工件坐标系2
G20	04	英制编程选择	G56		选择工件坐标系3
G21		公制编程选择	G57		选择工件坐标系4
G22*	05	存储行程校验功能开	G58		选择工件坐标系5
G23		存储行程校验功能关	G59		选择工件坐标系6
G27	#	返回参考点检查	G61	10	准确停止
G28		返回参考点	G62		自动拐角倍率
G29		从参考点返回	G63		攻螺纹方式
G30		返回第二、三、四参考点	G64*		切削方式
G31		跳转功能	G65	#	宏程序调用
G33	01	螺纹切削	G66	11	宏程序模态调用
G40*	06	取消刀具半径补偿	G67*		取消宏程序模态调用
G41		刀具半径左补偿	G68	12	坐标旋转
G42		刀具半径右补偿	G69		取消坐标旋转

G 指令	模态	功　能	G 指令	模态	功　能
G73		高速深孔往复排屑钻循环	G88	13	带手动的镗孔固定循环
G74		攻左旋螺纹固定循环	G89		带暂停镗孔固定循环
G76		精镗孔固定循环	G90*	14	绝对编程
G80*		取消孔加工固定循环	G91*		相对编程
G81		钻孔或锪镗固定循环	G92	♯	设定工件坐标系或限定主轴最高转速
G82	13	带暂停的钻孔或反镗固定循环	G94*	15	每分钟进给量
G83		深孔往复排屑钻固定循环	G95		每转进给量
G84		攻右旋螺纹固定循环	G96	16	表面恒线速控制
G85		镗孔固定循环	G97*		恒转速控制
G86		镗孔固定循环	G98*	17	固定循环返回初始点
G87		反镗孔固定循环	G99		固定循环返回参考点

表 A-3　FANUC Series Oi Mate-MC 系统铣床及加工中心 G 指令系列

G 指令	模态	功　能	G 指令	模态	功　能
G00*	01	快速定位运动	G29	♯	从参考点返回
G01*	01	直线插补运动	G30	♯	返回第二、三、四参考点
G02	01	顺时针圆弧插补	G31	♯	跳转功能
G03	01	逆时针圆弧插补	G33	01	螺纹切削
G04	♯	暂停	G40*	06	取消刀具半径补偿
G09	♯	准确停止	G41	06	刀具半径左补偿
G10	02	可编程数据输入	G42	06	刀具半径右补偿
G11	02	取消可编程数据输入	G43	07	刀具长度正偏置
G17*	03	XOY 平面选择	G44	07	刀具长度负偏置
G18*	03	XOZ 平面选择	G45	♯	刀具偏置值增加
G19*	03	YOZ 平面选择	G46	♯	刀具偏置值减少
G20	04	英制尺寸编程	G49*	07	取消刀具长度偏置
G21	04	公制尺寸编程	G50	08	取消比例缩放
G22*	05	存储行程校验功能开	G51	08	比例缩放有效
G23	05	存储行程校验功能关	G52	♯	局部坐标系设定
G27	♯	返回参考点检查	G53	♯	机床坐标系选择
G28	♯	返回参考点	G54*	09	选择工件坐标系 1

续表

G 指令	模态	功　能	G 指令	模态	功　能
G55	09	选择工件坐标系 2	G81	13	钻孔或锪镗固定循环
G56	09	选择工件坐标系 3	G82	13	钻孔或背镗固定循环
G57	09	选择工件坐标系 4	G83	13	排屑钻固定循环
G58	09	选择工件坐标系 5	G84	13	攻螺纹固定循环
G59	09	选择工件坐标系 6	G85	13	镗孔循环
G61	10	准确停止	G86	13	镗孔循环
G62	10	自动拐角倍率	G87	13	反镗孔循环
G63	10	攻螺纹方式	G88	13	带手动的镗孔循环
G64*	10	切削方式	G89	13	带暂停的镗孔循环
G65	♯	宏程序调用	G90*	14	绝对编程
G66	11	宏程序模态调用	G91*	14	相对编程
G67*	11	取消宏程序模态调用	G92	♯	设定工件坐标系或限定主轴最高转速
G68	12	坐标旋转	G94*	15	每分钟进给量
G69*	12	取消坐标旋转	G95	15	每转进给量
G73	13	深孔往复排屑钻固定循环	G96	16	表面恒线速控制
G74	13	攻螺纹左旋固定循环	G97*	16	恒转速控制
G76	13	精镗固定循环	G98*	17	固定循环返回初始点
G80*	13	取消孔加工固定循环	G99	17	固定循环返回参考点

注:①模态列中 01,02,…,17 等数字指示的为模态指令,同一数字指示的为同一组模态指令;

②模态列中"♯"指示的为非模态指令;

③在程序中,模态指令一旦出现,其功能在后续的程序段中会一直起作用,直到同一组的其他指令出现才终止;

④非模态指令的功能只在它出现的程序段中起作用;

⑤带"＊"者是开机或按下复位键时会初始化的指令。

表 A-4　FANUC 数控系统 M 指令系列

M 指令	车床及车削中心功能	铣床及加工中心功能	M 指令	车床及车削中心功能	铣床及加工中心功能
M00	程序停止	同车床	M03▲	主轴顺时针转(正转)	同车床
M01	程序选择停止	同车床	M04▲	主轴逆时针转(反转)	同车床
M02	程序结束	同车床	M05▲	主轴停止	同车床

M 指令	车床及车削中心功能	铣床及加工中心功能	M 指令	车床及车削中心功能	铣床及加工中心功能
M06	—	自动换刀（加工中心）	M47▲	自动门关闭	同车床
M08▲	切削液开关打开	同车床	M52▲	C 轴锁紧（车削中心）	—
M09▲	切削液开关关闭	同车床	M53▲	C 轴松开（车削中心）	—
M10▲	接料器前进	—	M54▲	C 轴离合器合上（车削中心）	—
M11▲	接料器退回	—	M55▲	C 轴离合器松开（车削中心）	—
M13▲	1 号压缩空气吹管打开	—	M68▲	液压卡盘夹紧	—
M14▲	2 号压缩空气吹管打开	—	M69▲	液压卡盘松开	—
M15▲	压缩空气吹管关闭	—	M80▲	机内对刀器送进	—
M19▲	主轴准停	—	M81▲	机内对刀器退回	—
M30	程序结束并返回	同车床	M82▲	尾座体进给	—
M32▲	尾座顶尖进给	—	M83▲	尾座体后退	—
M33▲	尾座顶尖后退	—	M89▲	主轴高压夹紧	—
M40▲	低速齿轮	—	M90▲	主轴低压夹紧	—
M41▲	高速齿轮	—	M98▲	子程序调用	同车床
M46▲	自动门打开	同车床	M99▲	子程序结束	同车床

注：带"▲"者为模态指令，其余为非模态指令。

表 A-5　SINUMERIK 802D 系统车床 G 指令系列

分组	指令	意　义	分组	指令	意　义
1	G0	快速插补	14	G90*	绝对编程
	G1*	直线插补		G91	增量编程
	G2	在圆弧轨迹上以顺时针方向运行	13	G70	英制尺寸编程
	G3	在圆弧轨迹上以逆时针方向运行		G71*	公制尺寸编程
	G33	恒螺距的螺纹切削	6	G17	工作面 XOY 选择

续表

分组	指令	意　义	分组	指令	意　义
6	G18*	工作面 XOZ 选择	7	G40*	取消刀尖半径补偿
3	G53	按程序段方式取消可设定零点偏置		G41	刀尖半径补偿,刀具在轮廓左侧移动
	G500*	取消可设定零点偏置		G42	刀尖半径补偿,刀具在轮廓左侧移动
8	G54	第一可设定零点偏置	15	G94	进给率 F,单位 mm/min
	G55	第二可设定零点偏置		G95	主轴进给率 F,单位 mm/rad
	G56	第三可设定零点偏置	18	G450*	圆弧过渡,即进行刀具补偿时拐角走圆角
	G57	第四可设定零点偏置		G451	等距线的交点,刀具在工件转角处切削
	G58	第五可设定零点偏置			
	G59	第六可设定零点偏置			
2	G74	回参考点(原点)	2	G4	暂停时间
	G75	回固定点			

注:带"*"者是开机或按下复位键时会初始化的指令。

表 A-6　SINUMERIK 802D 系统铣床及加工中心 G 指令系列

分组	指令	意　义	分组	指令	意　义
1	G0	快速插补	14	G90*	绝对编程
		快速插补		G91	增量编程
	G1*	直线插补	13	G70	英制尺寸
		直线插补		G71*	公制尺寸
	G2	顺时针圆弧插补	2	G4	暂停时间
	G3	逆时针圆弧插补	8	G500*	取消可设定零点偏置
	G33	恒螺距的螺纹切削		G55	第二可设定零点偏置
	G331	螺纹插补		G56	第三可设定零点偏置
	G332	不带补偿夹具切削内螺纹——退刀		G57	第四可设定零点偏置
6	G17*	指定 XOY 平面		G58	第五可设定零点偏置
	G18	指定 ZOX 平面		G59	第六可设定零点偏置
	G19	指定 YOZ 平面	2	G74	回参考点(原点)

续表

分组	指令	意　　义	分组	指令	意　　义
2	G75	回固定点	9	G53	按程序段方式取消可设定零点偏置
7	G40*	取消刀尖半径补偿	18	G450*	圆弧过渡
	G41	刀尖半径补偿,刀具在轮廓左侧移动		G451	等距线的交点,刀具在工件转角处不切削
	G42	刀尖半径补偿,刀具在轮廓左侧移动			

注:带"*"者是开机或按下复位键时会初始化的指令。

表 A-7　SINUMERIK 数控系统其他指令

指　令	意　　义	指　令	意　　义
IF	有条件程序跳跃	CYCLE82	平底扩孔固定循环
COS()	余弦	CYCLE83	深孔钻削固定循环
SIN()	正弦	CYCLE84	攻螺纹固定循环
SQRT()	开方	CYCLE85	钻孔循环 1
TAN()	正切	CYCLR86	钻孔循环 2
POT()	平方值	CYCLE88	钻孔循环 4
TRUNC()	取整	CYCLE93	切槽循环
ABS()	绝对值	CYCLE94	凹凸切削循环
GOTOB	向后跳转指令	CYCLE95	毛坯切削循环
GOTOF	向前跳转指令	CYCLE97	螺纹切削
MCALL	循环调用		

附录 B　数控技术常用术语

为了便于读者阅读相关数控资料和国外数控产品的相关手册,在此选择了常用的数控技术术语及其英汉对照说明,所选用的数控术语主要参考国际标准 ISO 2806 及中华人民共和国国家标准《工业自动化系统机床数值控制　词汇》(GB/T 8129—2015)及近期新出现的一些数控词汇。

•计算机数值控制(computerized numerical control,CNC)　用计算机控制加工功能,实现数值控制。

• 轴(axis)　机床的部件可以沿着其做直线移动或回转运动的基准方向。

• 机床坐标系(machine coordinate system)　固定于机床上,以机床零点为基准的笛卡儿坐标系。

• 机床坐标原点(machine coordinate origin)　机床坐标系的原点。

• 工件坐标系(work-piece coordinate system)　固定于工件上的笛卡儿坐标系。

• 工件坐标原点(work-piece coordinate origin)　工件坐标系的原点。

• 机床零点(machine zero)　由机床制造者规定的机床原点。

• 参考位置(reference position)　机床启动用的、坐标轴上的一个固定点,它可以以机床坐标原点为参考基准。

• 绝对尺寸(absolute dimension)/绝对坐标值(absolute coordinates)　距坐标系原点的直线距离或角度。

• 增量尺寸(incremental dimension)/增量坐标值(incremental coordinates)　在一系列点的增量中,各点距前一点的距离或角度值。

• 最小输入增量(least input increment)　在加工程序中可以输入的最小增量单位。

• 最小命令增量(least command increment)　从数值控制装置发出的命令坐标轴移动的最小增量单位。

• 插补(interpolation)　在所需的路径或轮廓线上的两个已知点间,根据某一数学函数(如直线、圆弧或高阶函数),确定其中多个中间点的坐标值的运算过程。

• 直线插补(line interpolation)　一种插补方式,在此方式中,两点间的插补沿着直线的点群来逼近,沿此直线控制刀具的运动。

• 圆弧插补(circular interpolation)　一种插补方式,在此方式中,根据两端点间的插补数字信息,计算出逼近实际圆弧的点群,控制刀具沿这些点运动,加工出圆弧曲线。

• 顺时针圆弧(clockwise arc)　围绕刀具参考点路径中心,按负角度方向旋转所形成的路径。

• 逆时针圆弧(counter-clockwise arc)　围绕刀具参考点路径中心,按正角度方向旋转所形成的路径。

• 手工零件编程(manual part programming)　手工进行零件加工程序的编制。

• 计算机零件编程(computer part programming)　用计算机和适当的通用处理程序以及后置处理程序准备零件程序得到加工程序。

• 绝对编程(absolute programming)　用表示绝对尺寸的控制字进行编程。

• 增量编程(increment programming)　用表示增量尺寸的控制字进行编程。

• 字符(character)　用于表示组织或控制数据的一组元素符号。

• 控制字符(control character)　出现于特定的信息文本中,表示某一控制功能的字符。

• 地址(address)　一个控制字开始的字符或一组字符,用来辨认其后的数据。

• 程序段格式(block format)　字、字符和数据在一个程序段中的编排。

• 指令码(instruction code)/机器码(machine code)　计算机指令代码,机器语言,用来表示指令集中某个指令的代码。

• 程序号（program number）　以号码识别加工程序时，在每一程序的前端指定的编号。

• 程序名（program name）　以名称识别加工程序时，为每一程序指定的名称。

• 命令方式（command mode）　手动操作方式。

• 程序段（block）　程序中为了实现某种操作的一组指令的集合。

• 零件程序（part program）　在自动加工中，为了使自动操作有效，按某种语言或是某种格式书写的顺序指令集。零件程序是写在输入介质上的加工程序，也可以是为计算机准备的输入，经处理后得到加工程序。

• 加工程序（machine program）　在自动加工控制系统中，按自动控制语言和格式书写的顺序指令集。这些指令记录在适当的输入介质上，完全能实现直接的操作。

• 程序结束（end of program）　指出工件加工结束的辅助功能。

• 数据结束（end of data）　程序段的所有命令执行完后，使主轴功能和其他功能（如冷却功能）均被删除的辅助功能。

• 准备功能（preparatory function）　使机床或控制系统建立加工功能方式的命令。

• 辅助功能（miscellaneous function）　控制机床或系统的开关功能的一种命令。

• 刀具功能（tool function）　依据相应的格式规范，识别或调入刀具及其有关功能的技术说明。

• 进给功能（feed function）　定义进给速度技术规范的命令。

• 主轴速度功能（spindle speed function）　定义主轴速度技术规范的命令。

• 进给保持（feed hold）　在加工程序执行期间，暂时中断进给的功能。

• 刀具路径（tool path）　切削刀具上规定点所走过的路径。

• 零点偏置（zero offset）　数控系统的一种特征。它容许数控测量系统的原点在指定范围内相对于机床零点的移动，但其永久零点则存在数控系统中。

• 刀具偏置（tool offset）　在一个加工程序的全部或指定部分，施加于机床坐标轴上的相对位移。该轴的位移方向由偏置值的正负确定。

• 刀具长度偏置（tool length offset）　在刀具长度方向上的刀具偏置。

• 刀具半径偏置（tool radius offset）　在两个坐标方向上的刀具偏置。

• 刀具半径补偿（cutter compensation）　垂直于刀具轨迹的位移，用来修正实际的刀具半径与编程的刀具半径的差异。

• 刀具路径进给速度（tool path feed-rate）　刀具上的参考点沿着刀具路径相对于工件移动时的速度，其单位通常用每分钟或每转的移动量来表示。

• 固定循环（fixed cycle，canned cycle）　预先设定一些操作命令，根据这些操作命令使机床坐标轴运动，主轴工作，从而完成固定的加工动作。例如，钻孔、镗削、攻螺纹及这些加工的复合动作。

• 子程序（subprogram）　加工程序的一部分，子程序可通过适当的加工控制命令调用而生效。

• 工序单（planning sheet）　在编制零件的加工工序前为其准备的零件加工过程表。

• 执行程序（executive program）　在 CNC 系统中，具有运行能力的指令集合。

• 倍率（override）　使操作者在加工期间能够修改速度的编程值（如进给率、主轴转速等)的手工控制功能。

· 伺服机构(servo-mechanism) 一种伺服系统,其中被控量为机械位置或机械位置对时间的导数。

· 误差(error) 计算值、观察值或实际值与真值、给定值或理论值之差。

· 分辨率(resolution) 两个相邻的离散量之间可以分辨的最小间隔。

参 考 文 献

[1] 毕承恩,丁乃建.现代数控机床(上册)[M].北京:机械工业出版社,1991.

[2] 毕承恩,丁乃建.现代数控机床(下册)[M].北京:机械工业出版社,1991.

[3] 廖效果.数字控制机床[M].武汉:华中理工大学出版社,1992.

[4] 《实用数控加工技术》编委会.实用数控加工技术[M].北京:兵器工业出版社,1995.

[5] 任玉田,焦振学,王宏甫.机床计算机数控技术[M].北京:北京理工大学出版社,1996.

[6] 刘又午.数字控制机床[M].北京:机械工业出版社,1997.

[7] 张宝林.数控技术[M].北京:机械工业出版社,1997.

[8] 王永章.机床的数字控制技术[M].哈尔滨:哈尔滨工业大学出版社,1995.

[9] 吴祖育,秦鹏飞.数控机床[M].3 版.上海:上海科技出版社,2009.

[10] 王永章,杜君文,程国全.数控技术[M].北京:高等教育出版社,2001.

[11] 刘雄伟.数控加工理论与编程技术[M].北京:机械工业出版社,2001.

[12] 李文忠.数控机床原理及应用[M].北京:机械工业出版社,2001.

[13] 王爱玲,沈兴全.现代数控编程技术及应用[M].北京:国防工业出版社,2002.

[14] 王仁德,赵春雨,张耀满.机床数控技术[M].沈阳:东北大学出版社,2002.

[15] 关美华.数控技术——原理及现代控制系统[M].成都:西南交通大学出版社,2003.

[16] 胡占齐,董长双,常兴.数控技术[M].武汉:武汉理工大学出版社,2004.

[17] 蒲志新.数控技术[M].北京:北京理工大学出版社,2014.

[18] 范淇元,牛吉梅.数控加工工艺实用教程[M].北京:中国轻工业出版社,2015.

[19] 张秀丽,刘军.机床数控技术[M].北京:电子工业出版社,2015.

[20] 侯培红.数控技术及其应用[M].上海:上海交通大学出版社,2015.

[21] 于涛,洪武恩.数控技术与数控机床[M].北京:清华大学出版社,2019.

[22] 史家迎,王健,庞恩泉.数控机床原理[M].哈尔滨:哈尔滨工程大学出版社,2020.

二维码资源使用说明

  本书数字资源以二维码形式提供。读者可使用智能手机在微信端下扫描书中二维码，扫码成功时手机界面会出现登录提示。确认授权，进入注册页面。填写注册信息后，按照提示输入手机号，点击获取手机验证码。在提示位置输入 4 位验证码成功后，重复输入两遍设置密码，选择相应专业，点击"立即注册"，即可注册成功。（若手机已经注册，则在"注册"页面底部选择"已有账号？立即注册"，进入"账号绑定"页面，直接输入手机号和密码，系统提示登录成功。）接着刮开教材封底所贴学习码（正版图书拥有的一次性学习码）标签防伪涂层，按照提示输入 13 位学习码，输入正确后系统提示绑定成功，即可查看二维码数字资源。手机第一次登录查看资源成功，以后便可直接在微信端扫码登录，重复查看资源。